考研数学高等数学
辅导讲义

基础册

余丙森 编著

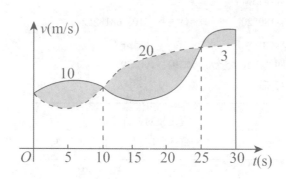

国家开放大学出版社·北京

图书在版编目（CIP）数据

考研数学高等数学辅导讲义 / 余丙森编著. —— 北京：
国家开放大学出版社，2024.4

ISBN 978 - 7 - 304 - 12347 - 5

Ⅰ．①考… Ⅱ．①余… Ⅲ．①高等数学—研究生—入
学考试—自学参考资料 Ⅳ．①O13

中国国家版本馆 CIP 数据核字（2024）第 075930 号

考研数学高等数学辅导讲义

KAOYAN SHUXUE GAODENG SHUXUE FUDAO JIANGYI

余丙森　编著

出版·发行：国家开放大学出版社

电话：营销中心 010 - 68180820　　　　总编室 010 - 68182524

网址：http://www.crtvup.com.cn

地址：北京市海淀区西四环中路 45 号　　**邮编**：100039

经销：新华书店北京发行所

策划编辑：辛　颖		**责任校对**：许　岚	
责任编辑：辛　颖		**责任印制**：武　鹏　沙　烁	

印刷：河北赛文印刷有限公司

版本：2024 年 4 月第 1 版　　　　2024 年 4 月第 1 次印刷

开本：787mm × 1092mm　1/16　　　**印张**：38.5　**字数**：810千字

书号：ISBN 978 - 7 - 304 - 12347 - 5

定价：119.80 元（全三册）

意见及建议：OUCP_KFJY@ouchn.edu.cn

"高等数学"是考研数学的重要组成部分，在数学一和数学三150分试卷中占86分，在数学二150分试卷中占118分。因其概念抽象、内容丰富、理论性强，同时题型多、解题技巧多、计算量大，诸多考生不能很好地把握其中重点和难点，以至于在考试中难以获得理想的成绩。

为了使考生对高等数学的内容有较全面清晰的认识，能在复习过程中打好扎实的基础，掌握各种题目类型和解题方法，编者根据教育部公布的最新《全国硕士研究生招生考试数学考试大纲》要求和多年考研数学辅导经验，反复斟酌，精心筛选，在认真分析高等数学特点的基础上，编写了《考研数学高等数学辅导讲义》。本书的主要特点有：

（1）紧扣考试大纲。本书各章首先给出考试大纲中的考试要求，继而按照考试要求对相关知识点进行逐一讲解。因此全书覆盖了考试大纲要求的所有知识点，针对性强。

（2）循序渐进，由浅入深。只有打好基础，才能进一步提高。本书理论部分分为基础册和强化册。基础册重在打基础，强化册重在介绍考生所必须掌握的题目类型和解题方法。两册层次分明，便于考生随时了解自己的复习状态。

（3）基础训练体系完整。本书基础册包括概念、定理、性质、常见解题方法和技巧等内容，并搭配相关例题帮助考生消化和巩固，基础相对比较薄弱的考生尤其受用，能更好地厚积薄发。

（4）强化训练类型全面。在强化册中，编者首先给出历年考研真题经常考到的、实用性强的一些重要结论；再结合考试要求，逐一介绍考生所必须掌握的题目类型和解题方法，使其能够从基础水平迅速提升到考研应具备的高层次，效果立竿见影。

（5）注重综合训练。本书除列举大量例题外，还安排了涵盖练习和解析的习题册（分为基础篇和强化篇），以便考生及时消化和复习相关知识点。所有练习都配有完整解答，考生可即时检验自己的复习效果，增强信心，向高分冲击。

（6）注重解题的实用性。本书所有例题和习题的解题思路清晰明了、详细易懂，解题过程突出数学思想和方法，符合考生的解题习惯，有些还一题多解，让考生能够举一反三、触类旁通，从而提高解题能力，享受数学的乐趣。

（7）充分体现高等数学与专业理论的联系。本书针对数学一和数学二考试大纲中有关物理应用的要求，作了不小篇幅的介绍，包括元素法以及各种物理量的计算公式等。而对于数学三考试大纲中有关经济应用和差分方程的要求，在强化册中专门提供了"第11

章　微积分学的经济应用（仅限数学三）"，以方便考生能够有全面的把握和收获。

全书循序渐进，由浅入深，既可作为考研学生复习和备考数学科目的辅导资料，也可作为高校数学教师的教学参考用书和在校学生的学习辅导材料。

由于编者水平有限，书中一定还存在许多不足之处，敬请广大读者、同行专家批评指正，同时欢迎各位读者通过新浪微博"@森哥考研数学－余丙森"和微信公众号"森哥考研数学"与本书编者交流讨论。

余丙森

2024 年 4 月

CONTENTS 目录

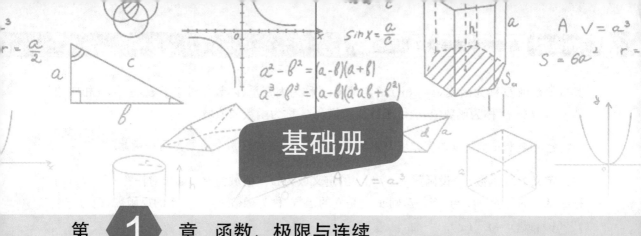

基础册

第 1 章 函数、极限与连续

考 试 要 求

1. 理解函数的概念,掌握函数的表示法,会建立应用问题的函数关系式.

2. 了解函数的有界性、单调性、周期性和奇偶性.

3. 理解复合函数及分段函数的概念,了解反函数及隐函数的概念.

4. 掌握基本初等函数的性质及其图形,了解初等函数的概念.

5. 理解极限的概念,理解函数左极限与右极限的概念以及函数极限存在与左极限、右极限之间的关系.

6. (仅限数学一)掌握、(仅限数学三)了解极限的性质及四则运算法则.

7. (仅限数学一)掌握、(仅限数学三)了解极限存在的两个准则,并会利用它们求极限,掌握利用两个重要极限求极限的方法.

8. 理解无穷小量、无穷大量的概念,掌握无穷小量的比较方法,会用等价无穷小量求极限.

9. 理解函数连续性的概念(含左连续与右连续),会判别函数间断点的类型.

10. 了解连续函数的性质和初等函数的连续性,理解闭区间上连续函数的性质(有界性、最大值和最小值定理、介值定理),并会应用这些性质.

对标考试要求

1 理解函数的概念,掌握函数的表示法,会建立应用问题的函数关系式.

3 理解复合函数及分段函数的概念,了解反函数及隐函数的概念.

知识点 1 函数的概念

定义1(函数) 设数集 $D \subset \mathbf{R}$,如果对 D 内任意的 x,按照一定的对应法则,总有唯一确定的值 y 与之对应,则称 y 是 x 的函数,记为 $y = f(x)$,$y = y(x)$ 等. 这里,x 称为自变量,

其取值范围 D 称为函数 $y=f(x)$ 的定义域;y 称为因变量(函数).对应于 $x_0 \in D$,y 相应的值 $y_0 = f(x_0)$ 称为函数值,全体函数值的集合 G 称为函数的值域.

注 如果两个函数的定义域和对应法则均相同,就称这两个函数为同一函数.

定义 2(反函数) 设函数 $y=f(x)$ 的定义域为 D_f,值域为 R_f,如果对任意 $y \in R_f$,均存在唯一的 $x \in D_f$ 与之对应,则 x 也是 y 的函数,称为函数 $y=f(x)$ 的反函数,记为 $x = f^{-1}(y)$,或 $y = f^{-1}(x)$.

注 $f^{-1}[f(x)] = x, x \in D_f, f[f^{-1}(x)] = x, x \in R_f$.

定义 3(复合函数) 设函数 $y=f(u)$,$u = \varphi(x)$,$R_\varphi \subset D_f$,则对任意 $x \in D_\varphi$,变量 y 经中间变量 u 而为 x 的函数,称为函数 $y=f(u)$,$u=\varphi(x)$ 的复合函数,记为 $y = f[\varphi(x)]$.

注 函数复合是有条件的,一般要求内层函数的值域和外层函数的定义域有非空交集.

知识点 2 函数的表示法

函数有多种表示法,常见的有以下几种.

一、显函数

等号左边是因变量的符号,等号右边是含有自变量的式子.当自变量取定义域内任一值时,由这个式子能确定对应的函数值.

例如,$y = 2x + 1$,$y = \ln(1 + e^x)$.

二、隐函数

由满足一定条件的二元方程 $F(x,y) = 0$ 所确定的函数称为隐函数.

例如,函数 $y = \sqrt{1 - x^2}$ 就是二元方程 $x^2 + y^2 = 1 (y \geqslant 0)$ 确定的 $[-1,1]$ 上的一个函数.值得注意的是由方程确定的函数一般不能或不易化为显函数.

三、参量函数

由参数方程 $\begin{cases} x = \varphi(t), \\ y = \psi(t) \end{cases}$ 确定的函数 $y = y(x)$ 称为参量函数.

例如,$\begin{cases} x = e^t \sin t, \\ y = e^t \cos t \end{cases}$ 所确定的函数 $y = y(x)$.

四、变限积分函数

由积分限为变量的定积分所确定的函数称为变限积分函数.

例如, $f(x)=\int_0^x \sin t^2 \mathrm{d}t$.

五、分段定义函数

在函数定义域的不同范围内用不同解析式表达的函数称为分段函数,其划分定义域不同范围的点称为分段点.

分段函数在考研中是常考的重要函数类型.

常见的分段函数有

(1) 绝对值函数 $|x|=\begin{cases}x, & x\geqslant 0,\\ -x, & x<0.\end{cases}$

(2) 符号函数 $\operatorname{sgn} x=\begin{cases}-1, & x<0,\\ 0, & x=0,\\ 1, & x>0.\end{cases}$

(3) 取整函数 $[x]$:不超过实数 x 的最大整数.

(4) 最大值、最小值函数:$\max\{a,b\}, \min\{a,b\}$.

(5) 狄利克雷(Dirichlet)函数.

$$D(x)=\begin{cases}1, & x\in \boldsymbol{Q},\\ 0, & x\in \boldsymbol{Q}^c.\end{cases}$$

对标考试要求

☑2 了解函数的有界性、单调性、周期性和奇偶性.

☑4 掌握基本初等函数的性质及其图形,了解初等函数的概念.

知识点 1　函数的性质

一、有界性

函数 $f(x)$ 的定义域为 D_f,数集 $X\subset D_f$.

$f(x)$ 在 X 上为有界函数 $\Leftrightarrow \exists M>0, \forall x\in X$ 均满足 $|f(x)|\leqslant M$;

$f(x)$ 在 X 上为无界函数 $\Leftrightarrow \forall M>0, \exists x_0\in X$ 满足 $|f(x_0)|>M$.

二、单调性

函数 $f(x)$ 的定义域为 D_f,区间 $I\subset D_f$.

$f(x)$ 在 I 上为单调增加函数 $\Leftrightarrow \forall x_1,x_2\in I, x_1<x_2$,均有 $f(x_1)<f(x_2)$;

$f(x)$ 在 I 上为单调减少函数 $\Leftrightarrow \forall x_1, x_2 \in I, x_1 < x_2$，均有 $f(x_1) > f(x_2)$.

三、奇偶性

函数 $f(x)$ 的定义域 D_f 关于点 $x = 0$ 对称.

$f(x)$ 为偶函数 $\Leftrightarrow \forall x \in D_f$，均有 $f(-x) = f(x)$. 偶函数的图形关于 y 轴对称；

$f(x)$ 为奇函数 $\Leftrightarrow \forall x \in D_f$，均有 $f(-x) = -f(x)$. 奇函数的图形关于原点对称.

四、周期性

函数 $f(x)$ 的定义域 D_f 满足 $\exists T > 0, \forall x \in D_f, x \pm T \in D_f$.

$f(x)$ 是以 T 为周期的**周期函数** $\Leftrightarrow \forall x \in D_f$，均有 $f(x \pm T) = f(x)$ 成立.

知识点 2 基本初等函数与初等函数

一、基本初等函数

(1) 常值函数 $y = c$；

(2) 幂函数 $y = x^\mu$；

(3) 指数函数 $y = a^x \,(a > 0, a \neq 1)$；

(4) 对数函数 $y = \log_a x \,(a > 0, a \neq 1)$；

(5) 三角函数 $y = \sin x, y = \cos x, y = \sec x, y = \csc x, y = \tan x, y = \cot x$；

(6) 反三角函数 $y = \arcsin x, y = \arccos x, y = \arctan x, y = \operatorname{arccot} x$.

注 有关基本初等函数的定义及性质，可从函数图形着手.

二、初等函数

由基本初等函数经有限次四则运算或复合运算而成，且可用一个解析式表达的函数.

例 1 求函数 $f(x) = \ln \arcsin(1-x) + \sqrt{1-4x^2} + \dfrac{1}{x(x^2 + x - 2)}$ 的定义域.

解 要使函数有定义，必有 $-1 \leqslant 1-x \leqslant 1, \arcsin(1-x) > 0, 1-4x^2 \geqslant 0, x(x^2 + x - 2) \neq 0$，解上述不等式组可得该函数的定义域为 $D = \left(0, \dfrac{1}{2}\right]$.

注 有关求初等函数的定义域问题，可先从函数的结构入手，再结合基本初等函数的性质来进行分析求解.

例 2 设函数 $f(x) = \begin{cases} -x^2, & x < -1, \\ 1+2x, & x \geqslant -1, \end{cases}$ 求 $f[f(x)]$ 及 $f^{-1}(x)$.

解 $x < -1$ 时，$f[f(x)] = f(-x^2) = -x^4$；$x \geqslant -1$ 时，$f[f(x)] = 1 + 2f(x) = 3 + 4x$，故

$$f[f(x)] = \begin{cases} -x^4, & x < -1, \\ 3+4x, & x \geqslant -1. \end{cases}$$

$x < -1$ 时，$y = -x^2$，此时 $y < -1$，且 $x = -\sqrt{-y}$；$x \geqslant -1$ 时，$y = 1 + 2x$，此时 $y \geqslant -1$，且 $x = \dfrac{y-1}{2}$，故

$$f^{-1}(x) = \begin{cases} -\sqrt{-x}, & x < -1, \\ \dfrac{x-1}{2}, & x \geqslant -1. \end{cases}$$

注 求复合函数的表达式，通常可用代入法。如果是要求分段函数的复合，则要先从内函数的取值入手，适当地代入外函数表达式中。

例 3 设 $x \neq 0$ 时，函数 $f(x)$ 满足条件 $2f(x) + f\left(\dfrac{1}{x}\right) = \dfrac{a}{x}$，其中 a 为不等于 0 的常数，且 $f(0) = 0$. 求 $f(x)$ 的表达式，并判别它的奇偶性。

解 当 $x \neq 0$ 时，将等式 $2f(x) + f\left(\dfrac{1}{x}\right) = \dfrac{a}{x}$ 中的 x 变换为 $\dfrac{1}{x}$，可得 $2f\left(\dfrac{1}{x}\right) + f(x) = ax$，由此可得 $f(x) = \begin{cases} \dfrac{a(2-x^2)}{3x}, & x \neq 0, \\ 0, & x = 0. \end{cases}$

由 $f(-x) = \begin{cases} -\dfrac{a(2-x^2)}{3x}, & x \neq 0, \\ 0, & x = 0, \end{cases}$ 可知 $f(-x) = -f(x)$，因此 $f(x)$ 为奇函数。

例 4 若函数 $f(x)$ 对于定义域内的所有 x 均有 $f(a+x) = f(a-x)$，则称函数 $f(x)$ 关于 $x = a$ 对称。证明：若函数 $f(x)$ 关于 $x = a$ 以及 $x = b(a < b)$ 对称，则 $f(x)$ 必为周期函数且周期为 $T = 2(b-a)$.

证明 由题设知 $f(x)$ 关于 $x = a$ 对称等价于对所有的 x，均有

$$f(x) = f(2a - x).$$

$f(x)$ 关于 $x = a$ 以及 $x = b$ 对称，则有

$$f(x) = f(2a - x) = f(2b - x) = f[2b - (2a - x)] = f[x + 2(b-a)],$$

由此可得 $f(x)$ 是周期为 $T = 2(b-a)$ 的周期函数。

例 5 设函数 $f(x) = \dfrac{1}{x} \sin \dfrac{1}{x}, x \in (0,1)$. 证明 $f(x)$ 是无界函数.

证明 对于任取的 $M > 0$,设 $[M]$ 表示不超过 M 的最大整数,令

$$x_M = \frac{1}{2[M]\pi + \dfrac{\pi}{2}} \in (0,1),$$

则有

$$f(x_M) = \left(2[M]\pi + \frac{\pi}{2}\right) \sin\left(2[M]\pi + \frac{\pi}{2}\right) = 2[M]\pi + \frac{\pi}{2} > M,$$

由函数有界性的概念可知 $f(x)$ 是无界函数.

对标考试要求

⑤ 理解极限的概念,理解函数左极限与右极限的概念以及函数极限存在与左极限、右极限之间的关系.

⑥ (仅限数学一)掌握、(仅限数学三)了解极限的性质及四则运算法则.

知识点 1 极限的概念

一、数列极限

1. 数列极限的定义

定义 1 $\lim\limits_{n\to\infty} x_n = a \Leftrightarrow \forall \varepsilon > 0$,存在正整数 N,当 $n > N$ 时,恒有 $|x_n - a| < \varepsilon$.

如果 $\lim\limits_{n\to\infty} x_n$ 存在,就称数列 $\{x_n\}$ 收敛,否则就称数列 $\{x_n\}$ 发散.

2. 收敛数列的性质

性质 1(极限的唯一性) 收敛数列的极限是唯一的.

性质 2(收敛数列的有界性) 收敛数列一定是有界的,即若数列 $\{x_n\}$ 收敛,则存在 $M > 0$,对所有的 n,均有 $|x_n| \leqslant M$.

性质 3(收敛数列的极限与子数列的极限之间的关系)

$$\lim\limits_{n\to\infty} x_n = a \Leftrightarrow \lim\limits_{n\to\infty} x_{2n} = \lim\limits_{n\to\infty} x_{2n+1} = a.$$

更一般的结论是 $\lim\limits_{n\to\infty} x_n = a \Leftrightarrow \{x_n\}$ 的任意子列 $\{x_{n_k}\}$,均有 $\lim\limits_{k\to\infty} x_{n_k} = a$.

注 性质 2 的逆命题不成立,即有界数列未必收敛,反例:$\{x_n\} = \{(-1)^n\}$. 性质 3 的应用:如果能找到 $\{x_n\}$ 的两个不同子列 $\{x_{i_n}\}$ 及 $\{x_{j_n}\}$,且 $\lim\limits_{n\to\infty} x_{i_n}$ 与 $\lim\limits_{n\to\infty} x_{j_n}$ 不相等或其中有一个不存在,则 $\lim\limits_{n\to\infty} x_n$ 一定不存在.

例 1 "极限 $\lim\limits_{n \to \infty} x_n = a$ 存在"的充分必要条件是(　　).

(A) 对任意的 $\varepsilon > 1$,存在正整数 N,使得当 $n > N$ 时,成立 $|x_n - a| < \varepsilon$

(B) 对任意的 $\varepsilon > 0$ 及一切正整数 n,均成立 $|x_n - a| < \varepsilon$

(C) 对任意的 $\varepsilon \in (0,1)$,总存在正整数 N,使得当 $n > N$ 时,成立 $|x_n - a| < 10\varepsilon$

(D) 存在正整数 N,使得对任意的 $\varepsilon > 0$,当 $n > N$ 时,成立 $|x_n - a| < \varepsilon$

答案 (C).

解 由数列极限的定义可得:ε 可以取任意小的正数,因此可以限定 $\varepsilon \in (0,1)$,此时,10ε 依然可以任意小,故选择(C).

(A) 是"极限 $\lim\limits_{n \to \infty} x_n = a$ 存在"的必要而非充分的条件,排除;

(B),(D) 是"极限 $\lim\limits_{n \to \infty} x_n = a$ 存在"的充分而非必要的条件,排除.

例 2 若 $\lim\limits_{n \to \infty} x_n = a$,且 $a > b$,证明:一定存在正整数 N,当 $n > N$ 时有 $x_n > b$.

证明 令 $\varepsilon = \dfrac{a-b}{2}$,$\lim\limits_{n \to \infty} x_n = a$,则存在正整数 N,当 $n > N$ 时有 $|x_n - a| < \varepsilon = \dfrac{a-b}{2}$,由此可得 $x_n > a - \dfrac{a-b}{2} = \dfrac{a+b}{2} > b$.

二、函数极限

1. 函数极限的定义

定义 2 $\lim\limits_{x \to x_0} f(x) = A \Leftrightarrow \forall \varepsilon > 0, \exists \delta > 0$, 当 $0 < |x - x_0| < \delta$ 时, 恒有 $|f(x) - A| < \varepsilon$.

定义 3 $\lim\limits_{x \to \infty} f(x) = A \Leftrightarrow \forall \varepsilon > 0, \exists X > 0$,当 $|x| > X$ 时,恒有 $|f(x) - A| < \varepsilon$.

2. 单侧极限的定义

定义 4 右极限 $\lim\limits_{x \to x_0^+} f(x) = A \Leftrightarrow \forall \varepsilon > 0, \exists \delta > 0$, 当 $0 < x - x_0 < \delta$ 时, 恒有 $|f(x) - A| < \varepsilon$.

定义 5 左极限 $\lim\limits_{x \to x_0^-} f(x) = A \Leftrightarrow \forall \varepsilon > 0, \exists \delta > 0$, 当 $-\delta < x - x_0 < 0$ 时, 恒有 $|f(x) - A| < \varepsilon$.

定义 6 $\lim\limits_{x \to +\infty} f(x) = A \Leftrightarrow \forall \varepsilon > 0, \exists X > 0$,当 $x > X$ 时,恒有 $|f(x) - A| < \varepsilon$.

定义 7 $\lim\limits_{x \to -\infty} f(x) = A \Leftrightarrow \forall \varepsilon > 0, \exists X > 0$,当 $x < -X$ 时,恒有 $|f(x) - A| < \varepsilon$.

$\lim\limits_{x \to x_0^-} f(x)$, $\lim\limits_{x \to x_0^+} f(x)$, $\lim\limits_{x \to -\infty} f(x)$, $\lim\limits_{x \to +\infty} f(x)$ 统称为单侧极限.

定理 1(单侧极限与极限之间的关系)

(1) $\lim\limits_{x \to x_0} f(x) = A \Leftrightarrow \lim\limits_{x \to x_0^-} f(x) = \lim\limits_{x \to x_0^+} f(x) = A$.

(2)$\lim\limits_{x\to\infty}f(x)=A\Leftrightarrow\lim\limits_{x\to-\infty}f(x)=\lim\limits_{x\to+\infty}f(x)=A$.

注 本定理主要用于求分段定义函数在分段点处的极限.

3. 极限的保号性

定理 2 若 $\lim\limits_{x\to x_0}f(x)=A,A>0$,那么一定 $\exists\delta>0$,当 $0<|x-x_0|<\delta$ 时,恒有 $f(x)>0$.

例 3 设 $\lim\limits_{x\to+\infty}f(x)=A$,则下列结论正确的是( ).

(A) 若 $A>0$,则 $\exists M>0$,对 $\forall x>M$ 均有 $f(x)>0$

(B) 若 $A\geqslant 0$,则 $\exists M\geqslant 0$,对 $\forall x>M$ 均有 $f(x)\geqslant 0$

(C) 若 $\exists M>0$,对 $\forall x>M$ 均有 $f(x)>0$,则 $A>0$

(D) 若 $\exists M>0$,对 $\forall x>M$ 均有 $f(x)<0$,则 $A<0$

答案 (A).

解 令 $\varepsilon=\dfrac{A}{2}>0$,由极限的定义可知 $\exists M>0$,对 $\forall x>M$ 均有 $|f(x)-A|<\varepsilon=\dfrac{A}{2}$,从而有 $f(x)>A-\dfrac{A}{2}=\dfrac{A}{2}>0$,故(A)正确.(B)不正确,例如令 $f(x)=-\mathrm{e}^{-|x|}$,则有 $\lim\limits_{x\to+\infty}f(x)=\lim\limits_{x\to+\infty}(-\mathrm{e}^{-|x|})=0$,但 $f(x)<0$.(C) 和(D) 也可举类似的反例说明.

知识点 2 极限的运算法则

一、极限的四则运算法则

若 $\lim\limits_{x\to a}f(x),\lim\limits_{x\to a}g(x)$ 均存在,则

(1)$\lim\limits_{x\to a}[f(x)\pm g(x)]=\lim\limits_{x\to a}f(x)\pm\lim\limits_{x\to a}g(x)$;

(2)$\lim\limits_{x\to a}[f(x)g(x)]=\lim\limits_{x\to a}f(x)\cdot\lim\limits_{x\to a}g(x)$;

(3)$\lim\limits_{x\to a}\dfrac{f(x)}{g(x)}=\dfrac{\lim\limits_{x\to a}f(x)}{\lim\limits_{x\to a}g(x)}\left(\lim\limits_{x\to a}g(x)\neq 0\right)$.

二、复合函数的极限运算法则

若函数 $y=f(u)$ 与 $u=\varphi(x)$ 的复合函数 $f[\varphi(x)]$ 在点 x_0 的某去心邻域 $\mathring{U}(x_0)$ 内有定义,$\lim\limits_{x\to x_0}\varphi(x)=u_0$,$\lim\limits_{u\to u_0}f(u)=A$,且在 $\mathring{U}(x_0)$ 内 $\varphi(x)\neq u_0$,则

$$\lim\limits_{x\to x_0}f[\varphi(x)]=\lim\limits_{u\to u_0}f(u)=A.$$

例 4 下列命题中哪些是正确的,哪些是错误的? 如果正确,请给出理由,如果错误,请给出反例.

(1) 如果 $\lim\limits_{x \to x_0} f(x)$ 存在,但 $\lim\limits_{x \to x_0} g(x)$ 不存在,则 $\lim\limits_{x \to x_0} [f(x) + g(x)]$ 不存在;

(2) 如果 $\lim\limits_{x \to x_0} f(x)$ 不存在,且 $\lim\limits_{x \to x_0} g(x)$ 也不存在,则 $\lim\limits_{x \to x_0} [f(x) + g(x)]$ 不存在;

(3) 如果 $\lim\limits_{x \to x_0} f(x)$ 存在,但 $\lim\limits_{x \to x_0} g(x)$ 不存在,则 $\lim\limits_{x \to x_0} f(x) \cdot g(x)$ 不存在.

解 (1) 正确,因为若 $\lim\limits_{x \to x_0} [f(x) + g(x)]$ 存在,则 $\lim\limits_{x \to x_0} g(x) = \lim\limits_{x \to x_0} \{[f(x) + g(x)] - f(x)\}$ 存在,矛盾.

(2) 不正确. 例如极限 $\lim\limits_{x \to 0} \sin \dfrac{1}{x}$ 与 $\lim\limits_{x \to 0} \left(1 - \sin \dfrac{1}{x}\right)$ 均不存在,但

$$\lim\limits_{x \to 0} \left[\sin \frac{1}{x} + \left(1 - \sin \frac{1}{x}\right) \right] = 1.$$

(3) 不正确. 例如 $\lim\limits_{x \to 0} x = 0$, $\lim\limits_{x \to 0} \sin \dfrac{1}{x}$ 不存在,但 $\lim\limits_{x \to 0} x \sin \dfrac{1}{x} = 0$.

例 5 求 $\lim\limits_{n \to \infty} \dfrac{1}{n} \left\{ \left(x + \dfrac{a}{n}\right) + \left(x + \dfrac{2a}{n}\right) + \cdots + \left[x + \dfrac{(n-1)a}{n}\right] \right\}$.

解 原式 $= \lim\limits_{n \to \infty} \dfrac{(n-1)x + \dfrac{1}{2}(n-1)a}{n} = x + \dfrac{a}{2}$.

例 6 求 $\lim\limits_{n \to \infty} \sum\limits_{k=1}^{n} \dfrac{1}{1 + 2 + \cdots + k}$.

解 由于 $\dfrac{1}{1 + 2 + \cdots + k} = \dfrac{2}{k(k+1)} = 2 \left(\dfrac{1}{k} - \dfrac{1}{k+1} \right)$,故

$$\lim\limits_{n \to \infty} \sum\limits_{k=1}^{n} \frac{1}{1 + 2 + \cdots + k} = \lim\limits_{n \to \infty} 2 \sum\limits_{k=1}^{n} \left(\frac{1}{k} - \frac{1}{k+1} \right) = \lim\limits_{n \to \infty} 2 \left(1 - \frac{1}{n+1} \right) = 2.$$

例 7 求 $\lim\limits_{x \to a^+} \dfrac{\sqrt{x} - \sqrt{a} + \sqrt{x - a}}{\sqrt{x^2 - a^2}}$.

解 原式 $= \lim\limits_{x \to a^+} \left(\dfrac{\sqrt{x} - \sqrt{a}}{\sqrt{x^2 - a^2}} + \dfrac{\sqrt{x - a}}{\sqrt{x^2 - a^2}} \right)$

$$= \lim\limits_{x \to a^+} \left[\frac{x - a}{\sqrt{x^2 - a^2} \, (\sqrt{x} + \sqrt{a})} + \frac{\sqrt{x - a}}{\sqrt{(x - a)(x + a)}} \right]$$

$$= \lim\limits_{x \to a^+} \left[\frac{\sqrt{x - a}}{\sqrt{x + a} \, (\sqrt{x} + \sqrt{a})} + \frac{1}{\sqrt{x + a}} \right] = \frac{1}{\sqrt{2a}}.$$

7 (仅限数学一)掌握、(仅限数学三)了解极限存在的两个准则,并会利用它们求极限,掌握利用两个重要极限求极限的方法.

8 理解无穷小量、无穷大量的概念,掌握无穷小量的比较方法,会用等价无穷小量求极限.

知识点 1 两个极限存在准则及两个重要极限

一、两个极限存在准则

1. 单调有界收敛准则:单调有界数列必有极限

如果数列$\{x_n\}$满足条件

$$x_1 \leqslant x_2 \leqslant x_3 \leqslant \cdots \leqslant x_n \leqslant x_{n+1} \leqslant \cdots,$$

则称数列$\{x_n\}$是单调增加的;如果数列$\{x_n\}$满足条件

$$x_1 \geqslant x_2 \geqslant x_3 \geqslant \cdots \geqslant x_n \geqslant x_{n+1} \geqslant \cdots,$$

则称数列$\{x_n\}$是单调减少的.单调增加和单调减少数列统称为单调数列.

注 单调增加有上界(或单调减少有下界)数列一定是收敛的.

2. 夹逼准则

若数列$\{x_n\},\{y_n\},\{z_n\}$满足

① 从某项起,即存在$n_0 \in \mathbf{N}$,当$n > n_0$时,均有$x_n \leqslant y_n \leqslant z_n$;

② $\lim\limits_{n \to \infty} x_n = \lim\limits_{n \to \infty} z_n = a$.

则一定有$\lim\limits_{n \to \infty} y_n = a$.

注 夹逼准则也可以推广到函数极限的情形.

如果

① 当$x \in \mathring{U}(x_0, r)$(或$|x| > M$)时,

$$g(x) \leqslant f(x) \leqslant h(x);$$

② $\lim\limits_{\substack{x \to x_0 \\ (x \to \infty)}} g(x) = A$, $\lim\limits_{\substack{x \to x_0 \\ (x \to \infty)}} h(x) = A$.

那么$\lim\limits_{\substack{x \to x_0 \\ (x \to \infty)}} f(x)$存在且有$\lim\limits_{\substack{x \to x_0 \\ (x \to \infty)}} f(x) = A$.

二、两个重要极限

$(1) \lim\limits_{x \to 0} \dfrac{\sin x}{x} = 1;$

(2)$\lim\limits_{x\to 0}(1+x)^{\frac{1}{x}}=\mathrm{e},\lim\limits_{x\to\infty}\left(1+\dfrac{1}{x}\right)^{x}=\mathrm{e}.$

例 1　求 $\lim\limits_{n\to\infty}\left(\dfrac{1}{\sqrt{n^2+1}}+\dfrac{1}{\sqrt{n^2+2}}+\cdots+\dfrac{1}{\sqrt{n^2+n}}\right).$

解
$$\dfrac{n}{\sqrt{n^2+n}}\leqslant\dfrac{1}{\sqrt{n^2+1}}+\dfrac{1}{\sqrt{n^2+2}}+\cdots+\dfrac{1}{\sqrt{n^2+n}}\leqslant\dfrac{n}{\sqrt{n^2+1}},$$

而
$$\lim_{n\to\infty}\dfrac{n}{\sqrt{n^2+n}}=\lim_{n\to\infty}\dfrac{n}{\sqrt{n^2+1}}=1,$$

所以
$$\lim_{n\to\infty}\left(\dfrac{1}{\sqrt{n^2+1}}+\dfrac{1}{\sqrt{n^2+2}}+\cdots+\dfrac{1}{\sqrt{n^2+n}}\right)=1.$$

注　在利用夹逼准则求数列极限的时候,要注意适当地放缩,要使得放大和缩小后的数列极限相同,这样才能得到所要求的数列极限.

例 2　求数列 $\sqrt{2}$,$\sqrt{2+\sqrt{2}}$,$\sqrt{2+\sqrt{2+\sqrt{2}}}$,$\cdots$ 的极限.

解　记 $x_n=\underbrace{\sqrt{2+\sqrt{2+\cdots+\sqrt{2}}}}_{n\uparrow}$,则有递推公式 $x_{n+1}=\sqrt{2+x_n}$,数列 $\{x_n\}$ 显然单调增加,且 $x_1=\sqrt{2}<2$.若对于正整数 k 有 $x_k<2$,则有 $x_{k+1}=\sqrt{2+x_k}<\sqrt{2+2}=2$,由数学归纳法可知,所有的正整数 n 均有 $x_n<2$,即 $\{x_n\}$ 是单调增加有上界的数列,由单调有界收敛原理可知 $\lim\limits_{n\to\infty}x_n$ 存在,令 $\lim\limits_{n\to\infty}x_n=a$,对等式 $x_{n+1}=\sqrt{2+x_n}$ 两边同时取极限可得 $a=\sqrt{2+a}$,解方程得 $a=2$ 或者 $a=-1$(舍去),所以 $\lim\limits_{n\to\infty}x_n=2$.

注　在用单调有界收敛准则求极限时通常先要判别数列的单调有界性,在本题中则是利用数学归纳法判别数列有上界.

例 3　求下列极限:

(1)$\lim\limits_{x\to\infty}\left(\dfrac{x}{1+x}\right)^x$;　　　　　(2)$\lim\limits_{x\to\infty}\left(\dfrac{x-a}{x+a}\right)^x\ (a\neq 0).$

解(1) 极限类型为 1^∞ 未定式.恒等变形可得原式 $=\lim\limits_{x\to\infty}\dfrac{1}{\left(1+\dfrac{1}{x}\right)^x}=\dfrac{1}{\mathrm{e}}.$

(2) **方法一**　恒等变形可得原式 $=\lim\limits_{x\to\infty}\dfrac{\left(1-\dfrac{a}{x}\right)^x}{\left(1+\dfrac{a}{x}\right)^x}=\dfrac{\mathrm{e}^{-a}}{\mathrm{e}^a}=\mathrm{e}^{-2a}.$

方法二 恒等变形可得

$$原式 = \lim_{x \to \infty} \left[\left(1 + \frac{-2a}{x+a} \right)^{\frac{x+a}{-2a}} \right]^{\frac{-2ax}{x+a}} \xlongequal{\diamondsuit \, t = \frac{-2a}{x+a}} \lim_{t \to 0} \left[(1+t)^{\frac{1}{t}} \right]^{-2a} = \mathrm{e}^{-2a}.$$

> **注** 本题是求类型为 1^{∞} 未定式极限,对于此类极限通常形式是当 $\lim\limits_{x \to x_0} u(x) = 1$,
>
> $\lim\limits_{x \to x_0} v(x) = \infty$ 时,可令 $u(x) = 1 + \alpha(x)$,则有 $\lim\limits_{x \to x_0} \alpha(x) = 0$,此时有
>
> $$\lim_{x \to x_0} u(x)^{v(x)} = \lim_{x \to x_0} \left\{ [1 + \alpha(x)]^{\frac{1}{\alpha(x)}} \right\}^{\alpha(x)v(x)} = \mathrm{e}^{\lim\limits_{x \to x_0} \alpha(x)v(x)}.$$

知识点 2 无穷小与无穷大、无穷小的比较

一、无穷小的概念

定义 1 称 $f(x)$ 当 $x \to x_0$(或 $x \to \infty$)时为无穷小 $\Leftrightarrow \lim\limits_{\substack{x \to x_0 \\ (x \to \infty)}} f(x) = 0$.

定理 1 $\lim\limits_{\substack{x \to x_0 \\ (x \to \infty)}} f(x) = A \Leftrightarrow f(x) = A + \alpha(x), \alpha(x)$ 为当 $x \to x_0$(或 $x \to \infty$)时的无穷小.

二、无穷大的概念

定义 2 $\lim\limits_{x \to x_0} f(x) = \infty \Leftrightarrow \forall M > 0, \exists \delta > 0,$ 当 $0 < |x - x_0| < \delta$ 时,恒有 $|f(x)| > M$.

定义 3 $\lim\limits_{x \to \infty} f(x) = \infty \Leftrightarrow \forall M > 0, \exists X > 0,$ 当 $|x| > X$ 时,恒有 $|f(x)| > M$.

> **注** 无穷大的研究可以转化为无穷小的研究,有如下结论:
>
> 在自变量的同一变化过程中,如果 $f(x)$ 为无穷大,那么 $\dfrac{1}{f(x)}$ 为无穷小;反之,如
>
> 果 $f(x)$ 为无穷小且 $f(x) \neq 0$,那么 $\dfrac{1}{f(x)}$ 为无穷大.

例 4 下列说法是否正确? 为什么?

(1) 如果当 $x \to x_0$ 时,$f(x)$ 无限变小,则 $f(x)$ 当 $x \to x_0$ 时为无穷小;

(2) 如果当 $x \to x_0$ 时,$|f(x)|$ 越来越小,则 $f(x)$ 当 $x \to x_0$ 时为无穷小;

(3) 在自变量的同一变化过程中,两个无穷大之和仍然是无穷大;

(4) 有界函数与无穷大的乘积是无穷大;

(5) 由于 $\lim\limits_{x \to 0} \dfrac{x^2 + 5x + 2}{x^2 + 8x + 2} = 1$,所以当 $x \to 0$ 时 $x^2 + 5x + 2$ 与 $x^2 + 8x + 2$ 是等价无穷小.

解 上述结论都不正确.

(1) 例如 $f(x) = -\dfrac{1}{x^2}$,当 $x \to 0$ 时.

(2) 例如 $f(x) = 1 + x^2$,当 $x \to 0$ 时.

(3) 例如 $f(x) = -\dfrac{1}{x^2}$,$g(x) = 1 + \dfrac{1}{x^2}$,当 $x \to 0$ 时均为无穷大,但 $\lim\limits_{x \to 0}[f(x) + g(x)] = 1$.

(4) 例如 $f(x) = 0$,$g(x) = \dfrac{1}{x}$,当 $x \to 0$ 时 $g(x)$ 是无穷大,但 $\lim\limits_{x \to 0} f(x) g(x) = 0$.

(5) 当 $x \to 0$ 时,$x^2 + 5x + 2$ 与 $x^2 + 8x + 2$ 都不是无穷小.

例 5 证明:函数 $f(x) = \dfrac{1}{x} \sin \dfrac{1}{x}$ 在 $(0,1]$ 上无界,但不是 $x \to 0^+$ 时的无穷大.

证明 设 $\forall M > 0$,可令 $x_0 = \dfrac{2}{(4[M]+1)\pi}$,其中 $[M]$ 表示不超过 M 的最大整数,则

$f(x_0) = \dfrac{(4[M]+1)\pi}{2} > M$,因而函数 $f(x) = \dfrac{1}{x} \sin \dfrac{1}{x}$ 在 $(0,1]$ 上无界,又对 $\forall \delta > 0$,总能

取到正整数 n,使得 $x_1 = \dfrac{1}{2n\pi} \in (0, \delta)$,且 $f(x_1) = 0$,由无穷大定义可知函数 $\dfrac{1}{x} \sin \dfrac{1}{x}$ 不是

$x \to 0^+$ 时的无穷大.

注 若 $f(x)$ 当 $x \to x_0$(或 $x \to \infty$)时为无穷大,则对于 $\forall \delta > 0$(或 $X > 0$),函数 $f(x)$ 在点 x_0 的去心 δ 邻域内(或 $|x| > X$ 时)一定是无界的,反之,如果函数 $f(x)$ 在点 x_0 的任一去心邻域内都无界,未必有极限 $\lim\limits_{x \to x_0} f(x) = \infty$ 成立.

三、无穷小的运算

(1) 在自变量同一变化过程中,有限个无穷小之和、差及乘积仍然是无穷小;

(2) 有界函数与无穷小的乘积仍然是无穷小.

四、无穷小的比较

设 $x \to x_0$(或 $x \to \infty$)时 $\alpha(x)$,$\beta(x)$ 均为无穷小.

(1) 若 $\lim\limits_{\substack{x \to x_0 \\ (x \to \infty)}} \dfrac{\alpha(x)}{\beta(x)} = 0$,则称 $x \to x_0$(或 $x \to \infty$)时 $\alpha(x)$ 是比 $\beta(x)$ 高阶的无穷小,记为 $\alpha(x) = o(\beta(x))$;

(2) 若 $\lim\limits_{\substack{x \to x_0 \\ (x \to \infty)}} \dfrac{\alpha(x)}{\beta(x)} = \infty$,则称 $x \to x_0$(或 $x \to \infty$)时 $\alpha(x)$ 是比 $\beta(x)$ 低阶的无穷小,记为 $\beta(x) = o(\alpha(x))$;

(3) 若 $\lim\limits_{\substack{x \to x_0 \\ (x \to \infty)}} \dfrac{\alpha(x)}{\beta(x)} = l \, (0 < |l| < +\infty)$，则称 $x \to x_0$（或 $x \to \infty$）时 $\alpha(x)$ 与 $\beta(x)$ 是同阶无穷小；

(4) 若 $\lim\limits_{\substack{x \to x_0 \\ (x \to \infty)}} \dfrac{\alpha(x)}{\beta(x)} = 1$，则称 $x \to x_0$（或 $x \to \infty$）时 $\alpha(x)$ 与 $\beta(x)$ 是等价无穷小，记为 $\alpha(x) \sim \beta(x)$.

特别地，如果 $\lim\limits_{\substack{x \to x_0 \\ (x \to \infty)}} \dfrac{\alpha(x)}{\beta^k(x)} = c \neq 0, k > 0$，则称 $\alpha(x)$ 为关于 $\beta(x)$ 的 k 阶无穷小.

定理 2 设 $x \to x_0$（或 $x \to \infty$）时 $\alpha(x), \beta(x)$ 均为无穷小，则

$$\beta(x) \sim \alpha(x) \Leftrightarrow \beta(x) = \alpha(x) + o(\alpha(x)).$$

五、等价无穷小代换定理

定理 3 若 $x \to x_0$（或 $x \to \infty$）时 $\alpha(x) \sim \alpha_1(x), \beta(x) \sim \beta_1(x)$，则

$$\lim_{\substack{x \to x_0 \\ (x \to \infty)}} \frac{\alpha(x)}{\beta(x)} = \lim_{\substack{x \to x_0 \\ (x \to \infty)}} \frac{\alpha_1(x)}{\beta_1(x)}.$$

六、$x \to 0$ 时几个常用的等价无穷小

(1) $\sin x \sim \tan x \sim \arcsin x \sim \arctan x \sim x$；

(2) $1 - \cos x \sim \dfrac{1}{2} x^2$；

(3) $(1+x)^\alpha - 1 \sim \alpha x$，其中常数 $\alpha \neq 0$；

(4) $\ln(1+x) \sim e^x - 1 \sim x$.

例 6 求下列极限：

(1) $\lim\limits_{x \to 0} \dfrac{\sin 3x}{2x}$；　　　　(2) $\lim\limits_{x \to 0} \dfrac{\sin \sin x}{\tan x}$；　　　　(3) $\lim\limits_{x \to \pi} \dfrac{\sin x}{x + \pi}$；

(4) $\lim\limits_{x \to \infty} x \tan \dfrac{1}{x}$；　　　(5) $\lim\limits_{x \to 0} \dfrac{\sin x - \tan x}{x^3}$；　　　(6) $\lim\limits_{x \to 0} \dfrac{e^x - e^{x \cos x}}{x \ln(1 + x^2)}$.

解 (1) 原式 $= \lim\limits_{x \to 0} \dfrac{3x}{2x} = \dfrac{3}{2}$.

(2) 原式 $= \lim\limits_{x \to 0} \dfrac{\sin x}{x} = 1$.

(3) 原式 $\xlongequal{t = x + \pi} \lim\limits_{t \to 0} \dfrac{-\sin t}{t} = -1$.

(4) 原式 $\xlongequal{x = \frac{1}{t}} \lim\limits_{t \to 0} \dfrac{\tan t}{t} = 1$.

（5）原式 $=\lim\limits_{x\to 0}\dfrac{\sin x(\cos x-1)}{x^3\cos x}=\lim\limits_{x\to 0}\dfrac{-\dfrac{1}{2}x^3}{x^3}=-\dfrac{1}{2}.$

（6）原式 $=\lim\limits_{x\to 0}\dfrac{\mathrm{e}^{x\cos x}\left[\mathrm{e}^{x(1-\cos x)}-1\right]}{x\ln(1+x^2)}=\lim\limits_{x\to 0}\dfrac{x(1-\cos x)}{x^3}=\dfrac{1}{2}.$

对标考试要求

9　理解函数连续性的概念（含左连续与右连续），会判别函数间断点的类型.

知识点 1　函数的连续性

一、连续性的概念

定义 1　函数 $f(x)$ 在点 x_0 处连续 $\Leftrightarrow \lim\limits_{x\to x_0}f(x)=f(x_0)$

$$\Leftrightarrow \lim\limits_{\Delta x\to 0}\left[f(x_0+\Delta x)-f(x_0)\right]=0.$$

二、左、右连续的概念

定义 2　函数 $f(x)$ 在点 x_0 处左连续 $\Leftrightarrow \lim\limits_{x\to x_0^-}f(x)=f(x_0)$；

函数 $f(x)$ 在点 x_0 处右连续 $\Leftrightarrow \lim\limits_{x\to x_0^+}f(x)=f(x_0).$

三、在区间上连续函数的概念

定义 3　函数 $f(x)$ 在开区间 (a,b) 内连续 $\Leftrightarrow f(x)$ 在 (a,b) 内任意点处均连续.

函数 $f(x)$ 在闭区间 $[a,b]$ 上连续 $\Leftrightarrow f(x)$ 在开区间 (a,b) 内连续，在点 $x=a$ 处右连续，在点 $x=b$ 处左连续.

定理 1　函数 $f(x)$ 在点 x_0 处连续 $\Leftrightarrow f(x)$ 在点 x_0 处既左连续又右连续.

注　本定理主要用于判断分段定义的函数在分段点处的连续性.

知识点 2　函数的间断点

一、间断点的定义

定义 4　设函数 $f(x)$ 在点 x_0 的某去心邻域 $\overset{\circ}{U}(x_0)$ 内有定义，在此前提下，如果 $f(x)$

满足下列三种情形之一:

①在点 x_0 处无定义;

②虽在点 x_0 处有定义,但 $\lim\limits_{x \to x_0} f(x)$ 不存在;

③虽在点 x_0 处有定义,且 $\lim\limits_{x \to x_0} f(x)$ 存在,但是 $\lim\limits_{x \to x_0} f(x) \neq f(x_0)$,

则称函数 $f(x)$ 在点 x_0 处不连续,而点 x_0 称为 $f(x)$ 的不连续点或间断点.

二、间断点的分类

定义 5 设 x_0 为函数 $f(x)$ 的间断点,若 $f(x_0^-)$ 与 $f(x_0^+)$ 均存在,则称 x_0 为 $f(x)$ 的第一类间断点,其中当 $f(x_0^-) = f(x_0^+)$ 时,称为可去间断点;当 $f(x_0^-) \neq f(x_0^+)$ 时,称为跳跃间断点. 若 $f(x_0^-)$ 与 $f(x_0^+)$ 中至少有一个不存在,则称 x_0 为 $f(x)$ 的第二类间断点,其中当 $f(x_0^-)$ 与 $f(x_0^+)$ 中至少有一个为 ∞ 时,称 x_0 为 $f(x)$ 的无穷间断点.

对标考试要求

10 了解连续函数的性质和初等函数的连续性,理解闭区间上连续函数的性质(有界性、最大值和最小值定理、介值定理),并会应用这些性质.

知识点 1 连续函数的运算及初等函数的连续性

一、连续函数的四则运算

定理 2 若函数 $f(x), g(x)$ 在点 x(或区间 I)处均连续,则 $f(x) \pm g(x)$,$f(x)g(x)$,$\dfrac{f(x)}{g(x)}(g(x) \neq 0)$ 在点 x(或区间 I)处也连续.

二、复合函数及反函数的连续性

定理 3 若函数 $\varphi(x)$ 在点 x_0 处连续,$f(u)$ 在点 $u_0 = \varphi(x_0)$ 处连续,则复合函数 $f[\varphi(x)]$ 在点 x_0 处连续.

定理 4 若函数 $y = f(x)$ 在区间 I_x 上单调连续,则其反函数 $x = f^{-1}(y)$ 在相应区间 $I_y = \{y \mid x \in I_x\}$ 上也单调连续.

三、初等函数的连续性

定理 5 基本初等函数在其定义域内连续,初等函数在其定义区间(指包含在定义域内的区间)内都连续.

注 初等函数在定义域内未必连续. 例如, 函数 $f(x) = \sqrt{\sin x - 1}$ 是初等函数, 其定义域为 $D = \bigcup\limits_{k=-\infty}^{+\infty}\left\{2k\pi + \dfrac{\pi}{2}\right\}$, 此时已经失去讨论极限 $\lim\limits_{x \to 2k\pi + \frac{\pi}{2}} f(x)$ 的必要条件, 因而也就谈不上连续性了.

知识点 2 闭区间上连续函数的性质

定理 6(最值定理) 函数 $f(x)$ 在 $[a,b]$ 上连续, 则 $f(x)$ 在 $[a,b]$ 上最大值、最小值均存在.

定理 7(有界定理) 设函数 $f(x)$ 在 $[a,b]$ 上连续, 则 $f(x)$ 在 $[a,b]$ 上为有界函数.

定理 8(介值定理) 设函数 $f(x)$ 在 $[a,b]$ 上连续, 则 $f(x)$ 在 $[a,b]$ 上可取到介于最大值与最小值之间的一切函数值.

定理 9(零点定理) 设函数 $f(x)$ 在 $[a,b]$ 上连续, 且 $f(a)f(b) < 0$, 则存在点 $\xi \in (a,b)$, 使得 $f(\xi) = 0$.

例 1 函数 $f(x) = \dfrac{x - x^3}{\sin \pi x}$ 的可去间断点个数为( ).

(A)1   (B)2   (C)3   (D) 无穷多个

答案 (C).

解 $\sin \pi x = 0$ 时函数无定义, 即 $x = k(k = 0, \pm 1, \pm 2, \cdots)$ 是它的间断点. 由于

$$\lim_{x \to 1} \frac{x - x^3}{\sin \pi x} = \frac{2}{\pi}, \lim_{x \to -1} \frac{x - x^3}{\sin \pi x} = \frac{2}{\pi}, \lim_{x \to 0} \frac{x - x^3}{\sin \pi x} = \frac{1}{\pi},$$

所以 $x = -1, 0, 1$ 为它的可去间断点, 当 $k \neq 0, \pm 1$ 时, $\lim\limits_{x \to k} \dfrac{x - x^3}{\sin \pi x} = \infty$, 因此选答案(C).

注 在求初等函数的间断点时, 可从函数的定义域入手, 根据初等函数的性质求解. 若初等函数在点 x_0 处无定义, 但在点 x_0 的某个去心邻域内有定义, 则点 x_0 即为该初等函数的间断点.

例 2 设函数 $f(x)$ 和 $\varphi(x)$ 在 $(-\infty, +\infty)$ 内均有定义, $f(x)$ 为连续函数, $\varphi(x)$ 有间断点, 则下列结论中哪些是正确的?

(1) $f(x) + \varphi(x)$ 必有间断点;   (2) $f(x)\varphi(x)$ 必有间断点;

(3) $f[\varphi(x)]$ 必有间断点;   (4) $\varphi[f(x)]$ 必有间断点;

(5) $\varphi^2(x)$ 必有间断点;   (6) $f(x) \neq 0$ 时, $\dfrac{\varphi(x)}{f(x)}$ 必有间断点.

解 (1) 正确. 这是因为若 $F(x) = f(x) + \varphi(x)$ 连续, 而 $f(x)$ 连续, 则 $\varphi(x) = F(x) - f(x)$ 连续, 矛盾.

(2) 不正确. 反例: 令 $f(x) = x$, $\varphi(x) = \begin{cases} \dfrac{\sin x}{x}, & x \neq 0, \\ 0, & x = 0, \end{cases}$ 则 $f(x)$ 在点 $x = 0$ 处连续, $\varphi(x)$ 在点 $x = 0$ 处间断, 而 $f(x)\varphi(x) = \sin x$ 在 $(-\infty, +\infty)$ 内连续.

(3) 不正确. 反例: 令 $f(x) = 1$, $\varphi(x) = \begin{cases} -1, & x < 0, \\ 1, & x \geqslant 0, \end{cases}$ 则 $f(x)$ 在点 $x = 0$ 处连续, $\varphi(x)$ 在点 $x = 0$ 处间断, 而 $f[\varphi(x)] = 1$ 在 $(-\infty, +\infty)$ 内连续.

(4) 和 (5) 均不正确. 反例: 令 $f(x) = x^2$, $\varphi(x) = \begin{cases} -1, & x < 0, \\ 1, & x \geqslant 0, \end{cases}$ 则 $f(x)$ 在点 $x = 0$ 处连续, $\varphi(x)$ 在点 $x = 0$ 处间断, 而 $\varphi[f(x)] = 1$, $\varphi^2(x) = 1$ 均在 $(-\infty, +\infty)$ 内连续.

(6) 正确. 这是因为若 $G(x) = \dfrac{\varphi(x)}{f(x)}$ 连续, 而 $f(x)$ 连续, 则 $\varphi(x) = G(x)f(x)$ 连续, 矛盾.

例 3 设函数 $f(x) = \begin{cases} \mathrm{e}^{-\frac{1}{x}} + 1, & x > 0, \\ a, & x = 0, \\ 2b + cx\cos\dfrac{1}{x}, & x < 0, \end{cases}$ 问 a, b, c 为何值时函数 $f(x)$ 在 $(-\infty, +\infty)$ 内连续?

解 由题设 $\lim\limits_{x \to 0^+}(1 + \mathrm{e}^{-\frac{1}{x}}) = 1 = a$, $\lim\limits_{x \to 0^-}\left(2b + cx\cos\dfrac{1}{x}\right) = a = 1$, 所以 $b = \dfrac{1}{2}$, c 可以取任意实数.

例 4 设函数 $f(x)$ 在 $[a, b]$ 上连续, 且 $f(a) < a$, $f(b) > b$, 证明: 存在 $\xi \in (a, b)$ 使得 $f(\xi) = \xi$.

证明 令 $F(x) = f(x) - x$, 则 $F(x)$ 在 $[a, b]$ 上连续, 且
$$F(a)F(b) = [f(a) - a][f(b) - b] < 0,$$
由连续函数零点定理知存在 $\xi \in (a, b)$ 使得 $F(\xi) = f(\xi) - \xi = 0$, 即 $f(\xi) = \xi$.

例 5 设函数 $f(x)$ 在 (a, b) 内连续, 且 $f(a^+)$, $f(b^-)$ 存在, 证明 $f(x)$ 在 (a, b) 内有界.

证明 补充定义 $f(a) = f(a^+)$, $f(b) = f(b^-)$, 则 $f(x)$ 在 $[a, b]$ 内连续, 由闭区间上连续函数的性质知 $f(x)$ 在 $[a, b]$ 上有界, 因而在 (a, b) 内有界.

第 **2** 章 导数与微分

对标考试要求

■ 1（仅限数学一、数学二）理解导数和（仅限数学三）了解微分的概念,（仅限数学一、数学二）理解（仅限数学三）了解导数与微分的关系,（仅限数学一、数学二）理解导数的几何意义（仅限数学三）了解导数的几何意义与经济意义（合边际与弹性的概念）,会求平面曲线的切线方程和法线方程,（仅限数学一、数学二）了解导数的物理意义,（仅限数学一、数学二）会用导数描述一些物理量,理解函数的可导性与连续性之间的关系.

知识点 **1** 导数的概念

一、导数的定义

定义 1　设函数 $y=f(x)$ 在点 x_0 处的某邻域 $U(x_0)$ 内有定义,当自变量 x 在 x_0 处取

得增量 Δx,且 $x_0 + \Delta x \in U(x_0)$ 时,因变量取得增量 $\Delta y = f(x_0 + \Delta x) - f(x_0)$(见右图). 如果极限 $\lim\limits_{\Delta x \to 0} \dfrac{\Delta y}{\Delta x}$ 存在,则称 $f(x)$ 在点 x_0 处可导,并称其极限值为 $f(x)$ 在点 x_0 处的导数,记为 $y'(x_0)$,$f'(x_0)$,$\dfrac{\mathrm{d}y}{\mathrm{d}x}\Big|_{x=x_0}$,$\dfrac{\mathrm{d}f}{\mathrm{d}x}\Big|_{x=x_0}$,即

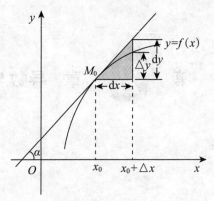

$$f'(x_0) = \lim_{\Delta x \to 0} \frac{f(x_0 + \Delta x) - f(x_0)}{\Delta x},$$

否则,称 $f(x)$ 在点 x_0 处不可导.

注 导数定义的等价形式:$f'(x_0) = \lim\limits_{h \to 0} \dfrac{f(x_0 + h) - f(x_0)}{h} = \lim\limits_{x \to x_0} \dfrac{f(x) - f(x_0)}{x - x_0}$.

二、左、右导数

定义 2 设函数 $f(x)$ 在 $(x_0 - \delta, x_0]$ $(\delta > 0)$ 上有定义,称

$$f'_-(x_0) = \lim_{\Delta x \to 0^-} \frac{f(x_0 + \Delta x) - f(x_0)}{\Delta x} = \lim_{x \to x_0^-} \frac{f(x) - f(x_0)}{x - x_0}$$

为 $f(x)$ 在点 x_0 处的左导数.

设函数 $f(x)$ 在 $[x_0, x_0 + \delta)$ $(\delta > 0)$ 上有定义,称

$$f'_+(x_0) = \lim_{\Delta x \to 0^+} \frac{f(x_0 + \Delta x) - f(x_0)}{\Delta x} = \lim_{x \to x_0^+} \frac{f(x) - f(x_0)}{x - x_0}$$

为 $f(x)$ 在点 x_0 处的右导数.

定理 1 $f'(x_0) = A \Leftrightarrow f'_-(x_0) = f'_+(x_0) = A$.

例 1 已知函数 $f(x)$ 在点 $x = x_0$ 处可导,且导数 $f'(x_0) = 1$,求下列极限:

(1) $\lim\limits_{\Delta x \to 0} \dfrac{f(x_0 + 2\Delta x) - f(x_0)}{\Delta x}$;   (2) $\lim\limits_{h \to 0} \dfrac{f(x_0 + h) - f(x_0 - h)}{h}$;

(3) $\lim\limits_{\Delta x \to 0} \dfrac{f(x_0 + \alpha \Delta x) - f(x_0 + \beta \Delta x)}{\Delta x}$ (α, β 均为常数).

解 (1) 原式 $= 2\lim\limits_{\Delta x \to 0} \dfrac{f(x_0 + 2\Delta x) - f(x_0)}{2\Delta x} = 2f'(x_0) = 2$.

(2) 原式 $= \lim\limits_{h \to 0} \dfrac{f(x_0 + h) - f(x_0) + f(x_0) - f(x_0 - h)}{h}$

$= \lim\limits_{h \to 0} \dfrac{f(x_0 + h) - f(x_0)}{h} + \lim\limits_{h \to 0} \dfrac{f(x_0) - f(x_0 - h)}{h} = 2f'(x_0) = 2$.

(3) 原式 $=\lim\limits_{\Delta x \to 0} \dfrac{f(x_0 + \alpha \Delta x) - f(x_0) + f(x_0) - f(x_0 + \beta \Delta x)}{\Delta x}$

$\qquad = \lim\limits_{\Delta x \to 0} \dfrac{f(x_0 + \alpha \Delta x) - f(x_0)}{\Delta x} + \lim\limits_{\Delta x \to 0} \dfrac{f(x_0) - f(x_0 + \beta \Delta x)}{\Delta x}$

$\qquad = \alpha f'(x_0) - \beta f'(x_0) = \alpha - \beta.$

> **注**　形如 $\lim\limits_{\Delta x \to 0} \dfrac{f(x_0 + \alpha \Delta x) - f(x_0 + \beta \Delta x)}{\Delta x}$ 的极限常与导数 $f'(x_0)$ 有关,一般的结
>
> 论是:若 $f'(x_0)$ 存在,则 $\lim\limits_{\Delta x \to 0} \dfrac{f(x_0 + \alpha \Delta x) - f(x_0 + \beta \Delta x)}{\Delta x} = (\alpha - \beta) f'(x_0).$ 但如果
>
> 对于两个非零的常数 α, β,极限 $\lim\limits_{\Delta x \to 0} \dfrac{f(x_0 + \alpha \Delta x) - f(x_0 + \beta \Delta x)}{\Delta x}$ 存在,则未必有导数
>
> $f'(x_0)$ 存在.反例,令 $f(x) = |x|$,取 $x_0 = 0, \alpha = 1, \beta = -1$,则有
>
> $$\lim\limits_{\Delta x \to 0} \dfrac{f(x_0 + \alpha \Delta x) - f(x_0 + \beta \Delta x)}{\Delta x} = \lim\limits_{\Delta x \to 0} \dfrac{|\Delta x| - |-\Delta x|}{\Delta x} = 0,$$
>
> 但 $f'(0)$ 不存在.

三、导函数

当函数 $y = f(x)$ 在开区间 (a, b) 内处处可导时,称 $y = f(x)$ 在开区间 (a, b) 内可导;当函数 $y = f(x)$ 在 (a, b) 内可导,且存在 $f'_+(a), f'_-(b)$,称 $y = f(x)$ 在闭区间 $[a, b]$ 上可导.此时,存在导函数(也简称为导数)$f'(x)$($x \in (a, b)$ 或 $x \in [a, b]$).导函数记为 y',$f'(x), \dfrac{\mathrm{d}y}{\mathrm{d}x}, \dfrac{\mathrm{d}f}{\mathrm{d}x}$ 等.一般地,$f'(x_0) = f'(x)\Big|_{x = x_0}$.

知识点 **2**　可导与连续的关系

定理 2　若函数 $f(x)$ 在点 x_0 处可导,则 $f(x)$ 在点 x_0 处连续.反之,若 $f(x)$ 在点 x_0 处不连续,则 $f(x)$ 在点 x_0 处不可导.

> **注**　若 $f(x)$ 在点 x_0 处连续,则 $f(x)$ 在点 x_0 处未必可导.

函数 $f(x)$ 在点 x_0 处连续但不可导的典型例子:

(1) 函数 $f(x) = |x|$ 在点 $x = 0$ 处连续,但在点 $x = 0$ 处不可导.

(2) 函数 $f(x) = \sqrt[3]{x}$ 在点 $x = 0$ 处连续,但在点 $x = 0$ 处不可导.

例 2　分别讨论下列函数在点 $x = 0$ 处的连续性和可导性:

(1) $f(x) = |\sin x|$;　　　　(2) $f(x) = \begin{cases} \dfrac{x}{1 + \mathrm{e}^{\frac{1}{x}}}, & x \neq 0, \\ 0, & x = 0. \end{cases}$

解 (1) $\lim\limits_{x \to 0} | \sin x | = 0 \Rightarrow f(x)$ 在点 $x = 0$ 处连续，$f'_+(0) = \lim\limits_{x \to 0^+} \dfrac{\sin x}{x} = 1$, $f'_-(0) =$

$\lim\limits_{x \to 0^-} \dfrac{-\sin x}{x} = -1$, $f'_+(0) \neq f'_-(0)$, 因而它在点 $x = 0$ 处不可导.

(2) 因为 $0 < \dfrac{1}{1 + e^{\frac{1}{x}}} < 1$, 根据有界函数与无穷小的乘积还是无穷小的性质知

$\lim\limits_{x \to 0} \dfrac{x}{1 + e^{\frac{1}{x}}} = 0 = f(0)$, 所以函数 $f(x)$ 在点 $x = 0$ 处连续，$f'_+(0) = \lim\limits_{x \to 0^+} \dfrac{1}{1 + e^{\frac{1}{x}}} = 0$, $f'_-(0) =$

$\lim\limits_{x \to 0^-} \dfrac{1}{1 + e^{\frac{1}{x}}} = 1$, $f'_+(0) \neq f'_-(0)$, 因而它在点 $x = 0$ 处不可导.

注 $f(x)$ 在点 x_0 处不可导的两个充分条件：

① 若 $f'_-(x_0), f'_+(x_0)$ 中至少有一个不存在，则 $f(x)$ 在点 x_0 处不可导；

② 若 $f'_-(x_0), f'_+(x_0)$ 都存在，但不相等，则 $f(x)$ 在点 x_0 处不可导.

在讨论分段函数在分段点处的可导性时，若函数在分段点两侧表达式不一致，则常需从左导数和右导数入手.

例 3 设函数 $f(x)$ 在 $(-\infty, +\infty)$ 上有定义，且 $\lim\limits_{x \to 0} \dfrac{f(x) - 1}{x} = 2$.

(1) 问 $\lim\limits_{x \to 0} f(x)$ 是否存在？　　(2) 问能否确定 $f(0)$?

(3) 若 $f(x)$ 在点 $x = 0$ 处连续，问 $f(x)$ 在点 $x = 0$ 处是否可导？

解 (1) 由 $\lim\limits_{x \to 0} \dfrac{f(x) - 1}{x} = 2$, 可得 $\lim\limits_{x \to 0} [f(x) - 1] = 0 \Rightarrow \lim\limits_{x \to 0} f(x) = 1$, $\lim\limits_{x \to 0} f(x)$ 存在.

(2) 由 (1) 的讨论可知由于函数 $f(x)$ 在点 $x = 0$ 处未必连续，因此不能确定 $f(0)$ 的值.

(3) 当 $f(x)$ 在点 $x = 0$ 处连续时，有 $f(0) = \lim\limits_{x \to 0} f(x) = 1$, 可得

$$f'(0) = \lim\limits_{x \to 0} \dfrac{f(x) - f(0)}{x} = \lim\limits_{x \to 0} \dfrac{f(x) - 1}{x} = 2,$$

即 $f(x)$ 在点 $x = 0$ 处可导，且 $f'(0) = 2$.

例 4 设函数 $f(x) = \begin{cases} e^x, & x < 0, \\ a + bx, & x \geq 0, \end{cases}$ 问常数 a, b 为何值时，$f(x)$ 在 $(-\infty, +\infty)$ 内

可导？

解 由于 e^x 在 $(-\infty, 0)$ 内可导，$a + bx$ 在 $(0, +\infty)$ 内可导，当 $f'(0)$ 存在时，则 $f(x)$

在 $(-\infty, +\infty)$ 内可导. 由可导与连续的关系，知 $a = f(0) = \lim\limits_{x \to 0^-} e^x = 1$. 再由导数与左导数、

右导数之间的关系知 $b = f'_+(0) = f'_-(0) = \lim\limits_{x \to 0^-} (e^x)' = 1$, 所以 $a = 1, b = 1$.

知识点 3　导数的几何意义、物理意义及经济意义

一、几何意义

$f'(x_0)$ 是曲线 $y = f(x)$ 在点 $x = x_0$ 处切线的斜率,由此可得相应的切线方程为

$$y - f(x_0) = f'(x_0)(x - x_0).$$

过点 $M(x_0, y_0)$ 且与切线垂直的直线叫曲线 $y = f(x)$ 在点 $M(x_0, y_0)$ 处的法线. 如果 $f'(x_0) \neq 0$,则法线的斜率为 $-\dfrac{1}{f'(x_0)}$,从而法线方程为

$$y - f(x_0) = -\frac{1}{f'(x_0)}(x - x_0).$$

二、物理意义(仅限数学一、数学二)

设 $s = s(t)$ 为变速直线运动物体走过的路程 s 与时间 t 的函数关系,则 $v = s'(t)$ 为它在时刻 t 的速度.

三、经济意义(仅限数学三)

设 $f(x)$ 可导,经济学上称 $f'(x)$ 为边际函数,并称 $f'(x_0)$ 为 $f(x)$ 在 $x = x_0$ 处的边际值.

知识点 4　微分的概念

一、微分的定义

定义 3　设函数 $y = f(x)$ 在点 x 的某邻域内有定义,如果 $\Delta y = f(x + \Delta x) - f(x)$ 可以表示为 $\Delta y = A\Delta x + o(\Delta x)$,其中 A 与 Δx 无关,$o(\Delta x)$ 为 $\Delta x \to 0$ 时关于 Δx 的高阶无穷小,则称函数 $f(x)$ 在点 x 处可微,并称 $A\Delta x$ 为函数 $f(x)$ 在点 x 处的微分,记为 $\mathrm{d}y$,即 $\mathrm{d}y = A\Delta x$,否则,称 $f(x)$ 在点 x 处不可微.

二、可导和可微的关系

定理 3　函数 $y = f(x)$ 在点 x 处可微的充分必要条件是 $y = f(x)$ 在点 x 处可导,且有

$$\mathrm{d}y = f'(x)\Delta x.$$

注 (1) 规定 $\mathrm{d}x = \Delta x$, 故 $\mathrm{d}y = f'(x)\mathrm{d}x$, 从而有 $\dfrac{\mathrm{d}y}{\mathrm{d}x} = f'(x)$.

(2) $f(x)$ 在点 x_0 处的微分为 $\mathrm{d}y\Big|_{x=x_0} = f'(x_0)\Delta x$.

三、微分的几何意义

当自变量 x 在点 x_0 处取得增量 Δx 时, 用函数 $y = f(x)$ 的微分 $\mathrm{d}y\Big|_{x=x_0} = f'(x_0)\Delta x$ 近似代替增量 $\Delta y = f(x_0+\Delta x) - f(x_0)$, 其误差为 $|o(\Delta x)|$. 因此也称 $\mathrm{d}y\Big|_{x=x_0}$ 为函数增量 $\Delta y = f(x_0 + \Delta x) - f(x_0)$ 的线性主部. 当 $|\Delta x|$ 很小时, $\Delta y \approx \mathrm{d}y$.

例 5 已知函数 $y = f(x)$ 在区间 $[-1,1]$ 上有定义, 对于区间 $(-1,1)$ 内任一点 x, 当自变量取得增量 $\Delta x (x + \Delta x \in (-1,1))$ 时, 函数增量 $f(x+\Delta x) - f(x) = \dfrac{\Delta x}{\sqrt{1-x^2}} + \alpha$, 且 $\lim\limits_{\Delta x \to 0} \dfrac{\alpha}{\Delta x} = 0$, 极限 $\lim\limits_{x \to \frac{1}{2}} \dfrac{f(x)-1}{x - \frac{1}{2}}$ 存在. 求曲线 $y = f(x)$ 在点 $x = \dfrac{1}{2}$ 处的切线方程.

解 由题设知 $y = f(x)$ 在区间 $(-1,1)$ 内处处可微, 且有 $\mathrm{d}y = \dfrac{\Delta x}{\sqrt{1-x^2}} = \dfrac{\mathrm{d}x}{\sqrt{1-x^2}}$, 由可导与可微的关系以及微分计算公式可得 $y = f(x)$ 在区间 $(-1,1)$ 内处处可导, 因而也连续, 且有 $f'(x) = \dfrac{1}{\sqrt{1-x^2}}$. 因 $\lim\limits_{x \to \frac{1}{2}} \dfrac{f(x)-1}{x - \frac{1}{2}}$ 存在, 所以 $\lim\limits_{x \to \frac{1}{2}} [f(x) - 1] = \lim\limits_{x \to \frac{1}{2}} f(x) - 1 = f\left(\dfrac{1}{2}\right) - 1 = 0$, 所以有 $f\left(\dfrac{1}{2}\right) = 1$. 由此可得曲线 $y = f(x)$ 在点 $x = \dfrac{1}{2}$ 处的切线方程为

$$y - 1 = f'\left(\dfrac{1}{2}\right)\left(x - \dfrac{1}{2}\right) = \dfrac{2\sqrt{3}}{3}\left(x - \dfrac{1}{2}\right), \ 即 \ y = \dfrac{2\sqrt{3}}{3}x + 1 - \dfrac{\sqrt{3}}{3}.$$

对标考试要求

2 掌握导数的四则运算法则和复合函数的求导法则, 掌握基本初等函数的导数公式. 了解微分的四则运算法则和一阶微分形式的不变性, 会求函数的微分.

知识点 1 基本初等函数求导公式

(1) $(C)' = 0$, C 为常数;

(2)$(x^\mu)' = \mu x^{\mu-1}(\mu \in \mathbf{R})$;

(3)$(a^x)' = a^x \ln a (a > 0, a \neq 1)$,特别地,有$(e^x)' = e^x$;

(4)$(\log_a x)' = \dfrac{1}{x \ln a}(a > 0, a \neq 1)$,特别地,有$(\ln x)' = \dfrac{1}{x}$;

(5)$(\sin x)' = \cos x$;

(6)$(\cos x)' = -\sin x$;

(7)$(\tan x)' = \sec^2 x$;

(8)$(\cot x)' = -\csc^2 x$;

(9)$(\sec x)' = \sec x \tan x$;

(10)$(\csc x)' = -\csc x \cot x$;

(11)$(\arcsin x)' = \dfrac{1}{\sqrt{1-x^2}}$;

(12)$(\arccos x)' = -\dfrac{1}{\sqrt{1-x^2}}$;

(13)$(\arctan x)' = \dfrac{1}{1+x^2}$;

(14)$(\text{arccot } x)' = -\dfrac{1}{1+x^2}$.

知识点 2 四则运算求导法则、复合函数求导法则

一、四则运算求导法则

设 $u = u(x), v = v(x)$ 均可导,则有

(1)$(u \pm v)' = u' \pm v'$;

(2)$(uv)' = u'v + uv'$;

(3)$\left(\dfrac{u}{v}\right)' = \dfrac{u'v - uv'}{v^2}(v \neq 0)$.

二、复合函数求导法则

设函数 $u = \varphi(x)$ 在点 x 处可导,而 $y = f(u)$ 在 $u = \varphi(x)$ 处可导,那么复合函数 $y = f[\varphi(x)]$ 在点 x 处可导,且其导数为 $\dfrac{dy}{dx} = \dfrac{dy}{du} \cdot \dfrac{du}{dx}$ 或 $\{f[\varphi(x)]\}' = f'[\varphi(x)]\varphi'(x)$.

例 1 分别求下列函数的导数:

(1)$y = 3\sin x + \ln x - \sqrt{x}$;　　　　　　(2)$y = e^x(\sin x + \cos x)$;

$(3)\,y = \dfrac{2\sin x + x - 2^x}{\sqrt{x}+1}$; $\qquad\qquad (4)\,y = (e^x + \log_3 x)\arcsin x$;

$(5)\,y = x^2(3\tan x + 2\sec x)$.

解 $(1)\,y' = 3\cos x + \dfrac{1}{x} - \dfrac{1}{2\sqrt{x}}$.

$(2)\,y' = (e^x)'(\sin x + \cos x) + e^x(\sin x + \cos x)' = 2e^x\cos x$.

$(3)\,y' = \dfrac{(2\sin x + x - 2^x)'(\sqrt{x}+1) - (2\sin x + x - 2^x)(\sqrt{x}+1)'}{(\sqrt{x}+1)^2}$

$\qquad = \dfrac{(2\cos x + 1 - 2^x\ln 2)(\sqrt{x}+1) - (2\sin x + x - 2^x)\cdot\dfrac{1}{2\sqrt{x}}}{(\sqrt{x}+1)^2}$.

$(4)\,y' = (e^x + \log_3 x)'\arcsin x + (e^x + \log_3 x)(\arcsin x)'$

$\qquad = \left(e^x + \dfrac{1}{x\ln 3}\right)\arcsin x + \dfrac{e^x + \log_3 x}{\sqrt{1-x^2}}$.

$(5)\,y' = (x^2)'(3\tan x + 2\sec x) + x^2(3\tan x + 2\sec x)'$

$\qquad = 2x(3\tan x + 2\sec x) + x^2(3\sec^2 x + 2\sec x\tan x)$.

例 2 分别求下列函数的导数：

$(1)\,y = (1+\sin x)^3$;

$(2)\,y = e^{\sin^2\frac{1}{x}}$;

$(3)\,y = x\sqrt{a^2 - x^2} + a^2\arcsin\dfrac{x}{a}\,(a>0)$;

$(4)\,y = \arctan\dfrac{x+1}{x-1}$;

$(5)\,y = \sin^n x\cos nx\,(n\text{ 为正整数})$.

解 $(1)\,y' = 3\cos x(1+\sin x)^2$.

$(2)\,y' = e^{\sin^2\frac{1}{x}}\left(\sin^2\dfrac{1}{x}\right)' = -\dfrac{1}{x^2}\sin\dfrac{2}{x}e^{\sin^2\frac{1}{x}}$.

$(3)\,y' = \sqrt{a^2-x^2} + \dfrac{-x^2}{\sqrt{a^2-x^2}} + a^2\dfrac{1}{\sqrt{1-\dfrac{x^2}{a^2}}}\dfrac{1}{a} = 2\sqrt{a^2-x^2}$.

$(4)\,y' = \dfrac{1}{1+\left(\dfrac{x+1}{x-1}\right)^2}\cdot\left(\dfrac{x+1}{x-1}\right)' = \dfrac{(x-1)^2}{2(1+x^2)}\cdot\dfrac{-2}{(x-1)^2} = -\dfrac{1}{1+x^2}$.

$(5)\,y' = n\sin^{n-1}x\cos x\cos nx - n\sin^n x\sin nx = n\sin^{n-1}x\cos(n+1)x$.

注 求初等函数的导数的关键是要搞清楚函数的结构,利用相关的求导法则和公式求解即可.

例 3 设函数 $f(x) = (e^x - 1) \cdot \sqrt[3]{\dfrac{1 - x^2 + x^3}{1 + x^2 - x^3}}$，求 $f'(0)$.

解 **方法一** 因为 $f'(x) = (e^x - 1)' \cdot \sqrt[3]{\dfrac{1 - x^2 + x^3}{1 + x^2 - x^3}} + (e^x - 1) \cdot \left(\sqrt[3]{\dfrac{1 - x^2 + x^3}{1 + x^2 - x^3}}\right)' =$

$e^x \cdot \sqrt[3]{\dfrac{1 - x^2 + x^3}{1 + x^2 - x^3}} + (e^x - 1) \cdot \left(\sqrt[3]{\dfrac{1 - x^2 + x^3}{1 + x^2 - x^3}}\right)'$，所以 $f'(0) = 1$.

注 由于 $(e^x - 1)\big|_{x=0} = 0$，故可以不要计算出 $\left(\sqrt[3]{\dfrac{1 - x^2 + x^3}{1 + x^2 - x^3}}\right)'$.

方法二 由导数定义可得 $f'(0) = \lim\limits_{x \to 0} \dfrac{f(x) - f(0)}{x} = \lim\limits_{x \to 0} \dfrac{e^x - 1}{x} \sqrt[3]{\dfrac{1 - x^2 + x^3}{1 + x^2 - x^3}} = 1$.

注 在求函数在某一点 x_0 处的导数 $f'(x_0)$ 值时，可以先求出导函数 $f'(x)$ 的表达式，再把 $x = x_0$ 代入，从而得到 $f'(x_0)$ 的值. 当 $f'(x)$ 的计算比较复杂时，也可根据导数定义，直接求极限

$$f'(x_0) = \lim\limits_{x \to x_0} \dfrac{f(x) - f(x_0)}{x - x_0}.$$

例 4 设常数 $a > 0$，求极限 $\lim\limits_{x \to a} \dfrac{x^x - a^a}{x - a}$ 的值.

解 令 $f(x) = x^x$，则 $\lim\limits_{x \to a} \dfrac{x^x - a^a}{x - a} = f'(a)$. 而 $(x^x)' = (e^{x \ln x})' = x^x (1 + \ln x)$，所以

$$\lim\limits_{x \to a} \dfrac{x^x - a^a}{x - a} = f'(a) = a^a (1 + \ln a).$$

注 当极限可表示为 $\lim\limits_{x \to x_0} \dfrac{f(x) - f(x_0)}{x - x_0}$ 的形式时，根据导数定义可得该极限值即为 $f'(x_0)$，因此可以通过求导数的方法得到该极限的值. 另外本题中涉及幂指函数 x^x 的导数计算. 对于一般形式的幂指函数 $[u(x)]^{v(x)}$，$u(x) > 0$，$u(x) \neq 1$，可以先把它化为指数形式的复合函数 $e^{v(x) \ln u(x)}$，再利用相关的求导法则和求导公式进行求导即可.

知识点 3 **微分计算公式、微分的四则运算法则和一阶微分形式的不变性**

一、基本初等函数求微分公式

设 $y = f(x)$，则有 $dy = f'(x)dx$. 结合基本初等函数求导公式可得基本初等函数的微

分计算公式.

二、微分的四则运算法则

1. 四则运算求微分法则

设 $u=u(x),v=v(x)$ 均为可微函数,则有

①$\mathrm{d}(u\pm v)=\mathrm{d}u\pm\mathrm{d}v$;

②$\mathrm{d}(uv)=v\mathrm{d}u+u\mathrm{d}v$;

③$\mathrm{d}\left(\dfrac{u}{v}\right)=\dfrac{v\mathrm{d}u-u\mathrm{d}v}{v^2}(v\neq 0)$.

2. 复合函数微分运算法则及一阶微分形式不变性

设函数 $u=\varphi(x)$ 在点 x 处可微,$y=f(u)$ 在 $u=\varphi(x)$ 处可微,则复合函数 $y=f[\varphi(x)]$ 在点 x 处可微,且

$$\mathrm{d}y=f'(u)\mathrm{d}u=f'[\varphi(x)]\mathrm{d}[\varphi(x)]=f'[\varphi(x)]\varphi'(x)\mathrm{d}x.$$

由复合函数微分运算法则可知,一个变量的微分总是等于它关于某个自变量的导数乘以该自变量的微分,这就是微分形式的不变性. 即如果变量 y 是变量 u 的函数,则有 $\mathrm{d}y=\dfrac{\mathrm{d}y}{\mathrm{d}u}\mathrm{d}u$,而若变量 y 是变量 x 的函数,则有 $\mathrm{d}y=\dfrac{\mathrm{d}y}{\mathrm{d}x}\mathrm{d}x$.

三、微分的计算方法

可微函数 $y=f(x)$ 的微分的求法主要有以下两种.

方法一 先求导数 y',再求出微分 $\mathrm{d}y=y'\mathrm{d}x$.

方法二 应用微分公式与法则(特别是应用微分形式不变性) 直接求微分.

例 5 分别求下列函数的微分:

(1)$y=x^2\sin 2x$;

(2)$y=x\arcsin\dfrac{x}{2}+\sqrt{4-x^2}$.

解 (1) **方法一** $y'=(x^2\sin 2x)'=2x\sin 2x+2x^2\cos 2x$,

$$\mathrm{d}y=(2x\sin 2x+2x^2\cos 2x)\mathrm{d}x.$$

方法二 $\mathrm{d}y=\sin 2x\,\mathrm{d}(x^2)+x^2\mathrm{d}(\sin 2x)=(2x\sin 2x+2x^2\cos 2x)\mathrm{d}x$.

(2) **方法一** $y'=\left(x\arcsin\dfrac{x}{2}+\sqrt{4-x^2}\right)'=\arcsin\dfrac{x}{2}$,$\mathrm{d}y=\arcsin\dfrac{x}{2}\mathrm{d}x$.

方法二 $\mathrm{d}y=\arcsin\dfrac{x}{2}\mathrm{d}x+x\cdot\dfrac{1}{\sqrt{1-\left(\dfrac{x}{2}\right)^2}}\cdot\dfrac{1}{2}\mathrm{d}x+\dfrac{-x}{\sqrt{4-x^2}}\mathrm{d}x=\arcsin\dfrac{x}{2}\mathrm{d}x$.

对标考试要求

③ 了解高阶导数的概念,会求简单函数的高阶导数.

④ 会求分段函数的导数. 会求隐函数和由参数方程所确定的函数以及反函数的导数.

知识点 1 高阶导数

一、高阶导数的定义

若函数 $y=f(x)$ 的导数 $y'=f'(x)$ 的导数仍然存在,称 $y'=f'(x)$ 的导数为函数 $y=f(x)$ 的二阶导数,二阶导数也可记为 y'', $f''(x)$, $\dfrac{\mathrm{d}^2 y}{\mathrm{d}x^2}$ 以及 $\dfrac{\mathrm{d}^2 f(x)}{\mathrm{d}x^2}$,即 $y''=(y')'$, $\dfrac{\mathrm{d}^2 y}{\mathrm{d}x^2}=\dfrac{\mathrm{d}}{\mathrm{d}x}\left(\dfrac{\mathrm{d}y}{\mathrm{d}x}\right)$. 对于大于 2 的正整数 n,可定义 y 的 n 阶导数为 $y^{(n)}=\left[y^{(n-1)}\right]'$. 函数的二阶以及二阶以上的导数均叫作高阶导数,分别记作

$$y'', y''', y^{(4)}, \cdots, y^{(n)}$$

或

$$\dfrac{\mathrm{d}^2 y}{\mathrm{d}x^2}, \dfrac{\mathrm{d}^3 y}{\mathrm{d}x^3}, \dfrac{\mathrm{d}^4 y}{\mathrm{d}x^4}, \cdots, \dfrac{\mathrm{d}^n y}{\mathrm{d}x^n}.$$

相应地,把 $y=f(x)$ 的导数 $f'(x)$ 叫作 $y=f(x)$ 的一阶导数,零阶导数规定为函数本身.

二、几个常用的高阶导数公式

设 $u=u(x)$, $v=v(x)$ 都在点 x 处具有 n 阶导数.

(1) $\left(\dfrac{1}{x+a}\right)^{(n)}=\dfrac{(-1)^n n!}{(x+a)^{n+1}}$;

(2) $(a^x)^{(n)}=(\ln a)^n a^x$;

(3) $\left[\ln(x+a)\right]^{(n)}=\dfrac{(-1)^{n-1}(n-1)!}{(x+a)^n}$;

(4) $(\sin \omega x)^{(n)}=\omega^n \sin\left(\omega x+\dfrac{n\pi}{2}\right)$, $(\cos \omega x)^{(n)}=\omega^n \cos\left(\omega x+\dfrac{n\pi}{2}\right)$;

(5) $(u \pm v)^{(n)}=u^{(n)} \pm v^{(n)}$;

(6) $(uv)^{(n)}=\sum\limits_{k=0}^{n} \mathrm{C}_n^k u^{(k)} v^{(n-k)}$(莱布尼茨公式),特别地,$(Cu)^{(n)}=C(u)^{(n)}$,$C$ 为常数.

例 1 设 $y=\dfrac{x+3}{x^2-3x+2}$,求 $y^{(n)}$.

解 $y^{(n)} = \left(\dfrac{5}{x-2} - \dfrac{4}{x-1}\right)^{(n)} = \left(\dfrac{5}{x-2}\right)^{(n)} - \left(\dfrac{4}{x-1}\right)^{(n)} = \dfrac{5(-1)^n n!}{(x-2)^{n+1}} - \dfrac{4(-1)^n n!}{(x-1)^{n+1}}.$

例 2 设 $y = (x^2 - 1)e^x$，求 $y^{(10)}$.

解 $y^{(10)} = (x^2-1)(e^x)^{(10)} + 10(x^2-1)'(e^x)^{(9)} + 45(x^2-1)''(e^x)^{(8)} = (x^2 + 20x + 89)e^x.$

知识点 2 分段函数、方程式确定的隐函数、由参数方程所确定的函数以及反函数的导数求法

一、分段函数求导法

分段函数的导数可以分段计算,而在分段点处则可以按照定义或者用左导数和右导数求其导数.

例 3 设 $f(x) = \begin{cases} x^2 \sin\dfrac{1}{x}, & x \neq 0, \\ 0, & x = 0. \end{cases}$ 求 $f'(x)$,并讨论 $f'(x)$ 的连续性.

解 $x \neq 0$ 时,$f'(x) = \left(x^2 \sin\dfrac{1}{x}\right)' = 2x \sin\dfrac{1}{x} - \cos\dfrac{1}{x}$,又 $f'(0) = \lim\limits_{x \to 0} \dfrac{x^2 \sin\dfrac{1}{x} - 0}{x} =$

$\lim\limits_{x \to 0} x \sin\dfrac{1}{x} = 0$,所以

$$f'(x) = \begin{cases} 2x \sin\dfrac{1}{x} - \cos\dfrac{1}{x}, & x \neq 0, \\ 0, & x = 0. \end{cases}$$

当 $x \neq 0$ 时,$f'(x)$ 显然连续,由于 $\lim\limits_{x \to 0} f'(x) = \lim\limits_{x \to 0}\left(2x \sin\dfrac{1}{x} - \cos\dfrac{1}{x}\right)$ 不存在,故 $f'(x)$ 在 $x = 0$ 处不连续.

注 本例说明了如果函数 $f(x)$ 在一个区间内处处可导,则它的导数 $f'(x)$ 未必连续. 由此可得存在原函数的函数未必是连续的.

二、隐函数求导法

设 $y = f(x)$ 是由二元方程 $F(x, y) = 0$ 所确定的一元可导函数,则方程两边同时对 x 求导,视 y 为 x 的函数,由此可得一个有关 y' 的方程,解出 y' 即可. 另外也可用公式 $y' = -\dfrac{F'_x}{F'_y}$ 来计算.

例 4 设 $y = y(x)$ 由方程 $e^{2x+y} - \cos(xy) - x = e - 1$ 所确定,求 $y''\big|_{x=0}$ 的值.

解 由题设可知当 $x = 0$ 时 $y = 1$,对原方程两边同时关于 x 求导可得

$$e^{2x+y}(2 + y') + \sin(xy)(y + xy') - 1 = 0,$$

把 $x = 0, y = 1$ 代入,可得 $y'\big|_{x=0} = \dfrac{1}{e} - 2.$

再在 $e^{2x+y}(2 + y') + \sin(xy)(y + xy') - 1 = 0$ 两边同时关于 x 求导可得

$$e^{2x+y}(2 + y')^2 + e^{2x+y}y'' + \cos(xy)(y + xy')^2 + \sin(xy)(2y' + xy'') = 0,$$

把 $x = 0, y = 1, y'\big|_{x=0} = \dfrac{1}{e} - 2$ 代入,可得 $y''\big|_{x=0} = -\dfrac{e+1}{e^2}.$

例 5 设 $x\tan y = \cos(xy)$,求 dy.

解 对原方程等式两边同时求微分可得

$$\tan y\, dx + x\sec^2 y\, dy = -\sin(xy)(y\, dx + x\, dy),$$

从上述等式中解出 dy,可得

$$dy = -\frac{\tan y + y\sin(xy)}{x\sec^2 y + x\sin(xy)}dx.$$

三、参量函数求导法(仅限数学一、数学二)

设函数 $y = f(x)$ 是由参数方程 $\begin{cases} x = x(t), \\ y = y(t) \end{cases}$ 所确定的可导函数,则

$$\frac{dy}{dx} = \frac{y'(t)}{x'(t)}, \frac{d^2y}{dx^2} = \frac{d}{dt}\left[\frac{y'(t)}{x'(t)}\right] \cdot \frac{dt}{dx}.$$

例 6(仅限数学一、数学二)　设 $\begin{cases} x = \ln\cos t, \\ y = \sin t - t\cos t, \end{cases}$ 求 $\dfrac{d^2y}{dx^2}\bigg|_{t=\frac{\pi}{3}}.$

解　　$\dfrac{dy}{dx} = \dfrac{(\sin t - t\cos t)'}{(\ln\cos t)'} = \dfrac{t\sin t}{-\tan t} = -t\cos t,$

$$\frac{d^2y}{dx^2}\bigg|_{t=\frac{\pi}{3}} = \frac{d(-t\cos t)}{dt} \cdot \frac{dt}{dx}\bigg|_{t=\frac{\pi}{3}} = \frac{t\sin t - \cos t}{-\tan t}\bigg|_{t=\frac{\pi}{3}} = \frac{\sqrt{3}}{6} - \frac{\pi}{6}.$$

四、反函数求导法

设函数 $y = f(x)$ 在区间 (a, b) 内单调可导,且 $f'(x) \neq 0$,则它的反函数 $x = \varphi(y)$ 也可导,且有反函数求导公式 $\dfrac{dx}{dy} = \dfrac{1}{\dfrac{dy}{dx}}$,即 $\varphi'(y) = \dfrac{1}{f'(x)}.$

注 (1)$y=f(x)$ 的反函数为 $x=\varphi(y)$，此时不需要交换 x,y，例如 $y=2x+3$ 的反函数为 $x=\dfrac{y-3}{2}$.

(2) 除上述几种情况的有关函数求导方法外，还有变限积分函数的求导法.

设 $f(x)$ 为 $[a,b]$ 上的连续函数，$F(x)=\displaystyle\int_a^x f(x)\mathrm{d}x$，则 $F'(x)=f(x)(x\in[a,b])$. 一般地，有
$$\left[\int_{a(x)}^{b(x)} f(t)\mathrm{d}t\right]'=f[b(x)]b'(x)-f[a(x)]a'(x),$$
其中 $a(x),b(x)$ 均为可导函数，$f(t)$ 在包含 $a(x),b(x)$ 的区间内连续.

第 3 章 微分中值定理与导数应用

考 试 要 求

1. 理解并会用罗尔(Rolle)定理、拉格朗日(Lagrange)中值定理和泰勒(Taylor)定理,了解并会用柯西(Cauchy)中值定理.

2. 掌握用洛必达法则求未定式极限的方法.

3. (仅限数学一、数学二)理解函数的极值概念,掌握用导数判断函数的单调性和求函数极值的方法,掌握函数最大值和最小值的求法及其应用.(仅限数学三)掌握函数单调性的判别方法,了解函数极值的概念,掌握函数极值、最大值和最小值的求法及其应用.

4. 会用导数判断函数图形的凹凸性,会求函数图形的拐点以及水平、铅直和斜渐近线,会描绘函数的图形.

5. (仅限数学一、数学二)了解曲率、曲率圆与曲率半径的概念,会计算曲率和曲率半径.

对标考试要求

1 理解并会用罗尔(Rolle)定理、拉格朗日(Lagrange)中值定理和泰勒(Taylor)定理,了解并会用柯西(Cauchy)中值定理.

知识点 1 中值定理

一、罗尔(Rolle)定理

定理 1　设函数 $f(x)$ 满足:

(1) 在 $[a,b]$ 上连续;(2) 在 (a,b) 内可导;(3) $f(a)=f(b)$.

则至少存在一点 $\xi \in (a,b)$,使得 $f'(\xi)=0$.

证明：因为 $f(x)$ 在 $[a,b]$ 上连续，所以由最值定理可得：$f(x)$ 在 $[a,b]$ 上存在最大值 M 和最小值 m.

若 $M=m$，则 $f(x)$ 是常数函数，此时，对任意的 $\xi \in (a,b)$，均有 $f'(\xi)=0$.

若 $M>m$，则由 $f(a)=f(b)$ 可知：M,m 至少有一个不为 $f(a)$. 不妨设 $M \neq f(a)$，即存在 $\xi \in (a,b)$，使得 $M=f(\xi)$.

下面证：$f'(\xi)=0$.

由最大值概念可得 $f(\xi + \Delta x) - f(\xi) \leqslant 0 (\Delta x \neq 0)$，故

$$\frac{f(\xi + \Delta x) - f(\xi)}{\Delta x} \begin{cases} \geqslant 0, & \Delta x < 0, \\ \leqslant 0, & \Delta x > 0. \end{cases}$$

因为 $f(x)$ 在 (a,b) 内可导，所以 $f'(\xi)$ 必存在，再由极限保号性、左右导数及其与导数关系可得

$$f'(\xi) = f'_-(\xi) = \lim_{\Delta x \to 0^-} \frac{f(\xi + \Delta x) - f(\xi)}{\Delta x} \geqslant 0,$$

$$f'(\xi) = f'_+(\xi) = \lim_{\Delta x \to 0^+} \frac{f(\xi + \Delta x) - f(\xi)}{\Delta x} \leqslant 0,$$

因此，$f'(\xi)=0$.

二、拉格朗日（Lagrange）中值定理

定理 2 设函数 $f(x)$ 满足：

(1) 在 $[a,b]$ 上连续；(2) 在 (a,b) 内可导.

则至少存在一点 $\xi \in (a,b)$，使得 $f'(\xi) = \dfrac{f(b)-f(a)}{b-a}$.

注 本定理有下列几种形式的变化：

① $f(b)-f(a) = f'(\xi)(b-a)$；

② $f(b)-f(a) = f'[a+\theta(b-a)](b-a),\theta \in (0,1)$；

③ $f(x+\Delta x) - f(x) = f'(x + \theta \Delta x)\Delta x, \theta \in (0,1)$.

另外还有两个推论：

推论 1 若函数 $f(x)$ 在 $[a,b]$ 上连续，在 (a,b) 内可导，且 $x \in (a,b)$ 时，有 $f'(x) \equiv 0$，则 $f(x)$ 在 $[a,b]$ 上是一个常数.

推论 2 若函数 $f(x),g(x)$ 在 $[a,b]$ 上连续，在 (a,b) 内可导，且 $x \in (a,b)$ 时，有 $f'(x) \equiv g'(x)$，则存在 C 为常数，使得 $x \in [a,b]$ 时，$f(x) \equiv g(x) + C$.

三、柯西（Cauchy）中值定理

定理 3 设函数 $f(x),g(x)$ 满足：

(1) 在 $[a,b]$ 上连续；(2) 在 (a,b) 内可导；(3) 对任一 $x \in (a,b)$，$g'(x) \neq 0$，则至少存在

一点 $\xi \in (a,b)$，使得 $\dfrac{f'(\xi)}{g'(\xi)} = \dfrac{f(b)-f(a)}{g(b)-g(a)}$.

四、泰勒(Taylor)中值定理

定理 4　如果函数 $f(x)$ 在 x_0 处具有 n 阶导数，那么存在 x_0 的一个邻域 $U(x_0)$，使得对任一 $x \in U(x_0)$，有

$$f(x) = f(x_0) + f'(x_0)(x-x_0) + \frac{f''(x_0)}{2!}(x-x_0)^2 + \cdots +$$

$$\frac{f^{(n)}(x_0)}{n!}(x-x_0)^n + o((x-x_0)^n).$$

定理 5　如果函数 $f(x)$ 在 x_0 的某个邻域 $U(x_0)$ 内具有 $n+1$ 阶导数，那么对任一 $x \in U(x_0)$，有

$$f(x) = f(x_0) + f'(x_0)(x-x_0) + \frac{f''(x_0)}{2!}(x-x_0)^2 + \cdots +$$

$$\frac{f^{(n)}(x_0)}{n!}(x-x_0)^n + \frac{f^{(n+1)}(\xi)}{(n+1)!}(x-x_0)^{n+1}, \xi \text{ 介于 } x_0 \text{ 与 } x \text{ 之间.}$$

上式称为 $f(x)$ 在 $x=x_0$ 处的 n 阶**泰勒公式**.

若 $x_0 = 0$，则

$$f(x) = f(0) + f'(0)x + \frac{f''(0)}{2!}x^2 + \cdots + \frac{f^{(n)}(0)}{n!}x^n + \frac{f^{(n+1)}(\xi)}{(n+1)!}x^{n+1}(\xi \text{ 在 } 0 \text{ 与 } x \text{ 之间}),$$

上式称为 $f(x)$ 带拉格朗日余项的 n 阶**麦克劳林公式**. 称

$$f(x) = f(0) + f'(0)x + \frac{f''(0)}{2!}x^2 + \cdots + \frac{f^{(n)}(0)}{n!}x^n + o(x^n)$$

为 $f(x)$ 的带有皮亚诺余项的 n 阶**麦克劳林公式**.

常见的几个初等函数的麦克劳林公式：

①$e^x = 1 + x + \dfrac{x^2}{2!} + \cdots + \dfrac{x^n}{n!} + \dfrac{x^{n+1}}{(n+1)!}e^{\theta x}$;

②$\sin x = x - \dfrac{x^3}{3!} + \dfrac{x^5}{5!} - \cdots + (-1)^n \dfrac{x^{2n+1}}{(2n+1)!} + \dfrac{x^{2n+3}}{(2n+3)!}\sin\left[\theta x + (2n+3)\dfrac{\pi}{2}\right]$;

③$\cos x = 1 - \dfrac{x^2}{2!} + \dfrac{x^4}{4!} - \cdots + (-1)^n \dfrac{x^{2n}}{(2n)!} + \dfrac{x^{2n+2}}{(2n+2)!}\cos[\theta x + (n+1)\pi]$;

④$\ln(1+x) = x - \dfrac{x^2}{2} + \dfrac{x^3}{3} - \cdots + (-1)^{n-1}\dfrac{x^n}{n} + (-1)^n \dfrac{x^{n+1}}{(n+1)(1+\theta x)^{n+1}}$;

⑤$(1+x)^\alpha = 1 + \alpha x + \dfrac{\alpha(\alpha-1)}{2!}x^2 + \cdots + \dfrac{\alpha(\alpha-1)\cdots(\alpha-n+1)}{n!}x^n +$

$$\frac{\alpha(\alpha-1)\cdots(\alpha-n)}{(n+1)!}(1+\theta x)^{\alpha-n-1}x^{n+1}.$$

在上述各式中 $\theta \in (0,1)$.

例 1 设函数 $f(x)$ 在 $[0,1]$ 上连续,在 $(0,1)$ 内可导,且 $f(0)=f(1)=0$. 试证:若存在 $x_0 \in (0,1)$,满足 $f(x_0) > x_0$,则存在 $\xi \in (0,1)$,使得 $f'(\xi)=1$.

证明 令 $F(x)=f(x)-x$,那么有 $F(1)=f(1)-1=-1<0$,$F(x_0)=f(x_0)-x_0>0$,由连续函数的零点定理知,存在 $x_1 \in (x_0,1)$,使得 $F(x_1)=0$,又 $F(0)=0$,由罗尔定理知,存在 $\xi \in (0,x_1) \subset (0,1)$,使得 $F'(\xi)=0$,即 $f'(\xi)=1$ 成立.

> **注** 应用罗尔定理证明有关函数导数取值的命题关键是两点:① 构造辅助函数 $F(x)$,在本题中用到的辅助函数 $F(x)=f(x)-x$,构造辅助函数的基本出发点是从原来要证明的等式作等价变形;② 说明在区间 $[a,b]$ 上能找到两个不同的点 x_1,x_2,满足 $F(x_1)=F(x_2)$,在寻找 x_1,x_2 这两个点的时候,通常要用到连续函数的性质等一些相关结论.

例 2 (1) 证明拉格朗日中值定理:若函数 $f(x)$ 在 $[a,b]$ 上连续,在 (a,b) 内可导,那么一定存在 $\xi \in (a,b)$,使得 $f'(\xi)=\dfrac{f(b)-f(a)}{b-a}$;

(2) 证明:若函数 $f(x)$ 在 $x=0$ 处连续,在 $(0,\delta)$ 内可导,且 $\lim\limits_{x \to 0^+} f'(x)=A$,则 $f'_+(0)$ 存在且等于 A.

证明 (1) 令 $F(x)=[f(b)-f(a)](x-a)-f(x)(b-a)$,那么有

$$F(a)=-f(a)(b-a),F(b)=-f(a)(b-a)=F(a),$$

由罗尔定理知,存在 $\xi \in (a,b)$,使得 $F'(\xi)=0$,即有

$$f(b)-f(a)-f'(\xi)(b-a)=0,$$

因而有 $f'(\xi)=\dfrac{f(b)-f(a)}{b-a}$.

(2) $x \in (0,\delta)$ 时,由拉格朗日中值定理知,存在 $\xi_x \in (0,x)$,使得 $f(x)-f(0)=f'(\xi_x)x$,因而 $f'_+(0)=\lim\limits_{x \to 0^+}\dfrac{f(x)-f(0)}{x}=\lim\limits_{x \to 0^+}f'(\xi_x)=A$,所以原结论成立.

例 3 若函数 $f(x)$ 在 $[a,b]$ 上有定义,在 (a,b) 内可导,则（　　）.

(A) 当 $f(a)f(b)<0$ 时,$\exists \xi \in (a,b)$ 使 $f(\xi)=0$

(B) 对 $\forall x_0 \in (a,b)$,均有 $\lim\limits_{x \to x_0}[f(x)-f(x_0)]=0$

(C) 当 $f(a)=f(b)$ 时,$\exists \xi \in (a,b)$,使得 $f'(\xi)=0$

(D) $\exists \xi \in (a,b)$,使得 $f(b)-f(a)=f'(\xi)(b-a)$

答案 (B).

解 因为 $f(x)$ 在 a,b 两点不一定连续,所以(A)、(C)和(D)不正确.因可导一定连续,所以(B)正确.故选(B).

例 4　证明：当 $x > 0$ 时，$\arctan x + \arctan \dfrac{1}{x} = \dfrac{\pi}{2}$.

证明　令 $f(x) = \arctan x + \arctan \dfrac{1}{x}$，则 $f(x)$ 在 $(0, +\infty)$ 内可导，且 $x \in (0, +\infty)$ 时，有

$$f'(x) = \frac{1}{1+x^2} + \frac{1}{1+\dfrac{1}{x^2}}\left(-\frac{1}{x^2}\right) = 0,$$

由拉格朗日中值定理的推论知 $f(x) = \arctan x + \arctan \dfrac{1}{x}$ 在区间 $(0, +\infty)$ 内为常值函数，

又 $f(1) = \arctan 1 + \arctan 1 = \dfrac{\pi}{2}$，因而有 $\arctan x + \arctan \dfrac{1}{x} = \dfrac{\pi}{2}$.

对标考试要求

② 掌握用洛必达法则求未定式极限的方法.

知识点　洛必达法则

定理　若
(1) $\lim\limits_{x \to a} f(x) = \lim\limits_{x \to a} g(x) = 0$（或 ∞）；
(2) $f(x)$，$g(x)$ 在 a 附近可导，且 $g'(x) \neq 0$；
(3) $\lim\limits_{x \to a} \dfrac{f'(x)}{g'(x)} = A$（存在或 ∞），
则

$$\lim_{x \to a} \frac{f(x)}{g(x)} = A.$$

说明：① 自变量变化过程 $x \to a$ 可以是下列情形中的任何一种：$x \to x_0$，$x \to \infty$，$x \to x_0^-$，$x \to x_0^+$，$x \to -\infty$，$x \to +\infty$；

② 当 a 为有限点 x_0 时，"在 a 附近可导"意味着在去心邻域 $0 < |x - x_0| < \delta$ 内可导；当 a 为 ∞ 时，"在 a 附近可导"意味着在 $(-\infty, -X)$ 或 $(X, +\infty)$ 内可导，其中 X 为充分大的正数.

注　① 未定式极限通常有：$\dfrac{0}{0}$，$\dfrac{\infty}{\infty}$，$\infty - \infty$，$0 \cdot \infty$，1^∞，∞^0，0^0；

② 洛必达法则只能用于 $\dfrac{0}{0}$，$\dfrac{\infty}{\infty}$ 型未定式，其他类型的未定式需要转化为 $\dfrac{0}{0}$ 型或 $\dfrac{\infty}{\infty}$ 型，方可运用洛必达法则；

③ 所需的三个条件必须满足，缺一不可；

④在运用洛必达法则之前可以先运用诸如函数恒等变形、等价无穷小代换、两个重要极限、极限运算法则以及变量代换等方法以简化计算过程.

例 1 分别求下列极限:

(1) $\lim\limits_{x\to 0^+}\dfrac{\ln\tan 3x}{\ln\sin 2x}$;　　(2) $\lim\limits_{x\to 0}\dfrac{x-\tan x}{\sin^3 x}$;　　(3) $\lim\limits_{x\to 0}\left(\dfrac{1}{x}-\cot x\right)$;

(4) $\lim\limits_{x\to 0}\dfrac{(1+x)^{\frac{1}{x}}-\mathrm{e}}{x}$;　　(5) $\lim\limits_{x\to 0}x^2\mathrm{e}^{\frac{1}{x^2}}$.

解 (1) 原式 $=\lim\limits_{x\to 0^+}\dfrac{\dfrac{3\sec^2 3x}{\tan 3x}}{\dfrac{2\cos 2x}{\sin 2x}}=\dfrac{3}{2}\lim\limits_{x\to 0^+}\dfrac{\sin 2x}{\tan 3x}=1.$

(2) 原式 $=\lim\limits_{x\to 0}\dfrac{x-\tan x}{x^3}=\lim\limits_{x\to 0}\dfrac{1-\sec^2 x}{3x^2}=\lim\limits_{x\to 0}\dfrac{(\cos x-1)(\cos x+1)}{3x^2\cos^2 x}=-\dfrac{1}{3}.$

(3) 原式 $=\lim\limits_{x\to 0}\dfrac{\sin x-x\cos x}{x\sin x}=\lim\limits_{x\to 0}\dfrac{\sin x-x\cos x}{x^2}=\lim\limits_{x\to 0}\dfrac{x\sin x}{2x}=0.$

(4) 原式 $=\lim\limits_{x\to 0}\dfrac{(1+x)^{\frac{1}{x}}\left[\dfrac{1}{x}\ln(1+x)\right]'}{1}=\mathrm{e}\lim\limits_{x\to 0}\dfrac{x-(1+x)\ln(1+x)}{x^2(1+x)}$

$=\mathrm{e}\lim\limits_{x\to 0}\dfrac{-\ln(1+x)}{2x}=-\dfrac{\mathrm{e}}{2}.$

(5) 原式 $\xlongequal{x^2=\frac{1}{t}}\lim\limits_{t\to +\infty}\dfrac{\mathrm{e}^t}{t}=\lim\limits_{t\to +\infty}\mathrm{e}^t=+\infty.$

例 2 分别求下列极限:

(1) $\lim\limits_{x\to 0}\left[\dfrac{(1+x)^{\frac{1}{x}}}{\mathrm{e}}\right]^{\frac{1}{x}}$;　　(2) $\lim\limits_{x\to\infty}\left(\cos\dfrac{1}{x}+\sin\dfrac{2}{x}\right)^x$.

分析 本题属于求幂指函数未定式的极限,对于此类问题如果要用洛必达法则来计算,则首先取它的对数,把幂指运算化为算术运算,然后利用洛必达法则来求极限,最后利用指数函数而得到原来极限的结果.

解 (1) 令 $y=\left[\dfrac{(1+x)^{\frac{1}{x}}}{\mathrm{e}}\right]^{\frac{1}{x}}$,则 $\ln y=\dfrac{1}{x}\left[\dfrac{1}{x}\ln(1+x)-1\right]=\dfrac{\ln(1+x)-x}{x^2}$,

$\lim\limits_{x\to 0}\ln y=\lim\limits_{x\to 0}\dfrac{\ln(1+x)-x}{x^2}=\lim\limits_{x\to 0}\dfrac{\dfrac{1}{1+x}-1}{2x}=-\dfrac{1}{2}$,

所以原式 $=\mathrm{e}^{-\frac{1}{2}}.$

注　有同学采取如下做法：$\lim\limits_{x\to 0}\left[\dfrac{(1+x)^{\frac{1}{x}}}{\mathrm{e}}\right]^{\frac{1}{x}}=\lim\limits_{x\to 0}\left[\dfrac{\mathrm{e}}{\mathrm{e}}\right]^{\frac{1}{x}}=1$，这种做法是不对的，忽略了求极限时必须每一个变量都要同时在该过程取极限，而不能人为分先后顺序，否则就会出现如下类型错误：

$$\lim_{x\to 0}(1+x)^{\frac{1}{x}}=\lim_{x\to 0}(1+0)^{\frac{1}{x}}=1.$$

（2）令 $y=\left(\cos\dfrac{1}{x}+\sin\dfrac{2}{x}\right)^x$，则 $\ln y=x\ln\left(\cos\dfrac{1}{x}+\sin\dfrac{2}{x}\right)$.

$$\lim_{x\to\infty}\ln y=\lim_{x\to\infty}x\ln\left(\cos\dfrac{1}{x}+\sin\dfrac{2}{x}\right)\xlongequal{t=\frac{1}{x}}\lim_{t\to 0}\dfrac{\ln(\sin 2t+\cos t)}{t}=\lim_{t\to 0}\dfrac{2\cos 2t-\sin t}{\sin 2t+\cos t}=2,$$

所以原式 $=\mathrm{e}^2$.

例 3　设 $f(x)=\dfrac{1}{\pi x}+\dfrac{1}{\sin\pi x}-\dfrac{1}{\pi(1-x)}$，$x\in\left[\dfrac{1}{2},1\right)$，试补充定义 $f(1)$，使 $f(x)$ 在 $\left[\dfrac{1}{2},1\right]$ 上连续.

解　由于 $f(x)=\dfrac{1}{\pi x}+\dfrac{1}{\sin\pi x}-\dfrac{1}{\pi(1-x)}$，在 $\left[\dfrac{1}{2},1\right)$ 上有定义，由初等函数的性质知 $f(x)$ 在 $\left[\dfrac{1}{2},1\right)$ 上连续. 因此只要满足 $f(1)=\lim\limits_{x\to 1^-}f(x)$，则 $f(x)$ 在 $\left[\dfrac{1}{2},1\right]$ 上连续. 由于

$$\lim_{x\to 1^-}\left(\dfrac{1}{\pi x}+\dfrac{1}{\sin\pi x}-\dfrac{1}{\pi(1-x)}\right)=\dfrac{1}{\pi}+\lim_{x\to 1^-}\dfrac{\pi(1-x)-\sin\pi x}{\pi(1-x)\sin\pi x}$$

$$\xlongequal{t=1-x}\dfrac{1}{\pi}+\lim_{t\to 0^+}\dfrac{\pi t-\sin\pi t}{\pi^2 t^2}=\dfrac{1}{\pi}+\lim_{t\to 0^+}\dfrac{\pi(1-\cos\pi t)}{2\pi^2 t}=\dfrac{1}{\pi},$$

所以补充定义 $f(1)=\dfrac{1}{\pi}$，则 $f(x)$ 在 $\left[\dfrac{1}{2},1\right]$ 上连续.

对标考试要求

3（仅限数学一、数学二）理解函数的极值概念，掌握用导数判断函数的单调性和求函数极值的方法，掌握函数最大值和最小值的求法及其应用.（仅限数学三）掌握函数单调性的判别方法，了解函数极值的概念，掌握函数极值、最大值和最小值的求法及其应用.

知识点 1　函数单调性判别法

定理 1　设函数 $f(x)$ 在 $[a,b]$ 上连续，在 (a,b) 内可导，若 $x\in(a,b)$ 时，$f'(x)\geqslant$

0(等式仅在有限个点处成立),则函数 $f(x)$ 在 $[a,b]$ 上单调增加.同理,若 $x \in (a,b)$ 时, $f'(x) \leqslant 0$(等式仅在有限个点处成立),则函数 $f(x)$ 在 $[a,b]$ 上单调减少.

知识点 2 函数的极值及其判别法

一、极值的概念

定义 若函数 $f(x)$ 在点 x_0 的某个 $\delta(\delta > 0)$ 邻域内有定义,当 x 位于 x_0 去心的 δ 邻域内时,恒有 $f(x) > f(x_0)$(或 $f(x) < f(x_0)$),则称 $f(x_0)$ 为 $f(x)$ 极小值(或极大值),点 x_0 为 $f(x)$ 的极小值点(或极大值点).极小值与极大值统称为极值,极小值点与极大值点统称为极值点.

二、极值的判别法

1. 极值的必要条件

定理 2 若 x_0 为函数 $f(x)$ 的极值点,且 $f'(x_0)$ 存在,那么必有 $f'(x_0) = 0$.

2. 极值的充分条件

定理 3(一阶导数判别法) 若函数 $f(x)$ 在 x_0 处连续,且在 x_0 某去心邻域 $\mathring{U}(x_0, \delta)$ 内可导,若 $f'(x)$ 在 x_0 两侧取值异号时,则 x_0 为 $f(x)$ 的极值点,且

当 $f'(x) \begin{cases} < 0, & x < x_0, \\ > 0, & x > x_0 \end{cases}$ 时, $f(x_0)$ 为极小值;

当 $f'(x) \begin{cases} > 0, & x < x_0, \\ < 0, & x > x_0 \end{cases}$ 时, $f(x_0)$ 为极大值.

可简记为 $f'(x)$ 左正右负时, $f(x_0)$ 为极大值; $f'(x)$ 左负右正时, $f(x_0)$ 为极小值.

定理 4(二阶导数判别法) 设函数 $f(x)$ 在点 x_0 处具有二阶导数,且 $f'(x_0) = 0$, $f''(x_0) \neq 0$,则点 x_0 为 $f(x)$ 的极值点,且当 $f''(x_0) > 0$ 时, $f(x_0)$ 为极小值;当 $f''(x_0) < 0$ 时, $f(x_0)$ 为极大值.

例 1 分别求下列函数的单调区间与极值:

(1) $y = 2e^{-x^2} + x^2$; (2) $y = \sqrt[3]{(2x-a)(a-x)^2}$ $(a > 0)$.

解 (1) y 的定义域为 $(-\infty, +\infty)$, $y' = 2x(1 - 2e^{-x^2})$,令 $y' = 0$,解得 $x = 0, x = \pm\sqrt{\ln 2}$.因 y 为偶函数,故只要讨论它在区间 $[0, +\infty)$ 上的单调性与极值情况即可,当 $x \in (0, \sqrt{\ln 2})$ 时, $y' < 0$,当 $x \in (\sqrt{\ln 2}, +\infty)$ 时, $y' > 0$,因而 y 的单调增加区间为 $[-\sqrt{\ln 2}, 0]$ 及 $[\sqrt{\ln 2}, +\infty)$,单调减少区间为 $(-\infty, -\sqrt{\ln 2}]$ 及 $[0, \sqrt{\ln 2}]$, $y(0) = 2$ 为极大值, $y(\pm\sqrt{\ln 2}) = 1 + \ln 2$ 为极小值.

(2) y 的定义域为 $(-\infty, +\infty)$, $y' = \dfrac{-2\left(x - \dfrac{2a}{3}\right)}{\sqrt[3]{(2x-a)^2(a-x)}}$, 令 $y' = 0$, 得 $x_1 = \dfrac{2a}{3}$ 为 y 的

驻点, 在点 $x_2 = \dfrac{a}{2}$ 和 $x_3 = a$ 处 y 不可导, 列表分析如下:

x	$\left(-\infty, \dfrac{a}{2}\right)$	$\dfrac{a}{2}$	$\left(\dfrac{a}{2}, \dfrac{2a}{3}\right)$	$\dfrac{2a}{3}$	$\left(\dfrac{2a}{3}, a\right)$	a	$(a, +\infty)$
y'	+	不存在	+	0	−	不存在	+
y	单调增加	非极值	单调增加	极大值	单调减少	极小值	单调增加

由上表可得: y 的单调增加区间为 $\left(-\infty, \dfrac{2a}{3}\right]$ 和 $[a, +\infty)$, 单调减少区间为 $\left[\dfrac{2a}{3}, a\right]$,

$y\left(\dfrac{2a}{3}\right) = \dfrac{a}{3}$ 为极大值, $y(a) = 0$ 为极小值.

例 2　已知函数 $f(x) = x^3 + ax^2 + bx$ 在点 $x = 1$ 处有极值 -2, 试确定常数 a, b 的值, 并求出 $f(x)$ 的所有极值点和极值.

解　因 $f(x)$ 处处可导, 由极值的必要条件可知 $f'(1) = 3 + 2a + b = 0$, 又 $f(1) = 1 + a + b = -2$, 可解得 $a = 0, b = -3$, 所以 $f(x) = x^3 - 3x$, $f'(x) = 3x^2 - 3 = 3(x+1)(x-1)$, 令 $f'(x) = 0$, 解得 $x_1 = -1, x_2 = 1$, $f''(-1) = -6 < 0$, $f''(1) = 6 > 0$, 故 $x = -1$ 为极大值点, 且有极大值为 $f(-1) = 2$, $x = 1$ 为极小值点, 且有极小值为 $f(1) = -2$.

对标考试要求

4 会用导数判断函数图形的凹凸性, 会求函数图形的拐点以及水平、铅直和斜渐近线, 会描绘函数的图形.

知识点 1　曲线的凹凸性与拐点及其判别法

一、曲线的凹凸性定义

定义 1　若函数 $f(x)$ 在区间 I 上连续, 且对 I 上任意两点 $x_1, x_2 (x_1 \neq x_2)$, 恒有

$$f\left(\frac{x_1 + x_2}{2}\right) < \frac{f(x_1) + f(x_2)}{2} \left(\text{或 } f\left(\frac{x_1 + x_2}{2}\right) > \frac{f(x_1) + f(x_2)}{2}\right),$$

则称 $f(x)$ 在区间 I 上的图形是凹 (或凸) 的.

二、曲线凹凸性判别法

定理 1(一阶导数判别法) 若函数 $f(x)$ 在 $[a,b]$ 上连续,在 (a,b) 内可导,那么当 $f'(x)$ 在 (a,b) 内单调递增(或单调递减)时,曲线 $y=f(x)$ 在区间 $[a,b]$ 上是凹(或凸)的.

定理 2(二阶导数判别法) 若函数 $f(x)$ 在 $[a,b]$ 上连续,在 (a,b) 内二阶可导,若 $x\in(a,b)$ 时, $f''(x)\geqslant0$(或 $f''(x)\leqslant0$)且等号仅在有限个点处成立,那么曲线 $y=f(x)$ 在区间 $[a,b]$ 上是凹(或凸)的.

知识点 2 曲线拐点概念及其判别法

一、曲线拐点的概念

定义 2 连续曲线的凹弧与凸弧的分界点 $(x_0,f(x_0))$ 称为该曲线的拐点.

二、曲线拐点判别法

定理 3 若函数 $f(x)$ 在点 x_0 处连续,在点 x_0 的去心邻域 $\mathring{U}(x_0,\delta)$ 内二阶可导,则当 $f''(x)$ 在 x_0 两侧取值异号时, $(x_0,f(x_0))$ 为曲线 $y=f(x)$ 的拐点.

例 3 分别求下列曲线的凹凸区间及拐点:

$$(1)\ y=\frac{x^3}{x^2+12};\qquad\qquad (2)\ y=x-\cos x.$$

解 (1) $y'=1+\dfrac{12(x^2-12)}{(x^2+12)^2}$, $y''=\dfrac{24x(36-x^2)}{(x^2+12)^3}$,当 $x\in(-\infty,-6)\bigcup(0,6)$ 时, $y''>0$, $x\in(-6,0)\bigcup(6,+\infty)$ 时, $y''<0$,所以曲线 $y=\dfrac{x^3}{x^2+12}$ 在区间 $(-\infty,-6]$ 和 $[0,6]$ 上是凹的,在区间 $[-6,0]$ 和 $[6,+\infty)$ 上是凸的,它的拐点是 $\left(-6,-\dfrac{9}{2}\right)$, $(0,0)$ 和 $\left(6,\dfrac{9}{2}\right)$.

(2) $y'=1+\sin x$, $y''=\cos x$,当 $x\in\left(2k\pi-\dfrac{\pi}{2},2k\pi+\dfrac{\pi}{2}\right)$ 时, $y''>0$,当 $x\in\left(2k\pi+\dfrac{\pi}{2},2k\pi+\dfrac{3\pi}{2}\right)$ 时, $y''<0$,因而曲线 $y=x-\cos x$ 在区间 $\left[2k\pi-\dfrac{\pi}{2},2k\pi+\dfrac{\pi}{2}\right]$ 上是凹的,在区间 $\left[2k\pi+\dfrac{\pi}{2},2k\pi+\dfrac{3\pi}{2}\right]$ 上是凸的,拐点为 $\left(2k\pi-\dfrac{\pi}{2},2k\pi-\dfrac{\pi}{2}\right)$ 及 $\left(2k\pi+\dfrac{\pi}{2},2k\pi+\dfrac{\pi}{2}\right)$,其中 $k=0,\pm1,\pm2,\cdots$.

注 由于 $y=\dfrac{x^3}{x^2+12}$ 是奇函数,因此在讨论该函数的性质时,也可以先讨论它在$[0,$ $+\infty)$ 内的性质,再结合奇函数的性质,最后得到该函数在$(-\infty,+\infty)$ 内的情况.

例 4 试确定常数 k 的值,使曲线 $y=k(x^2-3)^2$ 在拐点处的法线通过原点.

解 $y'=4kx(x^2-3)$,$y''=12k(x^2-1)$,y'' 在点 $x=\pm1$ 的两侧取值异号,该曲线的拐点是$(\pm1,4k)$,相应的法线方程为 $y-4k=\dfrac{1}{8k}(x-1)$ 和 $y-4k=-\dfrac{1}{8k}(x+1)$,若法线通过原点,则有

$$k^2=\frac{1}{32}, k=\pm\frac{\sqrt{2}}{8}.$$

知识点 3 函数最值及其求法

一、最值概念

定义 3 设函数 $f(x)$ 在区间 I 上有定义,如果存在点 $x_0\in I$,使得对任意的 $x\in I$ 均满足 $f(x)\leqslant f(x_0)$(或 $f(x)\geqslant f(x_0)$),则称点 x_0 为函数 $f(x)$ 在 I 上的最大值点(或最小值点),函数值 $f(x_0)$ 称为函数 $f(x)$ 在 I 上的最大值(或最小值).最大值与最小值统称为最值,最大值点与最小值点统称为最值点.

注 ① 极值是函数的局部最大值或最小值,而最值是函数的全局最大值或最小值;
② 极值点是函数定义域的内点,而最值点可能是函数定义区间的端点;
③ 极值未必是最值,最值也未必是极值;
④ 函数在其定义域内未必存在最值,但在有限闭区间上连续函数一定存在最大值与最小值.

二、在闭区间$[a,b]$上连续函数 $f(x)$ 的最值的求法

设 $f(x)$ 在$[a,b]$上连续,且在(a,b)内只有有限个驻点(即满足 $f'(x)=0$ 的点)或者导数不存在的点,设这些点为 $x_1,x_2,\cdots,x_n$. 则 $f(x)$ 在$[a,b]$上的最大值为
$$M=\max\{f(a),f(x_1),f(x_2),\cdots,f(x_n),f(b)\},$$
最小值为
$$m=\min\{f(a),f(x_1),f(x_2),\cdots,f(x_n),f(b)\}.$$

例 5 求函数 $f(x)=|x^2-3x+2|$ 在区间 $[-10,10]$ 上的最大值与最小值.

解 $f(x)=|x^2-3x+2|=\begin{cases} x^2-3x+2, & x<1, \\ -x^2+3x-2, & 1\leqslant x\leqslant 2, \\ x^2-3x+2, & x>2. \end{cases}$ 当 $x=1,2$ 时 $f'(x)$ 不存在.

$$f'(x)=\begin{cases} 2x-3, & x<1, \\ -2x+3, & 1<x<2, \\ 2x-3, & x>2. \end{cases}$$

因此 $f(x)$ 在区间 $(-10,10)$ 内的驻点为 $x=\dfrac{3}{2}$. 由

$$f(-10)=132, f(1)=f(2)=0, f\left(\frac{3}{2}\right)=\frac{1}{4}, f(10)=72,$$

可得函数 $f(x)=|x^2-3x+2|$ 在区间 $[-10,10]$ 上的最大值与最小值分别为 $f_{\max}=132$, $f_{\min}=0$.

知识点 4 函数曲线的渐近线

一、水平渐近线

$y=A$ 为曲线 $y=f(x)$ 的水平渐近线 $\Leftrightarrow \lim\limits_{\substack{x\to\infty \\ \left(\substack{x\to+\infty \\ x\to-\infty}\right)}} f(x)=A$.

二、铅直渐近线

$x=x_0$ 为曲线 $y=f(x)$ 的铅直渐近线 $\Leftrightarrow \lim\limits_{\substack{x\to x_0 \\ \left(\substack{x\to x_0^+ \\ x\to x_0^-}\right)}} f(x)=\infty$.

三、斜渐近线

$y=ax+b(a\neq 0)$ 为曲线 $y=f(x)$ 的斜渐近线

$\Leftrightarrow \lim\limits_{\substack{x\to\infty \\ \left(\substack{x\to+\infty \\ x\to-\infty}\right)}} [f(x)-ax-b]=0 \Leftrightarrow \lim\limits_{\substack{x\to\infty \\ \left(\substack{x\to+\infty \\ x\to-\infty}\right)}} \dfrac{f(x)}{x}=a, \quad \lim\limits_{\substack{x\to\infty \\ \left(\substack{x\to+\infty \\ x\to-\infty}\right)}} [f(x)-ax]=b.$

例 6 求曲线 $y=\dfrac{x^3}{x^2-x-2}$ 的渐近线.

解 因为 $\lim\limits_{x\to-1}\dfrac{x^3}{x^2-x-2}=\infty$, $\lim\limits_{x\to 2}\dfrac{x^3}{x^2-x-2}=\infty$, 所以 $x=-1$ 和 $x=2$ 均为它的铅直

渐近线,下面求曲线的斜渐近线.

方法一　因为 $\lim\limits_{x\to\infty}\dfrac{y}{x}=\lim\limits_{x\to\infty}\dfrac{x^3}{x(x^2-x-2)}=1$,$\lim\limits_{x\to\infty}(y-x)=\lim\limits_{x\to\infty}\dfrac{x^2+2x}{x^2-x-2}=1$,所以 $y=x+1$ 是它的斜渐近线.

方法二　因为 $y=x+1+\dfrac{3x+2}{x^2-x-2}$,$\lim\limits_{x\to\infty}[y-(x+1)]=\lim\limits_{x\to\infty}\dfrac{3x+2}{x^2-x-2}=0$,所以 $y=x+1$ 是它的斜渐近线.

例 7　曲线 $y=\dfrac{1}{x}+\ln(1+e^x)$ 的渐近线条数为(　　).

(A)0　　　　　　(B)1　　　　　　(C)2　　　　　　(D)3

答案　(D).

解　$\lim\limits_{x\to 0}y=\infty$,$\lim\limits_{x\to-\infty}y=0$,又 $y=\dfrac{1}{x}+x+\ln(1+e^{-x})$,所以

$$\lim\limits_{x\to+\infty}(y-x)=\lim\limits_{x\to+\infty}\left[\dfrac{1}{x}+\ln(1+e^{-x})\right]=0.$$

由此可得它有三条渐近线分别为 $x=0,y=0,y=x$.答案为(D).

注　在本题中曲线在 $x\to-\infty$ 和 $x\to+\infty$ 这两个方向有不同的渐近线.

知识点 5　函数曲线作图

利用导数作函数 $y=f(x)$ 的图形的基本步骤:

(1) 求函数 $f(x)$ 的定义域,渐近线,观察连续、间断点及几何特性(如:奇偶性,周期性);

(2) 求 $f'(x)$,确定 $f(x)$ 的驻点、导数不存在的点、单调区间及极值点,求 $f(x)$ 的极值;

(3) 求 $f''(x)$,确定曲线 $y=f(x)$ 的凹凸区间,拐点;

(4) 列表,建立坐标系,描点作图.

例 8　描绘函数 $y=x^2+\dfrac{1}{x}$ 的图形.

解　函数 $y=x^2+\dfrac{1}{x}$ 的定义域为 $(-\infty,0)\bigcup(0,+\infty)$.$y'=2x-\dfrac{1}{x^2}$,$y''=2+\dfrac{2}{x^3}$.令 $y'=0$,可得 $x=\dfrac{1}{\sqrt[3]{2}}$,令 $y''=0$,可得 $x=-1$.点 -1 与 $\dfrac{1}{\sqrt[3]{2}}$ 将函数的定义域分成四个部分区间:

$(-\infty,-1),(-1,0),\left(0,\dfrac{1}{\sqrt[3]{2}}\right)$ 和 $\left(\dfrac{1}{\sqrt[3]{2}},+\infty\right)$.列表分析如下:

x	$(-\infty,-1)$	-1	$(-1,0)$	0	$\left(0,\dfrac{1}{\sqrt[3]{2}}\right)$	$\dfrac{1}{\sqrt[3]{2}}$	$\left(\dfrac{1}{\sqrt[3]{2}},+\infty\right)$
y'	$-$	$-$	$-$		$-$	0	$+$
y''	$+$	0	$-$		$+$	$+$	$+$
$y=f(x)$ 的图形	单调减少凹的	拐点	单调减少凸的		单调减少凹的	极小值点	单调增加凹的

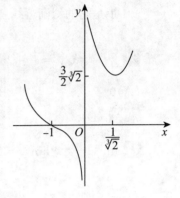

由于 $\lim\limits_{x\to\infty}\left(x^2+\dfrac{1}{x}\right)=\infty$, $\lim\limits_{x\to\infty}\dfrac{y}{x}=\lim\limits_{x\to\infty}\left(x+\dfrac{1}{x^2}\right)=\infty$, 所以

曲线图形无水平渐近线和斜渐近线. 又 $\lim\limits_{x\to0}\left(x^2+\dfrac{1}{x}\right)=\infty$, 所

以 $x=0$ 是曲线图形的铅直渐近线.

由 y'' 在 $x=-1$ 两侧异号且 $y''(-1)=0$ 知, 点 $(-1,0)$ 是

曲线的拐点, 再由 $y\left(\dfrac{1}{\sqrt[3]{2}}\right)=\dfrac{3}{2}\sqrt[3]{2}$ 知曲线过点 $\left(\dfrac{1}{\sqrt[3]{2}},\dfrac{3}{2}\sqrt[3]{2}\right)$, 且

$y\left(\dfrac{1}{\sqrt[3]{2}}\right)=\dfrac{3}{2}\sqrt[3]{2}$ 是极小值.

函数图形如右图所示.

对标考试要求

⑤(仅限数学一、数学二)了解曲率、曲率圆与曲率半径的概念, 会计算曲率和曲率半径.

知识点 1 曲率的概念

定义 1 如下图所示, 在光滑曲线弧上自点 M 开始取弧段, 其长为 Δs, 对应切线转角为 $\Delta\alpha$, 定义弧段 Δs 上的平均曲率 $\overline{K}=\left|\dfrac{\Delta\alpha}{\Delta s}\right|$, 当 $\Delta s\to0$ 时, 上述平均曲率的极限叫作曲线在点 M 处的曲率, 记作 K, 即 $K=\lim\limits_{\Delta s\to0}\left|\dfrac{\Delta\alpha}{\Delta s}\right|$.

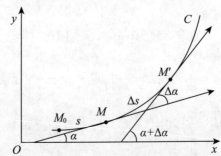

知识点 2　曲率计算公式

设函数 $f(x)$ 具有二阶导数，曲线 $y = f(x)$ 在其上 $M(x, y)$ 处的曲率为

$$K(x) = \frac{|y''|}{(\sqrt{1 + y'^2})^3}.$$

注　直线上任意点处的曲率为零，圆上任意点处的曲率等于圆半径的倒数.

知识点 3　曲率圆与曲率半径的概念及曲率半径的计算公式

定义 2　曲线 $y = f(x)$ 在其上一点 $M(x, y)$ 处凹向一侧法线上取一点 O'，$|O'M| = \frac{1}{K} = \rho$，以 O' 为圆心，以 ρ 为半径的圆称为曲线 $y = f(x)$ 在点 $M(x, y)$ 处的曲率圆（如下图所示），其圆心 O' 称为曲线在点 M 处的曲率中心，曲率圆的半径 ρ 称为曲线在点 M 处的曲率半径.

由曲率计算公式可知，若函数 $f(x)$ 具有二阶导数，曲线 $y = f(x)$ 在其上点 $M(x, y)$ 处的曲率半径

$$\rho = \frac{1}{K} = \frac{(1 + y'^2)^{\frac{3}{2}}}{y''}.$$

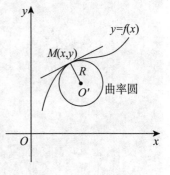

例 1　求曲线 $y = \ln \sec x$ 在点 $\left(\frac{\pi}{4}, \frac{1}{2}\ln 2\right)$ 处的曲率及曲率半径.

解　$y' = \tan x$，$y'' = \sec^2 x$，$K = \dfrac{\sec^2 x}{(1 + \tan^2 x)^{\frac{3}{2}}} = |\cos x|$，所求曲率为 $K\Big|_{x = \frac{\pi}{4}} = \dfrac{\sqrt{2}}{2}$，曲率半径为 $\rho = \sqrt{2}$.

第 4 章 一元函数积分学

考 试 要 求

1. 理解原函数与不定积分的概念,掌握不定积分的基本性质和基本公式,掌握不定积分的换元积分法和分部积分法.

2. (仅限数学一、数学二)会求有理函数、三角函数有理式和简单无理函数的积分.

3. (仅限数学一、数学二)理解、(仅限数学三)了解定积分的概念,(仅限数学一、数学二)掌握、(仅限数学二)了解定积分的基本性质,(仅限数学一、数学二)掌握、(仅限数学三)了解定积分中值定理,理解积分上限的函数,会求它的导数,掌握牛顿—莱布尼茨公式.

4. 掌握定积分的换元积分法和分部积分法.

5. 理解反常积分的概念,了解反常积分收敛的比较判别法,会计算反常积分.

6. (仅限数学一、数学二)掌握用定积分表达和计算一些几何量与物理量(平面图形的面积、平面曲线的弧长、旋转体的体积及侧面积、平行截面面积为已知的立体体积、功、引力、压力、质心、形心等)及函数的平均值.

7. (仅限数学三)会利用定积分计算平面图形的面积、旋转体的体积和函数的平均值,会利用定积分求解简单的经济应用问题.

对标考试要求

1 理解原函数与不定积分的概念,掌握不定积分的基本性质和基本公式,掌握不定积分的换元积分法和分部积分法.

知识点 1　原函数的概念

一、原函数的概念

对于区间 I 上（内）的函数 $f(x)$，如果存在可导函数 $F(x)$ 满足

$$F'(x) = f(x) \text{ 或 } \mathrm{d}[F(x)] = f(x)\mathrm{d}x,$$

则称 $F(x)$ 为 $f(x)$ 在区间 I 上（内）的一个**原函数**.

二、原函数的性质

(1) 如果 $F(x)$ 为 $f(x)$ 的一个原函数，则对任意常数 C，$F(x)+C$ 也是 $f(x)$ 的一个原函数.

(2) 设 $F(x)$，$G(x)$ 均为 $f(x)$ 的原函数，则 $F(x) = G(x)+C$，其中 C 为某常数.

(3) 如果 $F(x)$ 为 $f(x)$ 的一个原函数，则 $F(x)+C$ 为 $f(x)$ 所有的原函数，其中 C 为任意常数.

知识点 2　不定积分的概念

一、不定积分的概念

如果函数 $f(x)$ 在区间 I 上（内）有原函数，就称 $f(x)$ 在区间 I 上（内）所有原函数的全体为 $f(x)$ 在区间 I 上（内）的不定积分，记为 $\int f(x)\mathrm{d}x$.

如果 $F(x)$ 为 $f(x)$ 的一个原函数，则 $\int f(x)\mathrm{d}x = F(x)+C$.

例 1 下列关于原函数的结论中，不正确的是（　　）.

(A) $3\sin^2 x + \cos 2x$ 是 $\sin 2x$ 的原函数

(B) $\arctan \dfrac{1+x}{1-x}$ 是 $\dfrac{1}{1+x^2}$ 的原函数

(C) $\ln(x+\sqrt{1+x^2})$ 是 $\dfrac{1}{\sqrt{1+x^2}}$ 的原函数

(D) $\ln(\mathrm{e}^{-x}+\sqrt{1+\mathrm{e}^{-2x}})$ 是 $\dfrac{1}{\sqrt{1+\mathrm{e}^{2x}}}$ 的原函数

答案 (D).

解 可验证

$$(3\sin^2 x + \cos 2x)' = \sin 2x,$$

$$\left(\arctan \frac{1+x}{1-x}\right)' = \frac{1}{1+x^2},$$

$$\left[\ln(x + \sqrt{1+x^2})\right]' = \frac{1}{\sqrt{1+x^2}},$$

但

$$\left[\ln(e^{-x} + \sqrt{1+e^{-2x}})\right]' = -\frac{1}{\sqrt{1+e^{2x}}},$$

所以 $\ln(e^{-x} + \sqrt{1+e^{-2x}})$ 是 $-\dfrac{1}{\sqrt{1+e^{2x}}}$ 的原函数.

例 2 如果 $F(u)$ 是 $f(u)$ 的一个原函数,则 $F(e^x)$ 是_____的一个原函数.

答案 $f(e^x)e^x$.

解 由于 $F'(u) = f(u)$,则

$$\left[F(e^x)\right]' = F'(e^x)e^x = f(e^x)e^x,$$

所以 $F(e^x)$ 是 $f(e^x)e^x$ 的一个原函数.

二、不定积分与导数和微分的关系

$$\left[\int f(x)\mathrm{d}x\right]' = f(x),\ \mathrm{d}\left[\int f(x)\mathrm{d}x\right] = f(x)\mathrm{d}x,$$

$$\int \mathrm{d}[F(x)] = F(x) + C,\ \int F'(x)\mathrm{d}x = F(x) + C.$$

知识点 3 不定积分的基本公式和基本性质

一、不定积分的基本公式

(1) $\displaystyle\int k\,\mathrm{d}x = kx + C$,其中 k 为常数.

(2) $\displaystyle\int x^\mu \mathrm{d}x = \frac{1}{\mu + 1}x^{\mu+1} + C$,其中常数 $\mu \neq -1$.

(3) $\displaystyle\int \frac{1}{x}\mathrm{d}x = \ln|x| + C$.

(4) $\displaystyle\int e^x \mathrm{d}x = e^x + C$.

(5) $\displaystyle\int a^x \mathrm{d}x = \frac{a^x}{\ln a} + C$,其中常数 $a > 0$,且 $a \neq 1$.

(6)$\displaystyle\int \sin x \, dx = -\cos x + C.$

(7)$\displaystyle\int \cos x \, dx = \sin x + C.$

(8)$\displaystyle\int \tan x \, dx = -\ln |\cos x| + C.$

(9)$\displaystyle\int \cot x \, dx = \ln |\sin x| + C.$

(10)$\displaystyle\int \sec x \, dx = \ln |\sec x + \tan x| + C.$

(11)$\displaystyle\int \csc x \, dx = \ln |\csc x - \cot x| + C.$

(12)$\displaystyle\int \sec^2 x \, dx = \tan x + C.$

(13)$\displaystyle\int \csc^2 x \, dx = -\cot x + C.$

(14)$\displaystyle\int \sec x \tan x \, dx = \sec x + C.$

(15)$\displaystyle\int \csc x \cot x \, dx = -\csc x + C.$

(16)$\displaystyle\int \frac{1}{1+x^2} dx = \arctan x + C$ 或 $\displaystyle\int \frac{1}{1+x^2} dx = -\text{arccot}\, x + C.$

(17)$\displaystyle\int \frac{dx}{a^2+x^2} = \frac{1}{a} \arctan \frac{x}{a} + C,$ 其中常数 $a \neq 0.$

(18)$\displaystyle\int \frac{1}{\sqrt{1-x^2}} dx = \arcsin x + C$ 或 $\displaystyle\int \frac{1}{\sqrt{1-x^2}} dx = -\arccos x + C.$

(19)$\displaystyle\int \frac{dx}{\sqrt{a^2-x^2}} = \arcsin \frac{x}{a} + C,$ 其中常数 $a > 0.$

(20)$\displaystyle\int \frac{dx}{x^2-a^2} = \frac{1}{2a} \ln \left| \frac{x-a}{x+a} \right| + C,$ 其中常数 $a \neq 0.$

(21)$\displaystyle\int \frac{dx}{\sqrt{x^2+a^2}} = \ln(x + \sqrt{x^2+a^2}) + C,$ 其中常数 $a > 0.$

(22)$\displaystyle\int \frac{dx}{\sqrt{x^2-a^2}} = \ln |x + \sqrt{x^2-a^2}| + C,$ 其中常数 $a > 0.$

二、不定积分的基本性质

(1)$\displaystyle\int k f(x) \, dx = k \int f(x) \, dx,$ 其中 k 为非零常数.

(2)$\displaystyle\int [f(x) + g(x)] \, dx = \int f(x) \, dx + \int g(x) \, dx.$

例 3 $\int\left(\dfrac{x^2}{x^2+4}-\tan^2 x\right)\mathrm{d}x=\underline{\hspace{2cm}}.$

答案 $2x-2\arctan\dfrac{x}{2}-\tan x+C.$

解 $\int\left(\dfrac{x^2}{x^2+4}-\tan^2 x\right)\mathrm{d}x$

$=\int\left(2-\dfrac{4}{x^2+4}-\sec^2 x\right)\mathrm{d}x$

$=2x-2\arctan\dfrac{x}{2}-\tan x+C.$

知识点 4 不定积分的换元积分法和分部积分法

一、换元积分法

1. 不定积分的第一类换元法

设函数 $f(u)$ 在区间 D 上有一个原函数 $F(u)$,且 $u=\varphi(x)$ 在区间 I 上可导,$\{\varphi(x)\mid x\in I\}\subset D$,则 $\int f[\varphi(x)]\varphi'(x)\mathrm{d}x=F[\varphi(x)]+C.$

2. 不定积分的第二类换元法

设函数 $f(x)$ 在区间 I 上连续,$x=\psi(t)$ 在 I 的对应区间 I_t 内单调,并有连续导数,$t=\psi^{-1}(x)$ 是 $x=\psi(t)$ 的反函数,则 $\int f(x)\mathrm{d}x=\int f[\psi(t)]\psi'(t)\mathrm{d}t\Big|_{t=\psi^{-1}(x)}.$

例 4 证明:$(1)\int\tan x\,\mathrm{d}x=-\ln|\cos x|+C;$

$(2)\int\cot x\,\mathrm{d}x=\ln|\sin x|+C;$

$(3)\int\sec x\,\mathrm{d}x=\ln|\sec x+\tan x|+C;$

$(4)\int\csc x\,\mathrm{d}x=\ln|\csc x-\cot x|+C.$

证明 $(1)\int\tan x\,\mathrm{d}x=\int\dfrac{\sin x}{\cos x}\mathrm{d}x=-\int\dfrac{1}{\cos x}\mathrm{d}(\cos x)=-\ln|\cos x|+C.$

$(2)\int\cot x\,\mathrm{d}x=\int\dfrac{\cos x}{\sin x}\mathrm{d}x=\int\dfrac{1}{\sin x}\mathrm{d}(\sin x)=\ln|\sin x|+C.$

$(3)\int\sec x\,\mathrm{d}x=\int\dfrac{\sec x(\sec x+\tan x)}{\sec x+\tan x}\mathrm{d}x=\int\dfrac{1}{\sec x+\tan x}\mathrm{d}(\sec x+\tan x)$

$=\ln|\sec x+\tan x|+C.$

$(4) \displaystyle\int \csc x \, \mathrm{d}x = \int \frac{\csc x\,(\csc x - \cot x)}{\csc x - \cot x}\mathrm{d}x = \int \frac{1}{\csc x - \cot x}\mathrm{d}(\csc x - \cot x)$

$\qquad\qquad = \ln \mid \csc x - \cot x \mid + C.$

例 5 求下列不定积分：

$(1) \displaystyle\int \frac{\arctan \sqrt{x}}{\sqrt{x}\,(1+x)}\mathrm{d}x;$　$(2)\displaystyle\int \frac{\ln x}{x\,\sqrt{1+\ln x}}\mathrm{d}x;$　$(3)\displaystyle\int \frac{\sqrt{x}}{2-\sqrt{x}}\mathrm{d}x;$　$(4)\displaystyle\int \frac{1}{x^2\sqrt{1+x^2}}\mathrm{d}x.$

解 $(1)\displaystyle\int \frac{\arctan \sqrt{x}}{\sqrt{x}\,(1+x)}\mathrm{d}x = 2\int \frac{\arctan \sqrt{x}}{1+(\sqrt{x})^2}\mathrm{d}(\sqrt{x})$

$\qquad\qquad\qquad = 2\displaystyle\int \arctan \sqrt{x}\,\mathrm{d}(\arctan \sqrt{x}) = (\arctan \sqrt{x})^2 + C.$

$(2)\displaystyle\int \frac{\ln x}{x\,\sqrt{1+\ln x}}\mathrm{d}x = \int \frac{\ln x}{\sqrt{1+\ln x}}\mathrm{d}(\ln x) = \int \frac{\ln x}{\sqrt{1+\ln x}}\mathrm{d}(1+\ln x)$

$\qquad\qquad = 2\displaystyle\int \ln x\,\mathrm{d}(\sqrt{1+\ln x}) = 2\int \big[(\sqrt{1+\ln x})^2 - 1\big]\mathrm{d}(\sqrt{1+\ln x})$

$\qquad\qquad = \dfrac{2}{3}(\sqrt{1+\ln x})^3 - 2\sqrt{1+\ln x} + C.$

(3) 令 $\sqrt{x} = t$，则 $x = t^2$，$\mathrm{d}x = 2t\,\mathrm{d}t$，所以

$\qquad\displaystyle\int \frac{\sqrt{x}}{2-\sqrt{x}}\mathrm{d}x = \int \frac{t}{2-t}\cdot 2t\,\mathrm{d}t = 2\int \frac{t^2}{2-t}\mathrm{d}t = 2\int \left(-t - 2 + \frac{4}{2-t}\right)\mathrm{d}t$

$\qquad\qquad = -t^2 - 4t - 8\ln \mid 2 - t \mid + C$

$\qquad\qquad = -x - 4\sqrt{x} - 8\ln \mid 2 - \sqrt{x} \mid + C.$

(4) 令 $x = \tan t$，$-\dfrac{\pi}{2} < t < \dfrac{\pi}{2}\,(t \neq 0)$，则 $\sqrt{1+x^2} = \sec t$，$\mathrm{d}x = \sec^2 t\,\mathrm{d}t$，所以

$\qquad\displaystyle\int \frac{1}{x^2\sqrt{1+x^2}}\mathrm{d}x = \int \frac{1}{\tan^2 t \sec t}\cdot \sec^2 t\,\mathrm{d}t$

$\qquad\qquad = \displaystyle\int \frac{\cos t}{\sin^2 t}\mathrm{d}t = \int \frac{1}{\sin^2 t}\mathrm{d}(\sin t)$

$\qquad\qquad = -\dfrac{1}{\sin t} + C = -\dfrac{\sqrt{1+x^2}}{x} + C.$

二、分部积分法

1. 不定积分的分部积分法

设函数 $u = u(x)$ 与 $v = v(x)$ 均具有连续导数，则

$$\int u(x)\mathrm{d}[v(x)] = u(x)v(x) - \int v(x)\mathrm{d}[u(x)],$$

简记为 $\displaystyle\int u\,\mathrm{d}v = uv - \int v\,\mathrm{d}u.$

2. 运用分部积分法的常见积分类型和方法

设 $P(x)$ 为多项式函数,λ,ω 为常数,n 为正整数.

① $\int P(x)\sin \omega x\,\mathrm{d}x$,$\int P(x)\cos \omega x\,\mathrm{d}x$,$\int P(x)\mathrm{e}^{\lambda x}\,\mathrm{d}x$:取 $u(x)=P(x)$,$\mathrm{d}[v(x)]=\sin \omega x\,\mathrm{d}x$,$\cos \omega x\,\mathrm{d}x$,$\mathrm{e}^{\lambda x}\,\mathrm{d}x$.

② $\int P(x)\arcsin x\,\mathrm{d}x$,$\int P(x)\arctan x\,\mathrm{d}x$,$\int P(x)\ln^n x\,\mathrm{d}x$:取 $u(x)=\arcsin x$,$\arctan x$,$\ln^n x$,$\mathrm{d}[v(x)]=P(x)\mathrm{d}x$.

③ $\int \mathrm{e}^{\lambda x}\sin \omega x\,\mathrm{d}x$,$\int \mathrm{e}^{\lambda x}\cos \omega x\,\mathrm{d}x$:取 $u(x)=\mathrm{e}^{\lambda x}$,$\mathrm{d}[v(x)]=\sin \omega x\,\mathrm{d}x$,$\cos \omega x\,\mathrm{d}x$ 或 $u(x)=\sin \omega x$,$\cos \omega x$,$\mathrm{d}[v(x)]=\mathrm{e}^{\lambda x}\,\mathrm{d}x$.

④ $\int xf'(x)\mathrm{d}x$:取 $u(x)=x$,$\mathrm{d}[v(x)]=f'(x)\mathrm{d}x$.

⑤ $\int f(x)\ln g(x)\mathrm{d}x$:取 $u(x)=\ln g(x)$,$\mathrm{d}[v(x)]=f(x)\mathrm{d}x$.

以上类型在运用分部积分法时,并非一蹴而就,还需要配合其他的积分计算方法和技巧,甚至多次运用分部积分法.

例 6 求下列不定积分:

(1) $\displaystyle\int \frac{\ln \tan x}{\cos^2 x}\mathrm{d}x$;　　　(2) $\displaystyle\int x\ln^2 x\,\mathrm{d}x$;　　　(3) $\displaystyle\int \mathrm{e}^x\sin 2x\,\mathrm{d}x$;　　　(4) $\displaystyle\int \arctan \sqrt{x}\,\mathrm{d}x$.

解 (1) $\displaystyle\int \frac{\ln \tan x}{\cos^2 x}\mathrm{d}x=\int \ln \tan x\,\mathrm{d}(\tan x)=\tan x\ln \tan x-\int \tan x\cdot\frac{1}{\tan x\cos^2 x}\mathrm{d}x$

$$=\tan x\ln \tan x-\int \frac{1}{\cos^2 x}\mathrm{d}x=\tan x\ln \tan x-\tan x+C.$$

(2) $\displaystyle\int x\ln^2 x\,\mathrm{d}x=\frac{1}{2}\int \ln^2 x\,\mathrm{d}(x^2)=\frac{1}{2}x^2\ln^2 x-\int x\ln x\,\mathrm{d}x=\frac{1}{2}x^2\ln^2 x-\frac{1}{2}\int \ln x\,\mathrm{d}(x^2)$

$$=\frac{1}{2}x^2\ln^2 x-\frac{1}{2}x^2\ln x+\frac{1}{2}\int x\,\mathrm{d}x=\frac{1}{2}x^2\ln^2 x-\frac{1}{2}x^2\ln x+\frac{1}{4}x^2+C$$

$$=\frac{1}{2}x^2\left(\ln^2 x-\ln x+\frac{1}{2}\right)+C.$$

(3) $\displaystyle\int \mathrm{e}^x\sin 2x\,\mathrm{d}x=\int \sin 2x\,\mathrm{d}(\mathrm{e}^x)=\mathrm{e}^x\sin 2x-2\int \mathrm{e}^x\cos 2x\,\mathrm{d}x$

$$=\mathrm{e}^x\sin 2x-2\int \cos 2x\,\mathrm{d}(\mathrm{e}^x)=\mathrm{e}^x\sin 2x-2\mathrm{e}^x\cos 2x-4\int \mathrm{e}^x\sin 2x\,\mathrm{d}x,$$

所以 $\displaystyle\int \mathrm{e}^x\sin 2x\,\mathrm{d}x=\frac{1}{5}\mathrm{e}^x(\sin 2x-2\cos 2x)+C.$

(4) 令 $t=\sqrt{x}$,则 $x=t^2$,所以

$$\int \arctan \sqrt{x}\,\mathrm{d}x=\int \arctan t\,\mathrm{d}(t^2)=t^2\arctan t-\int \frac{t^2}{1+t^2}\mathrm{d}t=t^2\arctan t-t+\arctan t+C$$

$$=(t^2+1)\arctan t-t+C=(x+1)\arctan\sqrt{x}-\sqrt{x}+C.$$

对标考试要求

▣**2**（仅限数学一、数学二）会求有理函数、三角函数有理式和简单无理函数的积分.

知识点 **1** 有理函数的积分

一、有理函数的概念

设 $P_m(x),Q_n(x)$ 分别为 m 次和 n 次多形式，称 $\dfrac{P_m(x)}{Q_n(x)}$ 为有理函数，当 $m<n$ 时，称为真分式，当 $m\geqslant n$ 时，称为假分式.

如：$\dfrac{2x+1}{x^3+2x+3}$ 为真分式，$\dfrac{2x^3+1}{x^2-1}$ 为假分式.

以下我们总假定 $P_m(x)$ 与 $Q_n(x)$ 没有公因式.

二、有理函数积分的常见方法

将 $\dfrac{P_m(x)}{Q_n(x)}$ 分解为简单函数后积分.

如果 $\dfrac{P_m(x)}{Q_n(x)}$ 为假分式，则可将 $\dfrac{P_m(x)}{Q_n(x)}$ 转化为多项式与真分式之和.

如：$\dfrac{2x^4+x^2+3}{x^2+1}=2x^2-1+\dfrac{4}{x^2+1}.$

三、部分分式

设 $\dfrac{P_m(x)}{Q_n(x)}$ 为真分式.

(1) 将 $Q_n(x)$ 在实数范围内因式分解为若干个一次因子(如 $x-a$)与二次不可约因子(如 x^2+px+q，其中 $p^2-4q<0$)的乘积.

如：　　　　　　　$x^3+1=(x+1)(x^2-x+1),$

$$x^4+1=x^4+2x^2+1-2x^2=(x^2+1)^2-(\sqrt{2}x)^2=(x^2+1+\sqrt{2}x)(x^2+1-\sqrt{2}x),$$

$$x^4-1=(x+1)(x-1)(x^2+1).$$

(2) 将 $\dfrac{P_m(x)}{Q_n(x)}$ 表示成一些简单分式的和. 具体做法：

① 如果 $Q_n(x)$ 因式分解式中含有因子 $(x-a)^k$,则 $\dfrac{P_m(x)}{Q_n(x)}$ 中对应地含有下列 k 个简单

分式之和 $\dfrac{A_1}{x-a}+\dfrac{A_2}{(x-a)^2}+\cdots+\dfrac{A_k}{(x-a)^k}$,其中 $A_1,A_2,\cdots,A_k$ 为待定系数.

如: $\dfrac{x}{(x-1)^3}=\dfrac{A}{x-1}+\dfrac{B}{(x-1)^2}+\dfrac{C}{(x-1)^3}$.

② 如果 $Q_n(x)$ 因式分解式中含有因子 $(x^2+px+q)^l$,其中 $p^2-4q<0$,则 $\dfrac{P_m(x)}{Q_n(x)}$ 中

对应地含有下列 l 个简单分式之和 $\dfrac{M_1x+N_1}{x^2+px+q}+\dfrac{M_2x+N_2}{(x^2+px+q)^2}+\cdots+\dfrac{M_lx+N_l}{(x^2+px+q)^l}$,

其中 $M_i,N_i(i=1,2,\cdots,l)$ 为待定系数.

如: $\dfrac{x+1}{(x^2+2x+3)^2}=\dfrac{Ax+B}{x^2+2x+3}+\dfrac{Cx+D}{(x^2+2x+3)^2}$.

③ 利用比较系数或取特定值等方法,确定以上所有待定系数 $A_1,A_2,\cdots,A_k$ 以及 M_i, $N_i(i=1,2,\cdots,l)$ 等的值. 如

$$\dfrac{2x+1}{(x-1)^2(x^2+2x+3)}=\dfrac{A}{x-1}+\dfrac{B}{(x-1)^2}+\dfrac{Cx+D}{x^2+2x+3},$$

得到

$$2x+1=A(x-1)(x^2+2x+3)+B(x^2+2x+3)+(Cx+D)(x-1)^2,$$

解得 $A=0,B=\dfrac{1}{2},C=0,D=-\dfrac{1}{2}$.

四、部分分式的积分

(1) $\displaystyle\int\dfrac{1}{x-a}\mathrm{d}x=\ln|x-a|+C$.

(2) $\displaystyle\int\dfrac{1}{(x-a)^i}\mathrm{d}x=\dfrac{1}{1-i}(x-a)^{1-i}+C$,其中正整数 $i>1$.

(3) $\displaystyle\int\dfrac{Mx+N}{x^2+px+q}\mathrm{d}x=\dfrac{M}{2}\ln(x^2+px+q)+\dfrac{N-\dfrac{pM}{2}}{\sqrt{q-\dfrac{p^2}{4}}}\arctan\dfrac{x+\dfrac{p}{2}}{\sqrt{q-\dfrac{p^2}{4}}}+C$.

五、其他分解计算方法

$$\int\dfrac{1}{f(x)[f(x)+k]}\mathrm{d}x=\dfrac{1}{k}\int\left[\dfrac{1}{f(x)}-\dfrac{1}{f(x)+k}\right]\mathrm{d}x,其中常数 k\neq0.$$

例 1 求下列不定积分:

(1) $\displaystyle\int\dfrac{x^2}{1-x^4}\mathrm{d}x$;   (2) $\displaystyle\int\dfrac{x-1}{x^3+1}\mathrm{d}x$;   (3) $\displaystyle\int\dfrac{1}{(1+x)(1+x^2)}\mathrm{d}x$.

解(1) $\displaystyle\int \frac{x^2}{1-x^4}\mathrm{d}x = \frac{1}{2}\int\left(\frac{1}{1-x^2}-\frac{1}{1+x^2}\right)\mathrm{d}x = \frac{1}{4}\ln\left|\frac{1+x}{1-x}\right| - \frac{1}{2}\arctan x + C.$

(2) $\displaystyle\int\frac{x-1}{x^3+1}\mathrm{d}x = \int\frac{x^2-(x^2-x+1)}{x^3+1}\mathrm{d}x = \int\left(\frac{x^2}{x^3+1}-\frac{1}{x+1}\right)\mathrm{d}x$

$\displaystyle\qquad = \frac{1}{3}\ln|x^3+1| - \ln|x+1| + C.$

(3) 设 $\dfrac{1}{(1+x)(1+x^2)} = \dfrac{A}{1+x} + \dfrac{B_1+B_2 x}{1+x^2}$，则 $1 = A(1+x^2) + (B_1+B_2 x)(1+x)$，

解得 $A = B_1 = \dfrac{1}{2}, B_2 = -\dfrac{1}{2}$，所以 $\dfrac{1}{(1+x)(1+x^2)} = \dfrac{1}{2}\dfrac{1}{1+x} + \dfrac{1}{2}\dfrac{1-x}{1+x^2}$，故

$\displaystyle\int\frac{1}{(1+x)(1+x^2)}\mathrm{d}x = \frac{1}{2}\int\frac{1}{1+x}\mathrm{d}x + \frac{1}{2}\int\frac{1-x}{1+x^2}\mathrm{d}x$

$\displaystyle\qquad = \frac{1}{2}\ln|1+x| + \frac{1}{2}\arctan x - \frac{1}{4}\ln(1+x^2) + C.$

知识点 2　三角函数有理式的积分

一、三角函数有理式的概念

由 u,v 以及常数经过有限次四则运算所得到的函数称为 u 和 v 的有理函数，记为 $R(u,v)$。$R(\sin x,\cos x)$ 称为三角函数有理式。

二、常见三角函数有理式的积分方法

(1) 利用三角函数的恒等式、倍角公式、半角公式、两角和（差）公式、和差化积公式、积化和差公式以及诱导公式等，将三角函数有理式变形后，再计算其积分。

(2) 通过换元法转化为有理函数积分计算。

(3) 万能公式换元法：令 $u = \tan\dfrac{x}{2}$ 或 $x = 2\arctan u$，则 $\sin x = \dfrac{2u}{1+u^2}$，$\cos x = \dfrac{1-u^2}{1+u^2}$，$\mathrm{d}x = \dfrac{2}{1+u^2}\mathrm{d}u$，所以 $\displaystyle\int R(\sin x,\cos x)\mathrm{d}x = \int R\left(\dfrac{2u}{1+u^2},\dfrac{1-u^2}{1+u^2}\right)\cdot\dfrac{2}{1+u^2}\mathrm{d}u$，此时利用有理函数积分的方法计算后，将 $u = \tan\dfrac{x}{2}$ 回代即可。

例 2 求下列不定积分：

(1) $\displaystyle\int\sin 3x\cos 5x\,\mathrm{d}x$；　　(2) $\displaystyle\int\frac{1+\sin x}{1+\cos x}\mathrm{d}x$；　　(3) $\displaystyle\int\frac{1}{(1+\sin^2 x)\sin 2x}\mathrm{d}x.$

解(1) $\displaystyle\int\sin 3x\cos 5x\,\mathrm{d}x = \frac{1}{2}\int(\sin 8x - \sin 2x)\mathrm{d}x = \frac{1}{4}\cos 2x - \frac{1}{16}\cos 8x + C.$

$(2) \displaystyle\int \frac{1+\sin x}{1+\cos x}\mathrm{d}x = \int \frac{1+2\sin\frac{x}{2}\cos\frac{x}{2}}{2\cos^2\frac{x}{2}}\mathrm{d}x = \int \frac{1}{\cos^2\frac{x}{2}}\mathrm{d}\left(\frac{x}{2}\right)+2\int \tan\frac{x}{2}\mathrm{d}\left(\frac{x}{2}\right)$

$= \tan\frac{x}{2}-2\ln\left|\cos\frac{x}{2}\right|+C.$

$(3) \displaystyle\int \frac{1}{(1+\sin^2 x)\sin 2x}\mathrm{d}x = \int \frac{1}{(1+\sin^2 x)\cdot 2\sin x\cos x}\mathrm{d}x = \frac{1}{2}\int \frac{\sin x\cos x}{(1+\sin^2 x)\cdot\sin^2 x\cos^2 x}\mathrm{d}x$

$\displaystyle = \frac{1}{4}\int \frac{1}{(1+\sin^2 x)\sin^2 x(1-\sin^2 x)}\mathrm{d}(\sin^2 x)$

$\displaystyle\xlongequal{t=\sin^2 x}\frac{1}{4}\int \frac{1}{(1+t)t(1-t)}\mathrm{d}t = \frac{1}{4}\int \frac{1}{t(1-t^2)}\mathrm{d}t$

$\displaystyle = \frac{1}{4}\int\left(\frac{1}{t}+\frac{t}{1-t^2}\right)\mathrm{d}t = \frac{1}{4}\left[\ln t-\frac{1}{2}\ln(1-t^2)\right]+C$

$\displaystyle = \frac{1}{8}\ln\frac{t^2}{1-t^2}+C = \frac{1}{8}\ln\frac{\sin^4 x}{1-\sin^4 x}+C.$

知识点 3　简单无理函数的积分

一、无理函数的概念

简单地说,无理函数指含有(通常不能直接开方的)方根的函数.

二、简单无理函数的积分方法

(1) 对于某些简单无理函数的积分,不必去掉被积函数中的根号,可以直接通过已有的方法和结论求解.

(2) 利用积分换元法去掉被积函数中的根号后再计算积分. 常见类型和方法:

① 设常数 $ad-bc\neq 0$,则$\displaystyle\int R\left(x,\sqrt[n]{\frac{ax+b}{cx+d}}\right)\mathrm{d}x = \int R\left(\frac{b-du^n}{cu^n-a},u\right)\frac{n(ad-bc)u^{n-1}}{(cu^n-a)^2}\mathrm{d}u.$

② 设常数 $a>0$,则$\displaystyle\int R(x,\sqrt{a^2-x^2})\mathrm{d}x\xlongequal{x=a\sin t}a\int R(a\sin t,a|\cos t|)\cos t\mathrm{d}t$ 或

$\displaystyle\int R(x,\sqrt{a^2-x^2})\mathrm{d}x\xlongequal{x=a\cos t}-a\int R(a\cos t,a|\sin t|)\sin t\mathrm{d}t.$

③ 设常数 $a>0$,则$\displaystyle\int R(x,\sqrt{a^2+x^2})\mathrm{d}x\xlongequal{x=a\tan t}a\int R(a\tan t,a|\sec t|)\sec^2 t\mathrm{d}t.$

④ 设常数 $a>0$,则$\displaystyle\int R(x,\sqrt{x^2-a^2})\mathrm{d}x\xlongequal{x=a\sec t}a\int R(a\sec t,a|\tan t|)\tan t\sec t\mathrm{d}t.$

其中 ① 转化为有理函数积分；②③④ 转化为三角函数有理式积分，并根据 t 的取值范围，考虑绝对值的变化.

例 3 求下列不定积分：

$(1)\displaystyle\int\frac{\sqrt{x}}{\sqrt{x^3+1}}\mathrm{d}x$；　　　$(2)\displaystyle\int\frac{1}{2+\sqrt{x-1}}\mathrm{d}x$；　　　$(3)\displaystyle\int\frac{1}{x\sqrt{x^2+1}}\mathrm{d}x$.

解 $(1)\displaystyle\int\frac{\sqrt{x}}{\sqrt{x^3+1}}\mathrm{d}x=\frac{2}{3}\int\frac{1}{\sqrt{(x^{\frac{3}{2}})^2+1}}\mathrm{d}(x^{\frac{3}{2}})=\frac{2}{3}\ln(x^{\frac{3}{2}}+\sqrt{x^3+1})+C.$

$(2)\displaystyle\int\frac{1}{2+\sqrt{x-1}}\mathrm{d}x\xlongequal{u=\sqrt{x-1}}\int\frac{1}{2+u}\cdot2u\mathrm{d}u=2\int\left(1-\frac{2}{2+u}\right)\mathrm{d}u=2u-4\ln(2+u)+C$

$\qquad=2\sqrt{x-1}-4\ln(2+\sqrt{x-1})+C.$

(3) **方法一**　令 $x=\tan t,-\frac{\pi}{2}<t<\frac{\pi}{2}(t\neq0)$，则 $\sqrt{1+x^2}=\sec t,\mathrm{d}x=\sec^2t\,\mathrm{d}t$，所以

$$\int\frac{1}{x\sqrt{x^2+1}}\mathrm{d}x=\int\frac{1}{\tan t\sec t}\cdot\sec^2t\,\mathrm{d}t=\int\frac{1}{\sin t}\mathrm{d}t=\ln|\csc t-\cot t|+C$$

$$=\ln\frac{\sqrt{x^2+1}-1}{|x|}+C.$$

方法二　令 $x=\frac{1}{t}$，则 $\mathrm{d}x=-\frac{1}{t^2}\mathrm{d}t$，所以

$$\int\frac{1}{x\sqrt{x^2+1}}\mathrm{d}x=\int\frac{1}{\frac{1}{t}\sqrt{\frac{1}{t^2}+1}}\cdot\left(-\frac{1}{t^2}\right)\mathrm{d}t=\begin{cases}-\int\frac{1}{\sqrt{1+t^2}}\mathrm{d}t,&t>0,\\\int\frac{1}{\sqrt{1+t^2}}\mathrm{d}t,&t<0\end{cases}$$

$$=\begin{cases}-\ln(t+\sqrt{1+t^2})+C_1,&t>0,\\\ln(t+\sqrt{1+t^2})+C_2,&t<0\end{cases}=\begin{cases}-\ln\frac{1+\sqrt{x^2+1}}{x}+C_1,&x>0,\\\ln\frac{1-\sqrt{x^2+1}}{x}+C_2,&x<0\end{cases}$$

$$=-\ln\frac{\sqrt{x^2+1}+1}{|x|}+C.$$

对标考试要求

3（仅限数学一、数学二）理解、（仅限数学三）了解定积分的概念，（仅限数学一、数学二）掌握、（仅限数学三）了解定积分的基本性质，（仅限数学一、数学二）掌握、（仅限数学三）了解定积分中值定理，理解积分上限的函数，会求它的导数，掌握牛顿—莱布尼茨公式.

知识点 1 定积分的概念和性质

一、定积分的概念

设 $f(x)$ 为 $[a,b]$ 上的有界函数,在 $[a,b]$ 上任意插入 $n-1$ 个分点

$$a = x_0 < x_1 < x_2 < \cdots < x_{i-1} < x_i < \cdots < x_{n-1} < x_n = b,$$

将 $[a,b]$ 分成 n 个小区间 $[x_{i-1},x_i]$,$i=1,2,\cdots,n$,并记 $\Delta x_i = x_i - x_{i-1}$,$i=1,2,\cdots,n$,$\lambda = \max\limits_{1 \leqslant i \leqslant n} \{\Delta x_i\}$. 在每个小区间 $[x_{i-1},x_i]$($i=1,2,\cdots,n$) 上任取一点 ξ_i,作和式 $\sum\limits_{i=1}^{n} f(\xi_i)\Delta x_i$,如果不论对 $[a,b]$ 怎样分割,也不论每个小区间 $[x_{i-1},x_i]$ 上的 ξ_i 如何选取,极限 $\lim\limits_{\lambda \to 0} \sum\limits_{i=1}^{n} f(\xi_i)\Delta x_i$ 总存在,且为同一常数 I,就称函数 $f(x)$ 在 $[a,b]$ 上可积,极限值 I 为 $f(x)$ 在 $[a,b]$ 上的定积分,记作 $\int_a^b f(x)\mathrm{d}x$,即

$$I = \int_a^b f(x)\mathrm{d}x = \lim_{\lambda \to 0} \sum_{i=1}^{n} f(\xi_i)\Delta x_i.$$

约定:$\int_a^a f(x)\mathrm{d}x = 0$;$\int_b^a f(x)\mathrm{d}x = -\int_a^b f(x)\mathrm{d}x$.

例 1 设下列积分均存在,则( ).

(A) $\int f(x)\mathrm{d}x = \int f(t)\mathrm{d}t$,$\int_a^b f(x)\mathrm{d}x = \int_a^b f(t)\mathrm{d}t$

(B) $\int f(x)\mathrm{d}x \neq \int f(t)\mathrm{d}t$,$\int_a^b f(x)\mathrm{d}x = \int_a^b f(t)\mathrm{d}t$

(C) $\int f(x)\mathrm{d}x = \int f(t)\mathrm{d}t$,$\int_a^b f(x)\mathrm{d}x \neq \int_a^b f(t)\mathrm{d}t$

(D) $\int f(x)\mathrm{d}x \neq \int f(t)\mathrm{d}t$,$\int_a^b f(x)\mathrm{d}x \neq \int_a^b f(t)\mathrm{d}t$

答案 (B).

解 $\int f(x)\mathrm{d}x$ 为 $f(x)$ 所有原函数的全体,与变量的表示有关,故

$$\int f(x)\mathrm{d}x \neq \int f(t)\mathrm{d}t.$$

由于 $\int_a^b f(x)\mathrm{d}x$ 为常数值,与积分变量的符号表示没有关系,所以

$$\int_a^b f(x)\mathrm{d}x = \int_a^b f(t)\mathrm{d}t.$$

二、可积的充分条件

（1）如果函数 $f(x)$ 在 $[a,b]$ 上连续，或者在 $[a,b]$ 上仅有有限个第一类间断点，则 $f(x)$ 在 $[a,b]$ 上可积.

（2）如果函数 $f(x)$ 在 $[a,b]$ 上可积，$[c,d] \subset [a,b]$，则 $f(x)$ 在 $[c,d]$ 上也可积.

三、利用定积分求数列的极限

设 $f(x)$ 在 $[a,b]$ 上可积，则 $\lim\limits_{n \to \infty} \sum\limits_{i=1}^{n} f(\xi_i) \dfrac{b-a}{n} = \int_a^b f(x)\mathrm{d}x$，其中

$$\xi_i \in \left[a + \frac{i-1}{n}(b-a), a + \frac{i}{n}(b-a)\right], i = 1, 2, \cdots, n.$$

特别地，$\lim\limits_{n \to \infty} \sum\limits_{i=1}^{n} f\left(\dfrac{i}{n}\right) \dfrac{1}{n} = \int_0^1 f(x)\mathrm{d}x$.

例 2 $\lim\limits_{n \to \infty} \left(\dfrac{1}{n+1} + \dfrac{1}{n+2} + \cdots + \dfrac{1}{2n}\right) = $ ＿＿＿＿.

答案 $\ln 2$.

解 $\lim\limits_{n \to \infty} \left(\dfrac{1}{n+1} + \dfrac{1}{n+2} + \cdots + \dfrac{1}{2n}\right) = \lim\limits_{n \to \infty} \sum\limits_{i=1}^{n} \dfrac{1}{n+i}$

$= \lim\limits_{n \to \infty} \sum\limits_{i=1}^{n} \dfrac{1}{1 + \dfrac{i}{n}} \cdot \dfrac{1}{n} = \int_0^1 \dfrac{1}{1+x}\mathrm{d}x = \ln(1+x) \Big|_0^1 = \ln 2$.

四、定积分的几何意义

如果函数 $f(x)$（$f(x) \geqslant 0$）在 $[a,b]$ 上连续，则 $\int_a^b f(x)\mathrm{d}x$ 表示曲线 $y = f(x)$ 与直线 $x = a$，$x = b$ 及 x 轴所围成的曲边梯形的面积.

一般地，$\int_a^b f(x)\mathrm{d}x$ 表示曲边梯形在 x 轴上方部分图形的面积减去 x 轴下方部分图形的面积所得之差.

例 3 设 $f(x) = \begin{cases} \sqrt{1-x^2}, & -1 \leqslant x < 0, \\ 1-x, & 0 \leqslant x \leqslant 1, \end{cases}$ 则 $\int_{-1}^1 f(x)\mathrm{d}x = $ ＿＿＿＿.

答案 $\dfrac{\pi}{4} + \dfrac{1}{2}$.

解 $\int_{-1}^1 f(x)\mathrm{d}x$ 几何上表示曲边梯形：$0 \leqslant y \leqslant f(x)$，$-1 \leqslant x \leqslant 1$ 的面积. 不难发现，该曲边梯形是由四分之一的圆区域

$$D_1:0 \leqslant y \leqslant \sqrt{1-x^2}, -1 \leqslant x < 0$$

和三角形区域

$$D_2:0 \leqslant y \leqslant 1-x, 0 \leqslant x \leqslant 1$$

组成,又 D_1 的面积为 $\frac{\pi}{4}$,D_2 的面积为 $\frac{1}{2}$,所以 $\int_{-1}^{1} f(x)\mathrm{d}x = \frac{\pi}{4} + \frac{1}{2}$.

五、定积分的物理意义(仅限数学一、数学二)

设物体的运动速度为 $v(t)$,其中 t 为时间,则在时间间隔 $[T_1,T_2]$ 上的运动路程为 $\int_{T_1}^{T_2} v(t)\mathrm{d}t$.

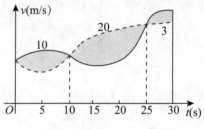

例 **4** 甲、乙两人赛跑,计时开始时,甲在乙前方 10(单位:m)处,如右图所示,实线表示甲的速度曲线 $v=v_1(t)$(单位:m/s),虚线表示乙的速度曲线 $v=v_2(t)$,三块阴影部分面积的数值依次为 10,20,3,计时开始后,乙追上甲的时刻为 t_0(单位:s),则( ).

(A)$t_0=10$ (B)$15 < t_0 < 20$ (C)$t_0=25$ (D)$t_0 > 25$

答案 (C).

解 $\int_0^{t_0} v_1(t)\mathrm{d}t$ 表示甲在时间间隔 $[0,t_0]$ 内运动的路程,$\int_0^{t_0} v_2(t)\mathrm{d}t$ 表示乙在时间间隔 $[0,t_0]$ 内运动的路程,因此 $\int_0^{t_0} [v_2(t)-v_1(t)]\mathrm{d}t$ 表示乙比甲多运动的路程,由题意知 $\int_0^{t_0} [v_2(t)-v_1(t)]\mathrm{d}t = 10$,并由定积分的几何意义,结合图形面积可知 $t_0=25$.

六、定积分的性质

在下列定积分的性质中,总假设 $f(x),g(x)$ 在相应区间上都是可积的,且 $a < b$.

(1)$\int_a^b [k_1 f(x) + k_2 g(x)]\mathrm{d}x = k_1 \int_a^b f(x)\mathrm{d}x + k_2 \int_a^b g(x)\mathrm{d}x$,其中 k_1,k_2 为任意常数.

(2)$\int_a^b f(x)\mathrm{d}x = \int_a^c f(x)\mathrm{d}x + \int_c^b f(x)\mathrm{d}x$,其中 a,b,c 为任意常数.

(3)$\int_a^b \mathrm{d}x = b-a$.

(4) 如果在 $[a,b]$ 上 $f(x) \geqslant g(x)$,则 $\int_a^b f(x)\mathrm{d}x \geqslant \int_a^b g(x)\mathrm{d}x$.

推论 1 如果在 $[a,b]$ 上 $f(x) \geqslant 0$,则 $\int_a^b f(x)\mathrm{d}x \geqslant 0$.

推论 2 $\left| \int_a^b f(x)\mathrm{d}x \right| \leqslant \int_a^b |f(x)|\mathrm{d}x$.

(5) 设 M,m 分别为 $f(x)$ 在 $[a,b]$ 上的最大值和最小值,则

$$m(b-a)\leqslant \int_a^b f(x)\mathrm{d}x \leqslant M(b-a).$$

(6) 积分中值定理:如果 $f(x)$ 在 $[a,b]$ 上连续,则存在一点 $\xi\in[a,b]$,使得

$$\int_a^b f(x)\mathrm{d}x = f(\xi)(b-a).$$

例 5　设 $I_1=\int_0^1 \dfrac{\arcsin x}{x}\mathrm{d}x$,$I_2=\int_0^1 \dfrac{\sin x}{x}\mathrm{d}x$,则下列结论成立的是(　　).

(A)$I_1<I_2<1$　　(B)$I_2<I_1<1$　　(C)$I_2<1<I_1$　　(D)$I_1<1<I_2$

答案　(C).

解　当 $0<x\leqslant 1$ 时,

$$\sin x < x < \arcsin x,$$

所以

$$\frac{\sin x}{x} < 1 < \frac{\arcsin x}{x},$$

故 $I_2<1<I_1$.

例 6　求极限 $\lim\limits_{n\to\infty}\dfrac{1}{n}\int_n^{2n} x\sin\dfrac{1}{x}\mathrm{d}x$.

解　由于 $x\sin\dfrac{1}{x}$ 在 $[n,2n]$ 上连续,由积分中值定理知,存在 $\xi_n\in[n,2n]$,使得

$$\int_n^{2n} x\sin\frac{1}{x}\mathrm{d}x = n\xi_n\sin\frac{1}{\xi_n}.$$

当 $n\to\infty$ 时,$\xi_n\to\infty$,$\xi_n\sin\dfrac{1}{\xi_n}\to 1$,所以

$$\lim_{n\to\infty}\frac{1}{n}\int_n^{2n} x\sin\frac{1}{x}\mathrm{d}x = \lim_{n\to\infty}\xi_n\sin\frac{1}{\xi_n}=1.$$

知识点 2　积分上限的函数、变限积分函数的性质和牛顿 – 莱布尼茨公式

一、积分上限函数的概念

设函数 $f(x)$ 在 $[a,b]$ 上可积,称 $\int_a^x f(t)\mathrm{d}t$,$x\in[a,b]$ 为积分上限函数.

二、变限积分函数的性质

(1) 设函数 $f(x)$ 在 $[a,b]$ 上可积,则积分上限函数 $\int_a^x f(t)\mathrm{d}t$ 在 $[a,b]$ 上连续.

(2) 设函数 $f(x)$ 在 $[a,b]$ 上连续,则积分上限函数 $\int_a^x f(t)\mathrm{d}t$ 在 $[a,b]$ 上可导,且

$$\left[\int_a^x f(t)\mathrm{d}t\right]' = f(x).$$

如果 $f(x)$ 在 $[a,b]$ 上连续,则积分上限函数 $\int_a^x f(t)\mathrm{d}t$ 为 $f(x)$ 的一个原函数.

设函数 $f(x)$ 连续,$\varphi_1(x),\varphi_2(x)$ 在 $[a,b]$ 上可导,则 $\int_{\varphi_1(x)}^{\varphi_2(x)} f(t)\mathrm{d}t$ 在 $[a,b]$ 上可导,且

$$\left[\int_{\varphi_1(x)}^{\varphi_2(x)} f(t)\mathrm{d}t\right]' = f[\varphi_2(x)]\varphi_2'(x) - f[\varphi_1(x)]\varphi_1'(x).$$

三、牛顿－莱布尼茨公式(微积分基本定理)

设函数 $f(x)$ 在 $[a,b]$ 上连续,$F(x)$ 为 $f(x)$ 在 $[a,b]$ 上的一个原函数,则

$$\int_a^b f(x)\mathrm{d}x = F(b) - F(a).$$

例 7 设 $f(x) = \begin{cases} 2x, & -1 \leqslant x < 0, \\ 1+3x^2, & 0 \leqslant x \leqslant 1, \end{cases}$ 求 $F(x) = \int_{-1}^x f(t)\mathrm{d}t, x \in [-1,1]$.

解 当 $-1 \leqslant x < 0$ 时,

$$F(x) = \int_{-1}^x f(t)\mathrm{d}t = \int_{-1}^x 2t\,\mathrm{d}t = t^2\Big|_{-1}^x = x^2 - 1;$$

当 $0 \leqslant x \leqslant 1$ 时,

$$F(x) = \int_{-1}^x f(t)\mathrm{d}t = \int_{-1}^0 2t\,\mathrm{d}t + \int_0^x (1+3t^2)\mathrm{d}t = -1 + (t+t^3)\Big|_0^x = x^3 + x - 1.$$

所以 $F(x) = \begin{cases} x^2 - 1, & -1 \leqslant x < 0, \\ x^3 + x - 1, & 0 \leqslant x \leqslant 1. \end{cases}$

例 8 求下列函数的导数:

(1) $\int_0^x \sin(t^2)\mathrm{d}t$; (2) $\int_{x^2}^{1-\cos x} \sqrt{t}\,\mathrm{e}^t\mathrm{d}t$; (3) $\int_0^x (x^2-t^2)\sqrt{\sin t}\,\mathrm{d}t$; (4) $\int_0^x \mathrm{e}^{(t+x)^2}\mathrm{d}t$.

解 (1) $\dfrac{\mathrm{d}}{\mathrm{d}x}\left[\int_0^x \sin(t^2)\mathrm{d}t\right] = \sin(x^2)$.

(2) $\dfrac{\mathrm{d}}{\mathrm{d}x}\left(\int_{x^2}^{1-\cos x} \sqrt{t}\,\mathrm{e}^t\mathrm{d}t\right) = \sqrt{1-\cos x}\,\sin x\,\mathrm{e}^{1-\cos x} - 2x\mid x\mid \mathrm{e}^{x^2}$.

(3) $\dfrac{\mathrm{d}}{\mathrm{d}x}\left[\int_0^x (x^2-t^2)\sqrt{\sin t}\,\mathrm{d}t\right] = \dfrac{\mathrm{d}}{\mathrm{d}x}\left(x^2\int_0^x \sqrt{\sin t}\,\mathrm{d}t - \int_0^x t^2\sqrt{\sin t}\,\mathrm{d}t\right)$

$$= 2x\int_0^x \sqrt{\sin t}\,\mathrm{d}t + x^2\sqrt{\sin x} - x^2\sqrt{\sin x} = 2x\int_0^x \sqrt{\sin t}\,\mathrm{d}t.$$

(4) 由于 $\displaystyle\int_0^x e^{(t+x)^2}\,dt \x:=\:\xrightarrow{u=t+x}\int_x^{2x}e^{u^2}\,du$，所以 $\dfrac{d}{dx}\left[\displaystyle\int_0^x e^{(t+x)^2}\,dt\right]=\dfrac{d}{dx}\left(\displaystyle\int_x^{2x}e^{u^2}\,du\right)$

$$=2e^{4x^2}-e^{x^2}.$$

例 9　求下列极限：

$$(1)\lim_{x\to0}\left(\frac{1}{x^5}\int_0^x e^{-t^2}\,dt-\frac{1}{x^4}+\frac{1}{3x^2}\right);\qquad(2)\lim_{x\to0}\frac{\displaystyle\int_0^{x^2}\ln(1+\sin t)\,dt}{x^4}.$$

解 $(1)\displaystyle\lim_{x\to0}\left(\frac{1}{x^5}\int_0^x e^{-t^2}\,dt-\frac{1}{x^4}+\frac{1}{3x^2}\right)=\lim_{x\to0}\frac{3\displaystyle\int_0^x e^{-t^2}\,dt-3x+x^3}{3x^5}=\lim_{x\to0}\frac{3e^{-x^2}-3+3x^2}{15x^4}$

$$=\frac{1}{5}\lim_{x\to0}\frac{e^{-x^2}-1+x^2}{x^4}=\frac{1}{5}\lim_{x\to0}\frac{-2xe^{-x^2}+2x}{4x^3}=-\frac{1}{10}\lim_{x\to0}\frac{e^{-x^2}-1}{x^2}=\frac{1}{10}.$$

$(2)\displaystyle\lim_{x\to0}\frac{\int_0^{x^2}\ln(1+\sin t)\,dt}{x^4}=\lim_{x\to0}\frac{\ln[1+\sin(x^2)]\cdot2x}{4x^3}=\lim_{x\to0}\frac{\sin(x^2)}{2x^2}=\frac{1}{2}.$

例 10　如果当 $x\to0$ 时，$\displaystyle\int_0^{x^3}\sin\sqrt[3]{t}\,dt$ 是 βx^α 的等价无穷小，求常数 α,β 的值.

解 由题意知 $\displaystyle\lim_{x\to0}\frac{\int_0^{x^3}\sin\sqrt[3]{t}\,dt}{\beta x^\alpha}=1$，又 $\displaystyle\lim_{x\to0}\frac{\int_0^{x^3}\sin\sqrt[3]{t}\,dt}{\beta x^\alpha}=\lim_{x\to0}\frac{\sin x\cdot3x^2}{\alpha\beta x^{\alpha-1}}=\lim_{x\to0}\frac{3x^3}{\alpha\beta x^{\alpha-1}}=$

$\dfrac{3}{\alpha\beta}\displaystyle\lim_{x\to0}x^{4-\alpha}$，所以 $\dfrac{3}{\alpha\beta}\displaystyle\lim_{x\to0}x^{4-\alpha}=1$，因此有 $4-\alpha=0,\dfrac{3}{\alpha\beta}=1$，解得 $\alpha=4,\beta=\dfrac{3}{4}$.

例 11　设 $f(x)=\begin{cases}\dfrac{\displaystyle\int_0^{x^2}\ln(1+\tan t)\,dt}{x^2},&x\neq0,\\a,&x=0,\end{cases}$ (1) 求常数 a，使 $f(x)$ 在点 $x=0$ 处连

续;(2) 问此时 $f(x)$ 在点 $x=0$ 处是否可导? 若可导,求出 $f'(0)$.

解 (1) 由于 $f(x)$ 在点 $x=0$ 处连续,所以

$$a=f(0)=\lim_{x\to0}f(x)=\lim_{x\to0}\frac{\int_0^{x^2}\ln(1+\tan t)\,dt}{x^2}=\lim_{x\to0}\frac{2x\ln[1+\tan(x^2)]}{2x}=0.$$

$(2)\displaystyle\lim_{x\to0}\frac{f(x)-f(0)}{x-0}=\lim_{x\to0}\frac{\dfrac{\int_0^{x^2}\ln(1+\tan t)\,dt}{x^2}-0}{x-0}=\lim_{x\to0}\frac{\int_0^{x^2}\ln(1+\tan t)\,dt}{x^3}$

$$=\lim_{x\to0}\frac{2x\ln[1+\tan(x^2)]}{3x^2}=\frac{2}{3}\lim_{x\to0}\frac{\ln[1+\tan(x^2)]}{x}$$

$$=\frac{2}{3}\lim_{x\to0}\frac{\tan(x^2)}{x}=0,$$

所以 $f(x)$ 在点 $x=0$ 处可导,并且 $f'(0)=0$.

例 12 设 $f(x)=\int_x^1 \sin(t^2)\mathrm{d}t$,求 $I=\int_0^1 f(x)\mathrm{d}x$.

解 $I=xf(x)\Big|_0^1-\int_0^1 xf'(x)\mathrm{d}x=\int_0^1 x\sin(x^2)\mathrm{d}x=-\frac{1}{2}\cos(x^2)\Big|_0^1=\frac{1}{2}(1-\cos 1)$.

对标考试要求

4 掌握定积分的换元积分法和分部积分法.

知识点 1 定积分的换元积分法

设函数 $f(x)$ 在 $[a,b]$ 上连续,$\varphi(t)$ 为单值函数,且具有一阶连续导数. 如果 $\varphi(\alpha)=a$,$\varphi(\beta)=b$,当 $t\in[\alpha,\beta]$(或$[\beta,\alpha]$)时,$\varphi(t)\in[a,b]$,则 $\int_a^b f(x)\mathrm{d}x=\int_\alpha^\beta f[\varphi(t)]\varphi'(t)\mathrm{d}t$.

例 1 设 $f(x)=\begin{cases}\dfrac{1}{1+\mathrm{e}^x}, & x<0,\\[2mm]\dfrac{1}{1+x}, & x\geqslant 0,\end{cases}$ 求 $\int_0^2 f(x-1)\mathrm{d}x$.

解 方法一 令 $x-1=t$,则

$$\int_0^2 f(x-1)\mathrm{d}x=\int_{-1}^1 f(t)\mathrm{d}t=\int_{-1}^0 f(t)\mathrm{d}t+\int_0^1 f(t)\mathrm{d}t=\int_{-1}^0 \frac{1}{1+\mathrm{e}^t}\mathrm{d}t+\int_0^1 \frac{1}{1+t}\mathrm{d}t$$

$$=\int_{-1}^0 \mathrm{d}t-\int_{-1}^0 \frac{1}{1+\mathrm{e}^t}\mathrm{d}(1+\mathrm{e}^t)+\int_0^1 \frac{1}{1+t}\mathrm{d}(t+1)$$

$$=1-\ln(1+\mathrm{e}^t)\Big|_{-1}^0+\ln(1+t)\Big|_0^1=\ln(1+\mathrm{e}).$$

方法二 $f(x-1)=\begin{cases}\dfrac{1}{1+\mathrm{e}^{x-1}}, & x<1,\\[2mm]\dfrac{1}{x}, & x\geqslant 1,\end{cases}$ 所以

$$\int_0^2 f(x-1)\mathrm{d}x=\int_0^1 f(x-1)\mathrm{d}x+\int_1^2 f(x-1)\mathrm{d}x=\int_0^1 \frac{1}{1+\mathrm{e}^{x-1}}\mathrm{d}x+\int_1^2 \frac{1}{x}\mathrm{d}x$$

$$=\int_0^1 \mathrm{d}x-\ln(1+\mathrm{e}^{x-1})\Big|_0^1+\ln x\Big|_1^2=\ln(1+\mathrm{e}).$$

知识点 2 定积分的分部积分法

设函数 $u=u(x)$ 与 $v=v(x)$ 在 $[a,b]$ 上均具有连续导数,则

$$\int_a^b u(x)\mathrm{d}[v(x)] = u(x)v(x)\Big|_a^b - \int_a^b v(x)\mathrm{d}[u(x)],$$

简记为

$$\int_a^b u\,\mathrm{d}v = uv\Big|_a^b - \int_a^b v\,\mathrm{d}u.$$

例 2 求下列定积分：

$(1)\displaystyle\int_0^{\frac{\pi}{2}} \sqrt{\cos x - \cos^3 x}\,\mathrm{d}x$； $(2)\displaystyle\int_0^4 \frac{x+2}{\sqrt{2x+1}}\mathrm{d}x$； $(3)\displaystyle\int_0^{\frac{\sqrt{3}}{2}} \frac{\arcsin x}{(1-x^2)^{\frac{3}{2}}}\mathrm{d}x$.

解 $(1)\displaystyle\int_0^{\frac{\pi}{2}} \sqrt{\cos x - \cos^3 x}\,\mathrm{d}x = \int_0^{\frac{\pi}{2}} \sqrt{\cos x}\,\sin x\,\mathrm{d}x = -\int_0^{\frac{\pi}{2}} \sqrt{\cos x}\,\mathrm{d}(\cos x)$

$$= -\frac{2}{3}\cos^{\frac{3}{2}}x\Big|_0^{\frac{\pi}{2}} = \frac{2}{3}.$$

(2) 令 $\sqrt{2x+1} = t$，则 $x = \dfrac{t^2-1}{2}$，$\mathrm{d}x = t\,\mathrm{d}t$，所以

$$\int_0^4 \frac{x+2}{\sqrt{2x+1}}\mathrm{d}x = \int_1^3 \frac{\dfrac{t^2-1}{2}+2}{t}\cdot t\,\mathrm{d}t = \frac{1}{2}\int_1^3 (t^2+3)\,\mathrm{d}t = \frac{1}{2}\left(\frac{t^3}{3}+3t\right)\Big|_1^3 = \frac{22}{3}.$$

(3) 令 $t = \arcsin x$，则 $x = \sin t$，$\mathrm{d}x = \cos t\,\mathrm{d}t$，所以

$$\int_0^{\frac{\sqrt{3}}{2}} \frac{\arcsin x}{(1-x^2)^{\frac{3}{2}}}\mathrm{d}x = \int_0^{\frac{\pi}{3}} \frac{t}{\cos^3 t}\cdot \cos t\,\mathrm{d}t = \int_0^{\frac{\pi}{3}} t\sec^2 t\,\mathrm{d}t = \int_0^{\frac{\pi}{3}} t\,\mathrm{d}(\tan t) = t\tan t\Big|_0^{\frac{\pi}{3}} - \int_0^{\frac{\pi}{3}} \tan t\,\mathrm{d}t$$

$$= \frac{\pi}{3}\sqrt{3} + \ln\cos t\Big|_0^{\frac{\pi}{3}} = \frac{\sqrt{3}\pi}{3} - \ln 2.$$

知识点 3 定积分的常见结论

一、定积分的奇偶对称性

设函数 $f(x)$ 在 $[-a,a]$ 上连续，则

$$\int_{-a}^a f(x)\mathrm{d}x = \begin{cases} 0, & f(-x) = -f(x), \\ 2\displaystyle\int_0^a f(x)\mathrm{d}x, & f(-x) = f(x). \end{cases}$$

二、周期函数的定积分性质

设 $f(x)$ 是以 $T(T>0)$ 为周期的连续函数，则对任意的常数 a，有

$$\int_a^{a+T} f(x)\mathrm{d}x = \int_0^T f(x)\mathrm{d}x.$$

设 $f(x)$ 是以 $T(T>0)$ 为周期的连续函数，则对任意的常数 a 及任意的正整数 n，有

$$\int_a^{a+nT} f(x)\,\mathrm{d}x = n\int_0^T f(x)\,\mathrm{d}x.$$

例 3 求下列定积分:

(1) $\displaystyle\int_{-\frac{\pi}{2}}^{\frac{\pi}{2}}\left(\frac{x\,\mathrm{e}^{x^2}}{1+\sin^2 x}+x\sin x\right)\mathrm{d}x$;

(2) $\displaystyle\int_{-2}^{2}\frac{x^2+\ln(x+\sqrt{1+x^2})}{2+\sqrt{4-x^2}}\mathrm{d}x$;

(3) $\displaystyle\int_0^{100\pi}\sqrt{1-\sin 2x}\,\mathrm{d}x$.

解 (1) 由于 $\dfrac{x\,\mathrm{e}^{x^2}}{1+\sin^2 x}$ 为奇函数,$x\sin x$ 为偶函数,所以

$$\int_{-\frac{\pi}{2}}^{\frac{\pi}{2}}\frac{x\,\mathrm{e}^{x^2}}{1+\sin^2 x}\mathrm{d}x=0,\quad \int_{-\frac{\pi}{2}}^{\frac{\pi}{2}}x\sin x\,\mathrm{d}x=2\int_0^{\frac{\pi}{2}}x\sin x\,\mathrm{d}x,$$

故

$$\int_{-\frac{\pi}{2}}^{\frac{\pi}{2}}\left(\frac{x\,\mathrm{e}^{x^2}}{1+\sin^2 x}+x\sin x\right)\mathrm{d}x=2\int_0^{\frac{\pi}{2}}x\sin x\,\mathrm{d}x=-2\int_0^{\frac{\pi}{2}}x\,\mathrm{d}(\cos x)$$

$$=-2x\cos x\Big|_0^{\frac{\pi}{2}}+2\int_0^{\frac{\pi}{2}}\cos x\,\mathrm{d}x=2.$$

(2) 由于 $\ln(x+\sqrt{1+x^2})$ 为奇函数,所以 $\displaystyle\int_{-2}^{2}\frac{\ln(x+\sqrt{1+x^2})}{2+\sqrt{4-x^2}}\mathrm{d}x=0$,又 $\dfrac{x^2}{2+\sqrt{4-x^2}}$

为偶函数,故

$$\int_{-2}^{2}\frac{x^2+\ln(x+\sqrt{1+x^2})}{2+\sqrt{4-x^2}}\mathrm{d}x=2\int_0^2\frac{x^2}{2+\sqrt{4-x^2}}\mathrm{d}x=2\int_0^2(2-\sqrt{4-x^2})\mathrm{d}x$$

$$=2\int_0^2 2\,\mathrm{d}x-2\int_0^2\sqrt{4-x^2}\,\mathrm{d}x=8-2\cdot\frac{1}{4}\cdot 4\pi=8-2\pi.$$

(3) 由于 $\sqrt{1-\sin 2x}$ 是周期为 π 的周期函数,所以

$$\int_0^{100\pi}\sqrt{1-\sin 2x}\,\mathrm{d}x=100\int_0^{\pi}\sqrt{1-\sin 2x}\,\mathrm{d}x=100\int_0^{\pi}\sqrt{(\sin x-\cos x)^2}\,\mathrm{d}x$$

$$=100\int_0^{\pi}|\sin x-\cos x|\,\mathrm{d}x$$

$$=100\left[\int_0^{\frac{\pi}{4}}(\cos x-\sin x)\mathrm{d}x+\int_{\frac{\pi}{4}}^{\pi}(\sin x-\cos x)\mathrm{d}x\right]$$

$$=100\left[(\sin x+\cos x)\Big|_0^{\frac{\pi}{4}}+(-\cos x-\sin x)\Big|_{\frac{\pi}{4}}^{\pi}\right]$$

$$=100[(\sqrt{2}-1)+(1+\sqrt{2})]=200\sqrt{2}.$$

三、定积分的区间再现公式

设 $f(x)$ 在 $[a,b]$ 上连续,则 $\int_a^b f(x)\,\mathrm{d}x = \int_a^b f(a+b-x)\,\mathrm{d}x$.

例 4　设偶函数 $f(x)$ 连续,证明 $\int_{-\frac{\pi}{2}}^{\frac{\pi}{2}} \dfrac{f(x)}{1+\mathrm{e}^x}\,\mathrm{d}x = \int_{-\frac{\pi}{2}}^{\frac{\pi}{2}} \dfrac{\mathrm{e}^x f(x)}{1+\mathrm{e}^x}\,\mathrm{d}x$,并计算 $\int_{-\frac{\pi}{2}}^{\frac{\pi}{2}} \dfrac{\sin^2 x}{1+\mathrm{e}^x}\,\mathrm{d}x$.

解　$\int_{-\frac{\pi}{2}}^{\frac{\pi}{2}} \dfrac{f(x)}{1+\mathrm{e}^x}\,\mathrm{d}x \xlongequal{x=-t} -\int_{\frac{\pi}{2}}^{-\frac{\pi}{2}} \dfrac{f(-t)}{1+\mathrm{e}^{-t}}\,\mathrm{d}t = \int_{-\frac{\pi}{2}}^{\frac{\pi}{2}} \dfrac{f(-t)}{1+\mathrm{e}^{-t}}\,\mathrm{d}t$

$$= \int_{-\frac{\pi}{2}}^{\frac{\pi}{2}} \dfrac{\mathrm{e}^t f(t)}{\mathrm{e}^t + 1}\,\mathrm{d}t = \int_{-\frac{\pi}{2}}^{\frac{\pi}{2}} \dfrac{\mathrm{e}^x f(x)}{1+\mathrm{e}^x}\,\mathrm{d}x.$$

由于 $\sin^2 x$ 为偶函数,所以

$$\int_{-\frac{\pi}{2}}^{\frac{\pi}{2}} \dfrac{\sin^2 x}{1+\mathrm{e}^x}\,\mathrm{d}x = \int_{-\frac{\pi}{2}}^{\frac{\pi}{2}} \dfrac{\mathrm{e}^x \sin^2 x}{1+\mathrm{e}^x}\,\mathrm{d}x = \dfrac{1}{2}\int_{-\frac{\pi}{2}}^{\frac{\pi}{2}} \left(\dfrac{\sin^2 x}{1+\mathrm{e}^x} + \dfrac{\mathrm{e}^x \sin^2 x}{1+\mathrm{e}^x} \right)\mathrm{d}x = \dfrac{1}{2}\int_{-\frac{\pi}{2}}^{\frac{\pi}{2}} \sin^2 x\,\mathrm{d}x$$

$$= \int_0^{\frac{\pi}{2}} \sin^2 x\,\mathrm{d}x = \dfrac{1}{2} \cdot \dfrac{\pi}{2} = \dfrac{\pi}{4}.$$

四、华里士(Wallis)公式

$$\int_0^{\frac{\pi}{2}} \sin^n x\,\mathrm{d}x = \int_0^{\frac{\pi}{2}} \cos^n x\,\mathrm{d}x = \dfrac{(n-1)!!}{n!!} \times \begin{cases} 1, & n\ \text{为奇数}, \\ \dfrac{\pi}{2}, & n\ \text{为偶数}. \end{cases}$$

其中 $(2n)!! = 2\times 4\times 6\times\cdots\times(2n)$,$(2n-1)!! = 1\times 3\times 5\times\cdots\times(2n-1)$.

对标考试要求

5 理解反常积分的概念,了解反常积分收敛的比较判别法,会计算反常积分.

知识点 1　反常积分的概念

一、反常积分的概念

称无穷区间上的积分和积分区间上无界函数的积分为反常积分.

二、基本型反常积分及其敛散性

(1) 设函数 $f(x)$ 在 $[a,+\infty)$ 上连续,称 $\int_a^{+\infty} f(x)\,\mathrm{d}x$ 为 $f(x)$ 在 $[a,+\infty)$ 上的反常积

分.若 $\lim\limits_{x\to+\infty}\int_a^x f(t)\mathrm{d}t$ 存在,就称 $\int_a^{+\infty} f(x)\mathrm{d}x$ 收敛,且 $\int_a^{+\infty} f(x)\mathrm{d}x=\lim\limits_{x\to+\infty}\int_a^x f(t)\mathrm{d}t$. 否则就称 $\int_a^{+\infty} f(x)\mathrm{d}x$ 发散.

(2) 设函数 $f(x)$ 在 $(-\infty,b]$ 上连续,称 $\int_{-\infty}^b f(x)\mathrm{d}x$ 为 $f(x)$ 在 $(-\infty,b]$ 上的反常积分.若 $\lim\limits_{x\to-\infty}\int_x^b f(t)\mathrm{d}t$ 存在,就称 $\int_{-\infty}^b f(x)\mathrm{d}x$ 收敛,且 $\int_{-\infty}^b f(x)\mathrm{d}x=\lim\limits_{x\to-\infty}\int_x^b f(t)\mathrm{d}t$. 否则就称 $\int_{-\infty}^b f(x)\mathrm{d}x$ 发散.

(3) 设函数 $f(x)$ 在 $(a,b]$ 上连续,$\lim\limits_{x\to a^+} f(x)=\infty$,称 $\int_a^b f(x)\mathrm{d}x$ 为 $f(x)$ 在 $(a,b]$ 上以 a 为瑕点的反常积分. 若 $\lim\limits_{x\to a^+}\int_x^b f(t)\mathrm{d}t$ 存在, 就称 $\int_a^b f(x)\mathrm{d}x$ 收敛, 且 $\int_a^b f(x)\mathrm{d}x=\lim\limits_{x\to a^+}\int_x^b f(t)\mathrm{d}t$. 否则就称 $\int_a^b f(x)\mathrm{d}x$ 发散.

(4) 设函数 $f(x)$ 在 $[a,b)$ 上连续,$\lim\limits_{x\to b^-} f(x)=\infty$,称 $\int_a^b f(x)\mathrm{d}x$ 为 $f(x)$ 在 $[a,b)$ 上以 b 为瑕点的反常积分. 若 $\lim\limits_{x\to b^-}\int_a^x f(t)\mathrm{d}t$ 存在, 就称 $\int_a^b f(x)\mathrm{d}x$ 收敛, 且 $\int_a^b f(x)\mathrm{d}x=\lim\limits_{x\to b^-}\int_a^x f(t)\mathrm{d}t$. 否则就称 $\int_a^b f(x)\mathrm{d}x$ 发散.

例 1 反常积分① $\int_{-\infty}^{+\infty}\sin x\,\mathrm{d}x$;② $\int_{-\infty}^{+\infty}\dfrac{x}{1+x^2}\mathrm{d}x$;③ $\int_{-1}^1\dfrac{1}{x}\mathrm{d}x$;④ $\int_{-1}^1\dfrac{1}{x^2}\mathrm{d}x$ 中,收敛的反常积分的个数为( ).

(A)0 　　　　(B)1 　　　　(C)2 　　　　(D)3

答案 (A).

解 ① $\int_{-\infty}^{+\infty}\sin x\,\mathrm{d}x=\int_{-\infty}^0\sin x\,\mathrm{d}x+\int_0^{+\infty}\sin x\,\mathrm{d}x$. 由于

$$\int_0^{+\infty}\sin x\,\mathrm{d}x=\lim\limits_{x\to+\infty}\int_0^x\sin t\,\mathrm{d}t=\lim\limits_{x\to+\infty}(1-\cos x)$$

不存在,故 $\int_0^{+\infty}\sin x\,\mathrm{d}x$ 发散,进而 $\int_{-\infty}^{+\infty}\sin x\,\mathrm{d}x$ 发散.

② $\int_{-\infty}^{+\infty}\dfrac{x}{1+x^2}\mathrm{d}x=\int_{-\infty}^0\dfrac{x}{1+x^2}\mathrm{d}x+\int_0^{+\infty}\dfrac{x}{1+x^2}\mathrm{d}x$. 由于

$$\int_0^{+\infty}\dfrac{x}{1+x^2}\mathrm{d}x=\lim\limits_{x\to+\infty}\int_0^x\dfrac{t}{1+t^2}\mathrm{d}t=\lim\limits_{x\to+\infty}\dfrac{1}{2}\ln(1+x^2)$$

不存在,故 $\int_0^{+\infty}\dfrac{x}{1+x^2}\mathrm{d}x$ 发散,进而 $\int_{-\infty}^{+\infty}\dfrac{x}{1+x^2}\mathrm{d}x$ 发散.

③ $\int_{-1}^1\dfrac{1}{x}\mathrm{d}x=\int_{-1}^0\dfrac{1}{x}\mathrm{d}x+\int_0^1\dfrac{1}{x}\mathrm{d}x$. 由于 $\int_0^1\dfrac{1}{x}\mathrm{d}x$ 发散,所以 $\int_{-1}^1\dfrac{1}{x}\mathrm{d}x$ 发散.

④ $\int_{-1}^{1}\frac{1}{x^2}\mathrm{d}x=\int_{-1}^{0}\frac{1}{x^2}\mathrm{d}x+\int_{0}^{1}\frac{1}{x^2}\mathrm{d}x$. 由于 $\int_{0}^{1}\frac{1}{x^2}\mathrm{d}x$ 发散,所以 $\int_{-1}^{1}\frac{1}{x^2}\mathrm{d}x$ 发散.

注 对于不少同学而言,容易将定积分的奇偶对称性照搬到反常积分里面来,误以为

$\int_{-\infty}^{+\infty}\sin x\,\mathrm{d}x=0,\int_{-\infty}^{+\infty}\frac{x}{1+x^2}\mathrm{d}x=0,\int_{-1}^{1}\frac{1}{x}\mathrm{d}x=0$,这些都是不正确的.还有同学如此计算

反常积分 $\int_{-1}^{1}\frac{1}{x^2}\mathrm{d}x=-\frac{1}{x}\Big|_{-1}^{1}=-2$,也是不正确的.上述现象都是因为这些反常积分是

发散的.

如果反常积分收敛,则可将奇偶对称性引入到反常积分中来.例如 $\int_{-\infty}^{+\infty}x\mathrm{e}^{-x^2}\mathrm{d}x=$

$0,\int_{-1}^{1}\frac{1}{\sqrt[3]{x}}\mathrm{d}x=0,\int_{-\infty}^{+\infty}x^2\mathrm{e}^{-|x|}\mathrm{d}x=2\int_{0}^{+\infty}x^2\mathrm{e}^{-x}\mathrm{d}x$ 都是正确的.

三、综合型反常积分及其敛散性

(1) 上述四个基本型反常积分以外的反常积分称为综合型反常积分.

(2) 将综合型反常积分分解为若干个基本型反常积分之和,当且仅当每个基本型反常积分都收敛时,称对应的综合型反常积分收敛,否则称为发散.换言之,只要其中有一个基本型反常积分发散(其他基本型反常积分的敛散性不论如何),对应的综合型反常积分就发散.

四、反常积分的有关结论和性质

(1) 当常数 $p>1$ 时,$\int_{1}^{+\infty}\frac{1}{x^p}\mathrm{d}x$ 收敛于 $\frac{1}{p-1}$;当常数 $p\leqslant 1$ 时,$\int_{1}^{+\infty}\frac{1}{x^p}$ 发散.

注 $\int_{a}^{+\infty}\frac{1}{x^p}\mathrm{d}x(a>0)$:当常数 $p>1$ 时收敛;当常数 $p\leqslant 1$ 时发散.

(2) 当常数 $q<1$ 时,$\int_{0}^{1}\frac{1}{x^q}\mathrm{d}x$ 收敛于 $\frac{1}{1-q}$;当常数 $q\geqslant 1$ 时,$\int_{0}^{1}\frac{1}{x^q}\mathrm{d}x$ 发散.

注 $\int_{a}^{b}\frac{1}{(x-a)^q}\mathrm{d}x$ 和 $\int_{a}^{b}\frac{1}{(b-x)^q}\mathrm{d}x$:当常数 $q<1$ 时收敛;当常数 $q\geqslant 1$ 时发散.

(3) 反常积分的线性性.

① 设 $\int_{a}^{+\infty}f(x)\mathrm{d}x$ 和 $\int_{a}^{+\infty}g(x)\mathrm{d}x$ 均收敛,k_1,k_2 为任意常数,则 $\int_{a}^{+\infty}[k_1f(x)+k_2g(x)]\mathrm{d}x$ 收敛,且

$$\int_{a}^{+\infty}[k_1f(x)+k_2g(x)]\mathrm{d}x=k_1\int_{a}^{+\infty}f(x)\mathrm{d}x+k_2\int_{a}^{+\infty}g(x)\mathrm{d}x.$$

② 设 $\int_{-\infty}^{b}f(x)\mathrm{d}x$ 和 $\int_{-\infty}^{b}g(x)\mathrm{d}x$ 均收敛,k_1,k_2 为任意常数,则 $\int_{-\infty}^{b}[k_1f(x)+$

$k_2 g(x)] \mathrm{d}x$ 收敛,且

$$\int_{-\infty}^{b} [k_1 f(x) + k_2 g(x)] \mathrm{d}x = k_1 \int_{-\infty}^{b} f(x) \mathrm{d}x + k_2 \int_{-\infty}^{b} g(x) \mathrm{d}x.$$

③ 设以 a 为瑕点的反常积分 $\int_a^b f(x) \mathrm{d}x$ 和 $\int_a^b g(x) \mathrm{d}x$ 均收敛,k_1, k_2 为任意常数,则

$\int_a^b [k_1 f(x) + k_2 g(x)] \mathrm{d}x$ 收敛,且

$$\int_a^b [k_1 f(x) + k_2 g(x)] \mathrm{d}x = k_1 \int_a^b f(x) \mathrm{d}x + k_2 \int_a^b g(x) \mathrm{d}x.$$

④ 设以 b 为瑕点的反常积分 $\int_a^b f(x) \mathrm{d}x$ 和 $\int_a^b g(x) \mathrm{d}x$ 均收敛,k_1, k_2 为任意常数,则

$\int_a^b [k_1 f(x) + k_2 g(x)] \mathrm{d}x$ 收敛,且

$$\int_a^b [k_1 f(x) + k_2 g(x)] \mathrm{d}x = k_1 \int_a^b f(x) \mathrm{d}x + k_2 \int_a^b g(x) \mathrm{d}x.$$

(4) 反常积分的奇偶对称性.

① 如果 $\int_{-\infty}^{+\infty} f(x) \mathrm{d}x$ 收敛,则 $\int_{-\infty}^{+\infty} f(x) \mathrm{d}x = \begin{cases} 0, & f(-x) = -f(x), \\ 2\int_0^{+\infty} f(x) \mathrm{d}x, & f(-x) = f(x). \end{cases}$

② 如果 $\int_{-a}^{a} f(x) \mathrm{d}x$ 收敛,则 $\int_{-a}^{a} f(x) \mathrm{d}x = \begin{cases} 0, & f(-x) = -f(x), \\ 2\int_0^{a} f(x) \mathrm{d}x, & f(-x) = f(x). \end{cases}$

知识点 2 反常积分收敛的比较判别法

一、反常积分收敛的比较判别法

(1) 设函数 $f(x), g(x)$ 在 $[a, +\infty)$(或 $(-\infty, b]$)上连续,且 $0 \leqslant f(x) \leqslant g(x)$.

① 如果 $\int_a^{+\infty} g(x) \mathrm{d}x$(或 $\int_{-\infty}^b g(x) \mathrm{d}x$)收敛,则 $\int_a^{+\infty} f(x) \mathrm{d}x$(或 $\int_{-\infty}^b f(x) \mathrm{d}x$)也收敛;

② 如果 $\int_a^{+\infty} f(x) \mathrm{d}x$(或 $\int_{-\infty}^b f(x) \mathrm{d}x$)发散,则 $\int_a^{+\infty} g(x) \mathrm{d}x$(或 $\int_{-\infty}^b g(x) \mathrm{d}x$)也发散.

(2) 设函数 $f(x), g(x)$ 在 $(a, b]$(或 $[a, b)$)上连续,$\lim\limits_{x \to a^+} f(x) = \infty, \lim\limits_{x \to a^+} g(x) = \infty$(或 $\lim\limits_{x \to b^-} f(x) = \infty, \lim\limits_{x \to b^-} g(x) = \infty$),且 $0 \leqslant f(x) \leqslant g(x)$.

① 如果 $\int_a^b g(x) \mathrm{d}x$ 收敛,则 $\int_a^b f(x) \mathrm{d}x$ 也收敛;

② 如果 $\int_a^b f(x) \mathrm{d}x$ 发散,则 $\int_a^b g(x) \mathrm{d}x$ 也发散.

二、反常积分收敛的比较判别法的极限形式

(1) 设正值函数 $f(x)$，$g(x)$ 在 $[a,+\infty)$（或 $(-\infty,b]$）上连续，如果 $\lim\limits_{x\to+\infty}\dfrac{f(x)}{g(x)}=c$（或 $\lim\limits_{x\to-\infty}\dfrac{f(x)}{g(x)}=c$），则：

① 当 $0<c<+\infty$ 时，$\displaystyle\int_a^{+\infty}f(x)\mathrm{d}x$ 与 $\displaystyle\int_a^{+\infty}g(x)\mathrm{d}x$（或 $\displaystyle\int_{-\infty}^b f(x)\mathrm{d}x$ 与 $\displaystyle\int_{-\infty}^b g(x)\mathrm{d}x$）具有相同的敛散性；

② 当 $c=0$ 时，由 $\displaystyle\int_a^{+\infty}g(x)\mathrm{d}x$ 收敛，得 $\displaystyle\int_a^{+\infty}f(x)\mathrm{d}x$ 收敛（或由 $\displaystyle\int_{-\infty}^b g(x)\mathrm{d}x$ 收敛，得 $\displaystyle\int_{-\infty}^b f(x)\mathrm{d}x$ 收敛）；

③ 当 $c=+\infty$ 时，由 $\displaystyle\int_a^{+\infty}g(x)\mathrm{d}x$ 发散，得 $\displaystyle\int_a^{+\infty}f(x)\mathrm{d}x$ 发散（或由 $\displaystyle\int_{-\infty}^b g(x)\mathrm{d}x$ 发散，得 $\displaystyle\int_{-\infty}^b f(x)\mathrm{d}x$ 发散）.

注 (1) 设正值函数 $f(x)$ 在 $[a,+\infty)$ $(a>0)$ 上连续，如果存在常数 $p>0$，使得 $\lim\limits_{x\to+\infty}x^p f(x)=c$，则利用(1)的结论与 $\displaystyle\int_a^{+\infty}\dfrac{1}{x^p}\mathrm{d}x$ 的敛散性可相应地判断 $\displaystyle\int_a^{+\infty}f(x)\mathrm{d}x$ 的敛散性.

(2) 设正值函数 $f(x)$，$g(x)$ 在 $[a,+\infty)$（或 $(-\infty,b]$）上连续，如果当 $x\to+\infty$（或 $x\to-\infty$）时，$f(x)\sim g(x)$，则 $\displaystyle\int_a^{+\infty}f(x)\mathrm{d}x$ 与 $\displaystyle\int_a^{+\infty}g(x)\mathrm{d}x$（或 $\displaystyle\int_{-\infty}^b f(x)\mathrm{d}x$ 与 $\displaystyle\int_{-\infty}^b g(x)\mathrm{d}x$）具有相同的敛散性.

(3) 设正值函数 $f(x)$，$g(x)$ 在 $[a,+\infty)$（或 $(-\infty,b]$）上连续，如果 $\lim\limits_{x\to+\infty}f(x)=c(0<c<+\infty)$（或 $\lim\limits_{x\to-\infty}f(x)=c(0<c<+\infty)$），则 $\displaystyle\int_a^{+\infty}f(x)g(x)\mathrm{d}x$ 与 $\displaystyle\int_a^{+\infty}g(x)\mathrm{d}x$（或 $\displaystyle\int_{-\infty}^b f(x)g(x)\mathrm{d}x$ 与 $\displaystyle\int_{-\infty}^b g(x)\mathrm{d}x$）具有相同的敛散性.

(2) 设正值函数 $f(x)$，$g(x)$ 在 $(a,b]$（或 $[a,b)$）上连续，$\lim\limits_{x\to a^+}f(x)=+\infty$，$\lim\limits_{x\to a^+}g(x)=+\infty$（或 $\lim\limits_{x\to b^-}f(x)=+\infty$，$\lim\limits_{x\to b^-}g(x)=+\infty$），且 $\lim\limits_{x\to a^+}\dfrac{f(x)}{g(x)}=c$（或 $\lim\limits_{x\to b^-}\dfrac{f(x)}{g(x)}=c$），则

① 当 $0<c<+\infty$ 时，$\displaystyle\int_a^b f(x)\mathrm{d}x$ 与 $\displaystyle\int_a^b g(x)\mathrm{d}x$ 具有相同的敛散性；

② 当 $c=0$ 时，由 $\displaystyle\int_a^b g(x)\mathrm{d}x$ 收敛，得 $\displaystyle\int_a^b f(x)\mathrm{d}x$ 收敛；

③ 当 $c = +\infty$ 时,由 $\int_a^b g(x)\mathrm{d}x$ 发散,得 $\int_a^b f(x)\mathrm{d}x$ 发散.

注 (1) 设正值函数 $f(x)$ 在 $(a,b]$(或 $[a,b)$)上连续,如果存在常数 $q > 0$,使得

$$\lim_{x \to a^+}(x-a)^q f(x) = c \ (\text{或} \lim_{x \to b^-}(b-x)^q f(x) = c),则利用(2)的结论与 \int_a^b \frac{1}{(x-a)^q}\mathrm{d}x(或$$

$\int_a^b \dfrac{1}{(b-x)^q}\mathrm{d}x$)的敛散性可相应地判断 $\int_a^b f(x)\mathrm{d}x$ 的敛散性.

(2) 设正值函数 $f(x), g(x)$ 在 $(a,b]$(或 $[a,b)$)上连续,如果当 $x \to a^+$(或 $x \to b^-$)时,$\dfrac{1}{f(x)} \sim \dfrac{1}{g(x)}$,则 $\int_a^b f(x)\mathrm{d}x$ 与 $\int_a^b g(x)\mathrm{d}x$ 具有相同的敛散性.

(3) 设正值函数 $f(x), g(x)$ 在 $(a,b]$(或 $[a,b)$)上连续,$\lim\limits_{x \to a^+} g(x) = +\infty$(或 $\lim\limits_{x \to b^-} g(x) = +\infty$).如果 $\lim\limits_{x \to a^+} f(x) = c \ (0 < c < +\infty)$(或 $\lim\limits_{x \to b^-} f(x) = c \ (0 < c < +\infty)$),则 $\int_a^b f(x)g(x)\mathrm{d}x$ 与 $\int_a^b g(x)\mathrm{d}x$ 具有相同的敛散性.

例 2 下列反常积分中,发散的是( ).

(A) $\int_0^1 \dfrac{1}{\sqrt{x(1+x)}}\mathrm{d}x$

(B) $\int_{-1}^1 \dfrac{1}{\sin x}\mathrm{d}x$

(C) $\int_2^{+\infty} \dfrac{1}{x \ln^2 x}\mathrm{d}x$

(D) $\int_0^{+\infty} \dfrac{x}{(x^2+1)^2}\mathrm{d}x$

答案 (B).

解 由于 $\lim\limits_{x \to 0^+}(1+x) = 1$,所以 $\int_0^1 \dfrac{1}{\sqrt{x(1+x)}}\mathrm{d}x$ 与 $\int_0^1 \dfrac{1}{\sqrt{x}}\mathrm{d}x$ 具有相同的敛散性. 因为

$\int_0^1 \dfrac{1}{\sqrt{x}}\mathrm{d}x$ 收敛,因此 $\int_0^1 \dfrac{1}{\sqrt{x(1+x)}}\mathrm{d}x$ 收敛.

由于当 $x \to 0$ 时,$\sin x \sim x$,所以 $\int_{-1}^1 \dfrac{1}{\sin x}\mathrm{d}x$ 与 $\int_{-1}^1 \dfrac{1}{x}\mathrm{d}x$ 具有相同的敛散性. 因为

$\int_{-1}^1 \dfrac{1}{x}\mathrm{d}x$ 发散,因此 $\int_{-1}^1 \dfrac{1}{\sin x}\mathrm{d}x$ 发散.

$$\int_2^{+\infty} \frac{1}{x \ln^2 x}\mathrm{d}x = -\frac{1}{\ln x}\Big|_2^{+\infty} = \frac{1}{\ln 2},$$

$$\int_0^{+\infty} \frac{x}{(x^2+1)^2}\mathrm{d}x = -\frac{1}{2}\frac{1}{x^2+1}\Big|_0^{+\infty} = \frac{1}{2},$$

因此 $\int_2^{+\infty} \dfrac{1}{x \ln^2 x}\mathrm{d}x, \int_0^{+\infty} \dfrac{x}{(x^2+1)^2}\mathrm{d}x$ 也都收敛.

例 3 如果反常积分 $\displaystyle\int_0^{+\infty}\dfrac{1}{x^\lambda(1+x)^{\frac{\lambda}{2}}}\mathrm{d}x$ 收敛,则常数 λ 的取值范围为 _____.

答案 $\dfrac{2}{3}<\lambda<1$.

解 $\displaystyle\int_0^{+\infty}\dfrac{1}{x^\lambda(1+x)^{\frac{\lambda}{2}}}\mathrm{d}x=\int_0^1\dfrac{1}{x^\lambda(1+x)^{\frac{\lambda}{2}}}\mathrm{d}x+\int_1^{+\infty}\dfrac{1}{x^\lambda(1+x)^{\frac{\lambda}{2}}}\mathrm{d}x.$

因为 $\displaystyle\int_0^{+\infty}\dfrac{1}{x^\lambda(1+x)^{\frac{\lambda}{2}}}\mathrm{d}x$ 收敛,所以

$$\int_0^1\dfrac{1}{x^\lambda(1+x)^{\frac{\lambda}{2}}}\mathrm{d}x,\int_1^{+\infty}\dfrac{1}{x^\lambda(1+x)^{\frac{\lambda}{2}}}\mathrm{d}x$$

均收敛.

由于 $\displaystyle\lim_{x\to0^+}(1+x)^{\frac{\lambda}{2}}=1$,所以 $\displaystyle\int_0^1\dfrac{1}{x^\lambda(1+x)^{\frac{\lambda}{2}}}\mathrm{d}x$ 与 $\displaystyle\int_0^1\dfrac{1}{x^\lambda}\mathrm{d}x$ 具有相同的敛散性,因此 $\displaystyle\int_0^1\dfrac{1}{x^\lambda}\mathrm{d}x$ 收敛,得 $\lambda<1$.

由于当 $x\to+\infty$ 时,$\dfrac{1}{x}\sim\dfrac{1}{1+x}$,所以 $\displaystyle\int_1^{+\infty}\dfrac{1}{x^\lambda(1+x)^{\frac{\lambda}{2}}}\mathrm{d}x$ 与 $\displaystyle\int_1^{+\infty}\dfrac{1}{x^{\frac{3\lambda}{2}}}\mathrm{d}x$ 具有相同的敛散性,因此 $\displaystyle\int_1^{+\infty}\dfrac{1}{x^{\frac{3\lambda}{2}}}\mathrm{d}x$ 收敛,$\dfrac{3\lambda}{2}>1$,得 $\lambda>\dfrac{2}{3}$.

综上,$\dfrac{2}{3}<\lambda<1$.

三、反常积分收敛的绝对收敛和条件收敛

1.绝对收敛和条件收敛的概念(数学二不要求)

(1)设函数 $f(x)$ 在 $[a,+\infty)$(或 $(-\infty,b]$)上连续,如果 $\displaystyle\int_a^{+\infty}|f(x)|\mathrm{d}x$(或 $\displaystyle\int_{-\infty}^b|f(x)|\mathrm{d}x$)收敛,就称 $\displaystyle\int_a^{+\infty}f(x)\mathrm{d}x$(或 $\displaystyle\int_{-\infty}^bf(x)\mathrm{d}x$)**绝对收敛**;如果 $\displaystyle\int_a^{+\infty}f(x)\mathrm{d}x$(或 $\displaystyle\int_{-\infty}^bf(x)\mathrm{d}x$)收敛,但 $\displaystyle\int_a^{+\infty}|f(x)|\mathrm{d}x$(或 $\displaystyle\int_{-\infty}^b|f(x)|\mathrm{d}x$)发散,就称 $\displaystyle\int_a^{+\infty}f(x)\mathrm{d}x$(或 $\displaystyle\int_{-\infty}^bf(x)\mathrm{d}x$)**条件收敛**.

(2)设函数 $f(x)$ 在 $(a,b]$(或 $[a,b)$)上连续,$\displaystyle\lim_{x\to a^+}f(x)=\infty$(或 $\displaystyle\lim_{x\to b^-}f(x)=\infty$),如果 $\displaystyle\int_a^b|f(x)|\mathrm{d}x$ 收敛,就称 $\displaystyle\int_a^bf(x)\mathrm{d}x$ **绝对收敛**;如果 $\displaystyle\int_a^bf(x)\mathrm{d}x$ 收敛,但 $\displaystyle\int_a^b|f(x)|\mathrm{d}x$ 发散,就称 $\displaystyle\int_a^bf(x)\mathrm{d}x$ **条件收敛**.

2. 绝对收敛与收敛的关系

(1) 设函数 $f(x)$ 在 $[a,+\infty)$(或 $(-\infty,b]$)上连续,如果 $\int_a^{+\infty}f(x)\mathrm{d}x$(或 $\int_{-\infty}^b f(x)\mathrm{d}x$)

绝对收敛,则 $\int_a^{+\infty}f(x)\mathrm{d}x$(或 $\int_{-\infty}^b f(x)\mathrm{d}x$)收敛.

(2) 设函数 $f(x)$ 在 $(a,b]$(或 $[a,b)$)上连续,$\lim\limits_{x\to a^+}f(x)=\infty$(或 $\lim\limits_{x\to b^-}f(x)=\infty$),如果

$\int_a^b f(x)\mathrm{d}x$ 绝对收敛,则 $\int_a^b f(x)\mathrm{d}x$ 收敛.

知识点 3 反常积分的计算(假定下列所涉及的反常积分均收敛)

一、利用定义计算反常积分

① $\int_a^{+\infty}f(x)\mathrm{d}x=\lim\limits_{x\to+\infty}\int_a^x f(t)\mathrm{d}t$.

② $\int_{-\infty}^b f(x)\mathrm{d}x=\lim\limits_{x\to-\infty}\int_x^b f(t)\mathrm{d}t$.

③ a 为瑕点,$\int_a^b f(x)\mathrm{d}x=\lim\limits_{x\to a^+}\int_x^b f(t)\mathrm{d}t$.

④ b 为瑕点,$\int_a^b f(x)\mathrm{d}x=\lim\limits_{x\to b^-}\int_a^x f(t)\mathrm{d}t$.

二、利用广义牛顿－莱布尼茨公式计算反常积分

如:若 $F(x)$ 为 $f(x)$ 的一个原函数,则

$$\int_a^{+\infty}f(x)\mathrm{d}x=\lim\limits_{x\to+\infty}F(x)-F(a)\xrightarrow{\text{简记为}}F(x)\Big|_a^{+\infty}.$$

三、利用广义换元法计算反常积分

设函数 $\varphi(t)$ 具有一阶连续导数,且 $\varphi'(t)\neq0$,$\lim\limits_{t\to a}\varphi(t)=a$,$\lim\limits_{t\to\beta}\varphi(t)=b$,$a,b,\alpha,\beta$ 均可

为有限数或无穷大,则 $\int_a^b f(x)\mathrm{d}x=\int_\alpha^\beta f[\varphi(t)]\varphi'(t)\mathrm{d}t$,其中 $\int_a^b f(x)\mathrm{d}x$ 或 $\int_\alpha^\beta f[\varphi(t)]\varphi'(t)\mathrm{d}t$

为反常积分.

四、利用广义分部积分法计算反常积分

设函数 $u(x)$ 与 $v(x)$ 均具有一阶连续导数,则反常积分

$$\int_a^b u(x)v'(x)\mathrm{d}x=[u(x)v(x)-F(x)]\Big|_a^b,$$

其中 $F(x)$ 表示 $v(x)u'(x)$ 的一个原函数,a,b 均可为有限数或无穷大.

例 4 计算下列反常积分:

$(1) \displaystyle\int_1^{+\infty} \frac{1}{x(1+x^2)}\,\mathrm{d}x$;　　　　$(2) \displaystyle\int_0^{+\infty} x^2 \mathrm{e}^{-2x}\,\mathrm{d}x$;　　　　$(3) \displaystyle\int_0^1 \frac{1}{\sqrt{x}\,(1+x)}\,\mathrm{d}x$;

$(4) \displaystyle\int_0^{\frac{\pi}{2}} \sqrt{\tan x}\,\mathrm{d}x$;　　　　$(5) \displaystyle\int_0^{+\infty} \frac{1}{(1+x^n)(1+x^2)}\,\mathrm{d}x$.

解 $(1) \displaystyle\int_1^{+\infty} \frac{1}{x(1+x^2)}\,\mathrm{d}x = \int_1^{+\infty}\left(\frac{1}{x}-\frac{x}{1+x^2}\right)\mathrm{d}x = \left[\ln x - \frac{1}{2}\ln(1+x^2)\right]\Bigg|_1^{+\infty}$

$$= \ln\frac{x}{\sqrt{1+x^2}}\Bigg|_1^{+\infty} = \frac{1}{2}\ln 2.$$

$(2) \displaystyle\int_0^{+\infty} x^2 \mathrm{e}^{-2x}\,\mathrm{d}x = -\frac{1}{2}\int_0^{+\infty} x^2\,\mathrm{d}(\mathrm{e}^{-2x}) = -\frac{1}{2}\left(x^2 \mathrm{e}^{-2x}\Big|_0^{+\infty} - 2\int_0^{+\infty} x\,\mathrm{e}^{-2x}\,\mathrm{d}x\right)$

$$= \int_0^{+\infty} x\,\mathrm{e}^{-2x}\,\mathrm{d}x = -\frac{1}{2}\int_0^{+\infty} x\,\mathrm{d}(\mathrm{e}^{-2x}) = -\frac{1}{2}\left(x\,\mathrm{e}^{-2x}\Big|_0^{+\infty} - \int_0^{+\infty} \mathrm{e}^{-2x}\,\mathrm{d}x\right)$$

$$= -\frac{1}{4}\mathrm{e}^{-2x}\Big|_0^{+\infty} = \frac{1}{4}.$$

$(3) \displaystyle\int_0^1 \frac{1}{\sqrt{x}\,(1+x)}\,\mathrm{d}x \xlongequal{t=\sqrt{x}} \int_0^1 \frac{1}{t(1+t^2)}\cdot 2t\,\mathrm{d}t = 2\int_0^1 \frac{1}{1+t^2}\,\mathrm{d}t = 2\arctan t\Big|_0^1 = \frac{\pi}{2}.$

(4) 令 $t=\sqrt{\tan x}$, 则 $x = \arctan(t^2)$, $\mathrm{d}x = \dfrac{2t}{1+t^4}\,\mathrm{d}t$, 所以

$$\int_0^{\frac{\pi}{2}} \sqrt{\tan x}\,\mathrm{d}x = \int_0^{+\infty} t\cdot\frac{2t}{1+t^4}\,\mathrm{d}t = 2\int_0^{+\infty} \frac{t^2}{1+t^4}\,\mathrm{d}t.$$

令 $u=\dfrac{1}{t}$, 则 $\mathrm{d}t = -\dfrac{1}{u^2}\,\mathrm{d}u$, 所以

$$\int_0^{\frac{\pi}{2}} \sqrt{\tan x}\,\mathrm{d}x = -2\int_{+\infty}^0 \frac{1}{1+u^4}\,\mathrm{d}u = 2\int_0^{+\infty} \frac{1}{1+u^4}\,\mathrm{d}u = 2\int_0^{+\infty} \frac{1}{1+t^4}\,\mathrm{d}t.$$

故

$$\int_0^{\frac{\pi}{2}} \sqrt{\tan x}\,\mathrm{d}x = \int_0^{+\infty} \frac{1}{1+t^4}\,\mathrm{d}t + \int_0^{+\infty} \frac{t^2}{1+t^4}\,\mathrm{d}t = \int_0^{+\infty} \frac{1+t^2}{1+t^4}\,\mathrm{d}t$$

$$= \int_0^{+\infty} \frac{\dfrac{1}{t^2}+1}{\dfrac{1}{t^2}+t^2}\,\mathrm{d}t = \int_0^{+\infty} \frac{1}{\left(t-\dfrac{1}{t}\right)^2+2}\,\mathrm{d}\!\left(t-\frac{1}{t}\right)$$

$$= \frac{1}{\sqrt{2}}\arctan\frac{1}{\sqrt{2}}\left(t-\frac{1}{t}\right)\Bigg|_0^{+\infty} = \frac{1}{\sqrt{2}}\left[\frac{\pi}{2}-\left(-\frac{\pi}{2}\right)\right] = \frac{\sqrt{2}}{2}\pi.$$

$(5) \displaystyle\int_0^{+\infty} \frac{1}{(1+x^n)(1+x^2)}\,\mathrm{d}x \xlongequal{t=\frac{1}{x}} -\int_{+\infty}^0 \frac{1}{\left(1+\dfrac{1}{t^n}\right)\left(1+\dfrac{1}{t^2}\right)}\cdot\frac{1}{t^2}\,\mathrm{d}t$

$$= \int_0^{+\infty} \frac{t^n}{(1+t^n)(1+t^2)} \mathrm{d}t = \int_0^{+\infty} \frac{x^n}{(1+x^n)(1+x^2)} \mathrm{d}x$$

$$= \frac{1}{2} \left[\int_0^{+\infty} \frac{1}{(1+x^n)(1+x^2)} \mathrm{d}x + \int_0^{+\infty} \frac{x^n}{(1+x^n)(1+x^2)} \mathrm{d}x \right]$$

$$= \frac{1}{2} \int_0^{+\infty} \frac{1}{1+x^2} \mathrm{d}x = \frac{1}{2} \arctan x \, \bigg|_0^{+\infty} = \frac{\pi}{4}.$$

对标考试要求

■6（仅限数学一、数学二）掌握用定积分表达和计算一些几何量与物理量（平面图形的面积、平面曲线的弧长、旋转体的体积及侧面积、平行截面面积为已知的立体体积、功、引力、压力、质心、形心等）及函数的平均值.

■7（仅限数学三）会利用定积分计算平面图形的面积、旋转体的体积和函数的平均值，会利用定积分求解简单的经济应用问题.

知识点 **1** 用定积分表达和计算一些几何量

一、平面图形的面积

(1) 设平面图形是由两条曲线 $y = f_1(x), y = f_2(x)$ 及两条直线 $x = a, x = b$ 所围成，其中 $f_1(x), f_2(x)$ 均在 $[a, b]$ 上连续，且 $f_2(x) \geqslant f_1(x)$，则该平面图形的面积为 $A = \int_a^b [f_2(x) - f_1(x)] \mathrm{d}x$.

(2) 如果平面图形是由两条曲线 $x = g_1(y), x = g_2(y)$ 及两条直线 $y = c, y = d$ 所围成，其中 $g_1(y), g_2(y)$ 在 $[c, d]$ 上连续，且 $g_2(y) \geqslant g_1(y)$，则该平面图形的面积为 $A = \int_c^d [g_2(y) - g_1(y)] \mathrm{d}y$.

(3)（仅限数学一、数学二）如果由 x 轴，直线 $x = a, x = b(a < b)$ 及连续曲线 $y = f(x)(f(x) \geqslant 0)$ 所围成的曲边梯形中曲边 $y = f(x)$ 的参数方程为 $\begin{cases} x = \varphi(t), \\ y = \psi(t), \end{cases}$ 其中 $\psi(t) \geqslant 0, \varphi(\alpha) = a, \varphi(\beta) = b$，且 $\varphi(t)$ 在 $[\alpha, \beta]$（或 $[\beta, \alpha]$）上具有连续导数，则该曲边梯形的面积为 $A = \int_a^b f(x) \mathrm{d}x = \int_\alpha^\beta \psi(t) \varphi'(t) \mathrm{d}t$.

(4)（仅限数学一、数学二）由连续曲线 $r = r(\theta)$ 与半直线 $\theta = \alpha, \theta = \beta(\alpha < \beta)((r, \theta)$ 为极坐标）所围成曲边扇形的面积为 $A = \frac{1}{2} \int_\alpha^\beta r^2(\theta) \mathrm{d}\theta$.

例 1　求下列平面图形的面积 A：

(1) 曲线 $y = \sin x$，$y = \cos x$ 及在直线 $x = 0$ 与 $x = \dfrac{\pi}{2}$ 之间所围图形；

(2)（仅限数学一、数学二）心形线 $r = 1 + \cos \theta$ 以内，圆周 $r = 1$ 以外部分图形；

(3) 曲线 $y = \ln x$，x 正半轴及 y 负半轴所围区域．

解（1）$A = \displaystyle\int_0^{\frac{\pi}{2}} |\sin x - \cos x| \, dx = \int_0^{\frac{\pi}{4}} (\cos x - \sin x) \, dx + \int_{\frac{\pi}{4}}^{\frac{\pi}{2}} (\sin x - \cos x) \, dx$

$\qquad = (\sin x + \cos x) \Big|_0^{\frac{\pi}{4}} + (-\cos x - \sin x) \Big|_{\frac{\pi}{4}}^{\frac{\pi}{2}} = (\sqrt{2} - 1) + (-1 + \sqrt{2})$

$\qquad = 2(\sqrt{2} - 1).$

（2）$A = 2 \cdot \dfrac{1}{2} \displaystyle\int_0^{\frac{\pi}{2}} (1 + \cos \theta)^2 \, d\theta - \dfrac{\pi}{2} = \int_0^{\frac{\pi}{2}} (1 + 2\cos \theta + \cos^2 \theta) \, d\theta - \dfrac{\pi}{2}$

$\qquad = \left(\dfrac{\pi}{2} + 2 + \dfrac{\pi}{4} \right) - \dfrac{\pi}{2} = 2 + \dfrac{\pi}{4}.$

（3）$A = -\displaystyle\int_0^1 \ln x \, dx = -x \ln x \Big|_0^1 + \int_0^1 dx = 1.$

二、平面曲线的弧长（仅限数学一、数学二）

(1) 设函数 $f(x)$ 在 $[a, b]$ 上具有一阶连续导数，则曲线 $y = f(x)$ 在 $[a, b]$ 上的弧长为 $s = \displaystyle\int_a^b \sqrt{1 + f'^2(x)} \, dx.$

(2) 如果曲线 $y = f(x)$ 的参数方程为 $\begin{cases} x = \varphi(t), \\ y = \psi(t), \end{cases} \alpha \leqslant t \leqslant \beta$，其中 $\varphi(t)$，$\psi(t)$ 在 $[\alpha, \beta]$ 上具有一阶连续导数，则该曲线的弧长为 $s = \displaystyle\int_\alpha^\beta \sqrt{\varphi'^2(t) + \psi'^2(t)} \, dt.$

(3) 如果曲线的极坐标方程为 $r = r(\theta)$，$\alpha \leqslant \theta \leqslant \beta$，其中 $r(\theta)$ 在 $[\alpha, \beta]$ 上具有一阶连续导数，则该曲线的弧长为 $s = \displaystyle\int_\alpha^\beta \sqrt{r^2(\theta) + r'^2(\theta)} \, d\theta.$

例 2　求下列曲线的弧长 s：

(1) $y = \ln(1 - x^2), 0 \leqslant x \leqslant \dfrac{1}{2}$；　　　　　(2) $y = \displaystyle\int_0^x \sqrt{\cos t} \, dt, 0 \leqslant t \leqslant \dfrac{\pi}{2}$；

(3) $r = e^\theta, 0 \leqslant \theta \leqslant \dfrac{\pi}{2}.$

解（1）$s = \displaystyle\int_0^{\frac{1}{2}} \sqrt{1 + y'^2} \, dx = \int_0^{\frac{1}{2}} \sqrt{1 + \left(\dfrac{-2x}{1 - x^2} \right)^2} \, dx = \int_0^{\frac{1}{2}} \dfrac{1 + x^2}{1 - x^2} \, dx$

$\qquad = \displaystyle\int_0^{\frac{1}{2}} \left(\dfrac{2}{1 - x^2} - 1 \right) dx = \left(\ln \dfrac{1 + x}{1 - x} - x \right) \Big|_0^{\frac{1}{2}} = \ln 3 - \dfrac{1}{2}.$

$(2) s = \int_0^{\frac{\pi}{2}} \sqrt{1 + y'^2}\, dx = \int_0^{\frac{\pi}{2}} \sqrt{1 + (\sqrt{\cos x})^2}\, dx = \int_0^{\frac{\pi}{2}} \sqrt{1 + \cos x}\, dx = \int_0^{\frac{\pi}{2}} \sqrt{2} \cos \frac{x}{2}\, dx$

$\qquad = 2\sqrt{2} \sin \dfrac{x}{2} \Big|_0^{\frac{\pi}{2}} = 2.$

$(3) s = \int_0^{\frac{\pi}{2}} \sqrt{r^2(\theta) + r'^2(\theta)}\, d\theta = \int_0^{\frac{\pi}{2}} \sqrt{e^{2\theta} + e^{2\theta}}\, d\theta = \sqrt{2} \int_0^{\frac{\pi}{2}} e^\theta\, d\theta = \sqrt{2}(e^{\frac{\pi}{2}} - 1).$

三、平行截面面积为已知的立体体积（仅限数学一、数学二）

设空间立体介于平面 $x = a$ 和 $x = b (a < b)$ 之间,过点 $x \in [a, b]$ 作垂直于 x 轴的平面与立体相截,截面面积为 $A(x)$,如果 $A(x)$ 为 $[a, b]$ 上的连续函数,则该立体的体积为 $V = \int_a^b A(x)\, dx$.

四、旋转体的体积

(1) 由 x 轴,直线 $x = a$, $x = b (a < b)$ 及连续曲线 $y = f(x) (f(x) \geqslant 0)$ 所围成的曲边梯形绕 x 轴旋转一周所得到的旋转体体积为 $V = \pi \int_a^b f^2(x)\, dx$.

(2) 由 y 轴,直线 $y = c$, $y = d (c < d)$ 及连续曲线 $x = \varphi(y) (\varphi(y) \geqslant 0)$ 所围成的曲边梯形绕 y 轴旋转一周所得到的旋转体体积为 $V = \pi \int_c^d \varphi^2(y)\, dy$.

(3) 由 x 轴,直线 $x = a$, $x = b (0 < a < b)$ 及连续曲线 $y = f(x) (f(x) \geqslant 0)$ 所围成的曲边梯形绕 y 轴旋转一周所得到的旋转体体积为 $V = 2\pi \int_a^b x f(x)\, dx$.

例 3 求下列立体的体积 V:

(1)（仅限数学一、数学二）该立体位于 $[0, 1]$ 上,且在点 $x \in [0, 1]$ 处与垂直于 x 轴平面的截面是边长为 x^2 的等边三角形;

(2) 曲线 $y = \dfrac{1}{x}$、直线 $x = 1$ 和 x 正半轴所围区域绕 x 轴旋转一周而成的立体;

(3)（仅限数学一、数学二）心形线 $r = 1 + \cos \theta$ 与射线 $\theta = 0$, $\theta = \dfrac{\pi}{2}$ 围成的图形绕极轴旋转一周所形成的旋转体.

解 (1) 截面面积为 $A(x) = \dfrac{1}{2} \cdot x^2 \cdot x^2 \cdot \dfrac{\sqrt{3}}{2} = \dfrac{\sqrt{3}}{4} x^4$, $0 \leqslant x \leqslant 1$,所以

$$V = \int_0^1 A(x)\, dx = \int_0^1 \frac{\sqrt{3}}{4} x^4\, dx = \frac{\sqrt{3}}{20}.$$

$(2) V = \pi \int_1^{+\infty} \dfrac{1}{x^2}\, dx = -\pi \dfrac{1}{x} \Big|_1^{+\infty} = \pi.$

$(3)x=r(\theta)\cos\theta=(1+\cos\theta)\cos\theta,y=r(\theta)\sin\theta=(1+\cos\theta)\sin\theta,0\leqslant\theta\leqslant\dfrac{\pi}{2}$，所以

$$V=\pi\int_0^2 y^2\mathrm{d}x=\pi\int_{\frac{\pi}{2}}^0(1+\cos\theta)^2\sin^2\theta\cdot\big[(1+\cos\theta)\cos\theta\big]'\mathrm{d}\theta$$

$$=\pi\int_0^{\frac{\pi}{2}}(6\sin^3\theta+6\cos\theta\sin^3\theta-5\sin^5\theta-2\sin^5\theta\cos\theta)\mathrm{d}\theta$$

$$=\pi\Big(4+\frac{3}{2}-\frac{8}{3}-\frac{1}{3}\Big)=\frac{5}{2}\pi.$$

例 4 过原点作曲线 $y=\ln x$ 的切线，求由曲线、切线及 x 轴所围平面图形分别绕 x 轴旋转一周而成的立体体积 V_x 和绕 y 轴旋转一周而成的立体体积 V_y.

解 设切点为 $(x_0,\ln x_0)$，则过该点的切线方程为 $y-\ln x_0=\dfrac{1}{x_0}(x-x_0)$. 由于切线过 $(0,0)$，所以 $0-\ln x_0=\dfrac{1}{x_0}(0-x_0)$，可得 $x_0=\mathrm{e}$，即切点为 $(\mathrm{e},1)$，则切线方程为 $y=\dfrac{x}{\mathrm{e}}$，因此

$$V_x=\pi\int_0^{\mathrm{e}}\Big(\frac{x}{\mathrm{e}}\Big)^2\mathrm{d}x-\pi\int_1^{\mathrm{e}}\ln^2 x\,\mathrm{d}x=\frac{\pi\mathrm{e}}{3}-\pi\Big(x\ln^2 x\,\Big|_1^{\mathrm{e}}-2\int_1^{\mathrm{e}}\ln x\,\mathrm{d}x\Big)$$

$$=\frac{\pi\mathrm{e}}{3}-\pi\Big(\mathrm{e}-2x\ln x\,\Big|_1^{\mathrm{e}}+2\int_1^{\mathrm{e}}\mathrm{d}x\Big)=\frac{\pi\mathrm{e}}{3}-\pi(\mathrm{e}-2\mathrm{e}+2\mathrm{e}-2)=\frac{2}{3}\pi(3-\mathrm{e}),$$

$$V_y=\pi\int_0^1(\mathrm{e}^y)^2\mathrm{d}y-\pi\int_0^1(\mathrm{e}y)^2\mathrm{d}y=\frac{\pi}{2}\mathrm{e}^{2y}\,\Big|_0^1-\frac{\mathrm{e}^2\pi}{3}y^3\,\Big|_0^1=\frac{(\mathrm{e}^2-1)\pi}{2}-\frac{\mathrm{e}^2\pi}{3}=\frac{1}{6}(\mathrm{e}^2-3)\pi,$$

或

$$V_y=2\pi\int_0^{\mathrm{e}}x\cdot\frac{x}{\mathrm{e}}\mathrm{d}x-2\pi\int_1^{\mathrm{e}}x\cdot\ln x\,\mathrm{d}x=2\pi\cdot\frac{1}{\mathrm{e}}\cdot\frac{x^3}{3}\,\Big|_0^{\mathrm{e}}-\pi\int_1^{\mathrm{e}}\ln x\,\mathrm{d}(x^2)$$

$$=\frac{2\pi}{3}\mathrm{e}^2-\pi x^2\ln x\,\Big|_1^{\mathrm{e}}+\pi\int_1^{\mathrm{e}}x\,\mathrm{d}x=\pi\Big(\frac{2}{3}\mathrm{e}^2-\mathrm{e}^2+\frac{\mathrm{e}^2}{2}-\frac{1}{2}\Big)=\frac{1}{6}(\mathrm{e}^2-3)\pi.$$

五、旋转体的侧面积（仅限数学一、数学二）

(1) 设函数 $f(x)$ 在 $[a,b]$ 上具有一阶连续导数，且 $f(x)\geqslant 0$，则由 x 轴，直线 $x=a$，$x=b$ 及曲线 $y=f(x)$ 所围成的曲边梯形绕 x 轴旋转一周所得到的旋转体的侧面积为 $S=2\pi\int_a^b f(x)\sqrt{1+f'^2(x)}\,\mathrm{d}x$.

(2) 设曲线 $y=f(x)$ 的参数方程 $\begin{cases}x=\varphi(t),\\ y=\psi(t),\end{cases}\alpha\leqslant t\leqslant\beta$，其中 $\varphi(t),\psi(t)$ 具有一阶连续导数，且 $\psi(t)\geqslant 0$，则由 x 轴，直线 $x=a,x=b$ 及曲线 $y=f(x)$ 所围成的曲边梯形绕 x 轴旋转一周所得到的旋转体的侧面积为 $S=2\pi\int_\alpha^\beta\psi(t)\sqrt{\varphi'^2(t)+\psi'^2(t)}\,\mathrm{d}t$.

例 5 求抛物线 $y=\sqrt{x}$ 与其在点 $(1,1)$ 处的切线和 y 轴所围成的平面图形绕 x 轴旋转

一周所得到的旋转体的侧面积 S.

解 $y = \sqrt{x}$ 在点 $(1,1)$ 处的切线方程为 $y = \frac{1}{2}(x+1)$，与 y 轴的交点为 $\left(0, \frac{1}{2}\right)$，所以

$$S = 2\pi \int_0^1 \sqrt{x} \cdot \sqrt{1 + \left(\frac{1}{2\sqrt{x}}\right)^2} \, dx + 2\pi \int_0^1 \frac{1}{2}(x+1) \cdot \sqrt{1 + \left(\frac{1}{2}\right)^2} \, dx + \pi \left(\frac{1}{2}\right)^2$$

$$= \pi \int_0^1 \sqrt{4x+1} \, dx + \frac{1}{2}\sqrt{5} \pi \int_0^1 (x+1) \, dx + \frac{1}{4}\pi$$

$$= \frac{1}{4}\pi \cdot \frac{2}{3}(4x+1)^{\frac{3}{2}} \Big|_0^1 + \frac{1}{2}\sqrt{5}\pi \cdot \left(\frac{1}{2} + 1\right) + \frac{1}{4}\pi$$

$$= \frac{1}{6}\pi(5\sqrt{5} - 1) + \frac{3}{4}\sqrt{5}\pi + \frac{1}{4}\pi = \frac{19\sqrt{5} + 1}{12}\pi.$$

例 6 设摆线的一拱为 $L: x = t - \sin t, y = 1 - \cos t, 0 \leqslant t \leqslant 2\pi$.

(1) 求 L 与 x 轴所围区域的面积 A；

(2) 求 L 的弧长 s；

(3) 求 L 绕 x 轴旋转一周所围成的立体体积 V；

(4) 求 L 绕 x 轴旋转一周所围成的立体侧面积 S.

解 $(1) A = \int_0^{2\pi} y \, dx = \int_0^{2\pi} (1 - \cos t) \, d(t - \sin t) = \int_0^{2\pi} (1 - \cos t)^2 \, dt$

$$= \int_0^{2\pi} (1 - 2\cos t + \cos^2 t) \, dt = 2\pi - 2\sin t \Big|_0^{2\pi} + \int_0^{2\pi} \frac{1 + \cos 2t}{2} \, dt$$

$$= 2\pi + \frac{1}{2} \cdot 2\pi + \frac{1}{4}\sin 2t \Big|_0^{2\pi} = 3\pi.$$

$(2) s = \int_0^{2\pi} \sqrt{\left(\frac{dx}{dt}\right)^2 + \left(\frac{dy}{dt}\right)^2} \, dt = \int_0^{2\pi} \sqrt{(1 - \cos t)^2 + (\sin t)^2} \, dt = \int_0^{2\pi} \sqrt{2 - 2\cos t} \, dt$

$$= 2\int_0^{2\pi} \sin \frac{t}{2} \, dt = -4\cos \frac{t}{2} \Big|_0^{2\pi} = 8.$$

$(3) V = \pi \int_0^{2\pi} y^2 \, dx = \pi \int_0^{2\pi} (1 - \cos t)^2 \, d(t - \sin t) = \pi \int_0^{2\pi} (1 - \cos t)^3 \, dt$

$$= \pi \int_0^{2\pi} (1 - 3\cos t + 3\cos^2 t - \cos^3 t) \, dt$$

$$= \pi \left[t - 3\sin t + \frac{3}{2}\left(t + \frac{1}{2}\sin 2t\right) - \left(\sin t - \frac{1}{3}\sin^3 t\right) \right] \Big|_0^{2\pi} = 5\pi^2.$$

$(4) S = 2\pi \int_0^{2\pi} y \sqrt{\left(\frac{dx}{dt}\right)^2 + \left(\frac{dy}{dt}\right)^2} \, dt = 2\pi \int_0^{2\pi} (1 - \cos t) \sqrt{(1 - \cos t)^2 + (\sin t)^2} \, dt$

$$= 2\pi \int_0^{2\pi} (1 - \cos t) \sqrt{2 - 2\cos t} \, dt = 4\pi \int_0^{2\pi} \left(2 - 2\cos^2 \frac{t}{2}\right) \sin \frac{t}{2} \, dt$$

$$= -16\pi \int_0^{2\pi} \left(1 - \cos^2 \frac{t}{2}\right) d\left(\cos \frac{t}{2}\right) = -16\pi \left(\cos \frac{t}{2} - \frac{1}{3}\cos^3 \frac{t}{2}\right) \Big|_0^{2\pi} = \frac{64}{3}\pi.$$

六、反常积分的几何意义（假定下列所涉及的反常积分均收敛）

(1) 设函数 $f(x)$ 在 $[a,+\infty)$ 上连续，且 $f(x)\geqslant 0$，则 $\int_a^{+\infty}f(x)\mathrm{d}x$ 表示曲线 $y=f(x)$ 与直线 $x=a$ 及 x 轴所围成的无穷区域的面积.

(2) 设函数 $f(x)$ 在 $(a,b]$ 上连续，$\lim\limits_{x\to a^+}f(x)=\infty$，且 $f(x)\geqslant 0$，则 $\int_a^b f(x)\mathrm{d}x$ 表示曲线 $y=f(x)$ 与直线 $x=a,x=b$ 及 x 轴所围成的面积.

(3) 设函数 $f(x)$ 在 $[a,+\infty)$ 上连续，则曲线 $y=f(x)$ 与直线 $x=a$ 及 x 轴所围成的无穷区域绕 x 轴旋转一周所得旋转体的体积为 $\pi\int_a^{+\infty}f^2(x)\mathrm{d}x$.

知识点 2　用定积分表达和计算一些物理量（仅限数学一、数学二）

一、质量、质心

设线状物体位于 $[a,b]$ 上，其线密度为连续函数 $\rho(x)$，则

该物体的质量为 $M=\int_a^b \rho(x)\mathrm{d}x$ ；

该物体的质心坐标为 $\bar{x}=\dfrac{1}{M}\int_a^b x\rho(x)\mathrm{d}x$.

例 7　设线状物体位于 $[0,1]$ 上，其线密度为 $\rho(x)=3x^2$，求该物体的质量 M 和质心坐标 $\bar{x}$.

解　$M=\int_0^1 3x^2\mathrm{d}x=1,\bar{x}=\dfrac{1}{1}\int_0^1 x\cdot 3x^2\mathrm{d}x=\dfrac{3}{4}$.

二、功、引力、压力

1. 微元法（或元素法）

设某量 U 与自变量 x 的变化区间 $[a,b]$ 有关，并且量 U 对区间 $[a,b]$ 具有"可加性"，即如果把区间 $[a,b]$ 分成若干个小区间，那么量 U 就等于每个小区间上的部分量 ΔU 之和.

(1) 将 $[a,b]$ 分割后，任取小区间 $[x,x+\mathrm{d}x]$，记其对应的部分量为 ΔU，则有 $U=\sum\Delta U$；

(2) 找出连续函数 $f(x)$，使得 $\Delta U\approx f(x)\mathrm{d}x$，并且 $\Delta U-f(x)\mathrm{d}x$ 为 $\mathrm{d}x$ 的高阶无穷小.

(3) 记 $\mathrm{d}U=f(x)\mathrm{d}x$，称 $\mathrm{d}U$ 为 U 的元素，则 $U=\int_a^b\mathrm{d}U=\int_a^b f(x)\mathrm{d}x$.

2. 功

根据实际问题，选择自变量（如 x）及其变化区间（如 $[a,b]$），从 $[a,b]$ 中任取小区间

$[x,x+\mathrm{d}x]$,利用物理知识求出功元素 $\mathrm{d}W$,根据元素法,则变力所做的功为 $W=\int_a^b \mathrm{d}W$.

例 8 设某物体受力 $F=x\mathrm{e}^x$ 的作用,在 x 轴从点 $x=0$ 运动到点 $x=1$,求 F 所做的功.

解 在 $[0,1]$ 上任取小区间 $[x,x+\mathrm{d}x]$,得功元素 $\mathrm{d}W=x\mathrm{e}^x\mathrm{d}x$,所以

$$W=\int_0^1\mathrm{d}W=\int_0^1 x\mathrm{e}^x\mathrm{d}x=\int_0^1 x\,\mathrm{d}(\mathrm{e}^x)=x\mathrm{e}^x\Big|_0^1-\int_0^1\mathrm{e}^x\mathrm{d}x=\mathrm{e}-(\mathrm{e}-1)=1.$$

3. 引力

根据实际问题,选择自变量(如 x)及其变化区间(如$[a,b]$),从$[a,b]$中任取小区间 $[x,x+\mathrm{d}x]$,利用物理学中的万有引力定律,分别求出在水平方向和垂直方向的引力元素 $\mathrm{d}F_x$ 和 $\mathrm{d}F_y$,根据元素法,则所受的引力为 $\boldsymbol{F}=\{F_x,F_y\}=\left\{\int_a^b\mathrm{d}F_x,\int_a^b\mathrm{d}F_y\right\}$.

4. 压力

根据实际问题,选择自变量(如 x)及其变化区间(如$[a,b]$),从$[a,b]$中任取小区间 $[x,x+\mathrm{d}x]$,利用物理学中的帕斯卡定律,求出压力元素 $\mathrm{d}F$,根据元素法,则所受的压力为 $F=\int_a^b\mathrm{d}F$.

例 9 将高为 h,上底为 a 和下底为 b 的等腰梯形薄板垂直悬在液体中,薄板顶端到液面的距离为 c.已知液体的密度为常数 ρ,求薄板所受的压力 P.

解 建立如下图所示的直角坐标系,直线 AB 的方程为 $y-c=\dfrac{2h}{b-a}\left(x-\dfrac{a}{2}\right)$,则压力元素为 $\mathrm{d}P=\rho gy\cdot 2x\mathrm{d}y=\left[a+\dfrac{b-a}{h}(y-c)\right]\rho gy\mathrm{d}y$,所以

$$P=\int_c^{c+h}\left[a+\frac{b-a}{h}(y-c)\right]\rho gy\mathrm{d}y=\frac{1}{6}\rho gh[3c(a+b)+h(a+2b)].$$

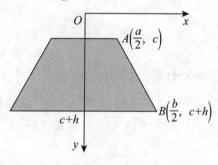

知识点 3 利用定积分计算函数的平均值

称 $\dfrac{1}{b-a}\int_a^b f(x)\mathrm{d}x$ 为 $f(x)$ 在$[a,b]$上的**平均值**.

例 10 函数 $f(x) = \sin x$ 在区间 $[0,\pi]$ 上的平均值为 _____.

答案 $\dfrac{2}{\pi}$.

解 函数 $f(x) = \sin x$ 在区间 $[0,\pi]$ 上的平均值为

$$\frac{1}{\pi - 0} \int_0^\pi \sin x \, \mathrm{d}x = -\frac{1}{\pi} \cos x \Big|_0^\pi = \frac{2}{\pi},$$

故所求平均值为 $\dfrac{2}{\pi}$.

知识点 4　利用定积分求解简单的经济应用问题（仅限数学三）

设生产某产品的固定成本为 C_0，当产量为 x 时的边际成本为 $MC = C'(x)$，则产量为 x 时的总成本函数为 $C(x) = C_0 + \displaystyle\int_0^x C'(t) \, \mathrm{d}t$.

第 5 章　向量代数与空间解析几何（仅限数学一）

对标考试要求

1 理解空间直角坐标系,理解向量的概念及其表示.

2 掌握向量的运算(线性运算、数量积、向量积和混合积),了解两个向量垂直、平行的条件.

3 理解单位向量、方向数与方向余弦、向量的坐标表达式,掌握用坐标表达式进行向量运算的方法.

知识点 1　空间直角坐标系、向量的概念及其表示

一、空间直角坐标系

从空间某定点 O 作三条互相垂直的数轴，它们具有相同的长度单位且三个坐标轴的方向符合右手法则，这样就建立了空间直角坐标系，O 称为坐标原点，三条轴分别称为 x 轴（横轴），y 轴（纵轴），z 轴（竖轴），建立了空间直角坐标系，空间的点与一个有序数组 (x, y, z) 就有了一一对应的关系.

二、向量的概念及其表示

定义 1　一个既有大小又有方向的量称为向量. 在几何上可用一个带有箭头的线段表示向量，也可用带有箭头的字母或者黑体字母来表示向量.

三、向量的模与单位向量以及向量的坐标

定义 2　向量的长度称为它的模，a 的长度可用 $|a|$ 表示. 长度为 1 的向量称为单位向量，长度为零的向量称为零向量.

在直角坐标系中若 i, j, k 分别表示 x, y, z 轴正向的单位向量，则向量 a 可表示为 $a_x i + a_y j + a_z k = \{a_x, a_y, a_z\}$，此时有 $|a| = \sqrt{a_x^2 + a_y^2 + a_z^2}$，设 a 是非零向量，记 a 分别与 x 轴，y 轴，z 轴正向的夹角为 α, β, γ，称 α, β, γ 为 a 的方向角，它们的余弦称为 a 的方向余弦，有

$$\cos \alpha = \frac{a_x}{\sqrt{a_x^2 + a_y^2 + a_z^2}}, \cos \beta = \frac{a_y}{\sqrt{a_x^2 + a_y^2 + a_z^2}}, \cos \gamma = \frac{a_z}{\sqrt{a_x^2 + a_y^2 + a_z^2}}.$$

知识点 2　向量的运算（线性运算、数量积、向量积和混合积）

一、向量的加法

1. 定义

定义 3　设 a, b 均为向量，则 $a + b$ 可由如右图所示的三角形法则或者平行四边形法则来确定.

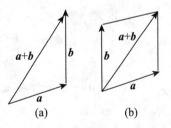

2. 运算规律

（1）交换律：$a + b = b + a$；

（2）结合律：$(a + b) + c = a + (b + c) = a + b + c$；

（3）坐标表示：$\{a_x, a_y, a_z\} + \{b_x, b_y, b_z\} = \{a_x + b_x, a_y + b_y, a_z + b_z\}$.

二、向量与数的乘法

1. 定义

定义 4 设 λ 是数，a 是向量，那么 λa 也是向量，且 $|\lambda a| = |\lambda||a|$，当 $\lambda > 0$ 时，λa 的方向与 a 的方向相同；当 $\lambda < 0$ 时，λa 的方向与 a 的方向相反.

2. 运算规律

(1) 结合律：$\lambda(\mu a) = (\lambda\mu)a$；

(2) 分配律：$\lambda(a+b) = \lambda a + \lambda b$，$(\lambda+\mu)a = \lambda a + \mu a$；

(3) 坐标表示：$\lambda\{a_x, a_y, a_z\} = \{\lambda a_x, \lambda a_y, \lambda a_z\}$.

三、向量的数量积（点积）

1. 定义

定义 5 称 $a \cdot b = |a||b|\cos(\widehat{a,b})$ 为 a, b 的数量积，也称为 a, b 的点积，其中 $(\widehat{a,b})$ 为 a, b 的夹角.

2. 运算规律

(1) 交换律：$a \cdot b = b \cdot a$；

(2) 结合律：$(\lambda a) \cdot b = a \cdot (\lambda b) = \lambda(a \cdot b)$；

(3) 分配律：$a \cdot (b+c) = a \cdot b + a \cdot c$.

3. 坐标表示

$$\{a_x, a_y, a_z\} \cdot \{b_x, b_y, b_z\} = a_x b_x + a_y b_y + a_z b_z.$$

4. 应用

(1) $|a| = \sqrt{a \cdot a}$；

(2) 若 a, b 均为非零向量，则 $\cos(\widehat{a,b}) = \dfrac{a \cdot b}{|a||b|}$；

(3) $a \perp b \Leftrightarrow a \cdot b = 0$.

四、向量的向量积（叉积）

1. 定义

定义 6 若 a, b 均为向量，定义它们的向量积（或叉积）$a \times b$ 也是向量，且满足：

(1) $|a \times b| = |a||b|\sin(\widehat{a,b})$；

(2) 当 a, b 不平行时，$a \times b$ 的方向垂直于 a, b 所在的平面，且 $a, b, a \times b$ 符合右手法则.

2. 运算规律

(1) 反交换律：$a \times b = -b \times a$；

(2) 结合律：$(\lambda a) \times b = a \times (\lambda b) = \lambda(a \times b)$；

(3) 分配律：$a \times (b+c) = a \times b + a \times c$.

3. 坐标表示

$$\{a_x,a_y,a_z\} \times \{b_x,b_y,b_z\} = \begin{vmatrix} \boldsymbol{i} & \boldsymbol{j} & \boldsymbol{k} \\ a_x & a_y & a_z \\ b_x & b_y & b_z \end{vmatrix} = \left\{ \begin{vmatrix} a_y & a_z \\ b_y & b_z \end{vmatrix}, -\begin{vmatrix} a_x & a_z \\ b_x & b_z \end{vmatrix}, \begin{vmatrix} a_x & a_y \\ b_x & b_y \end{vmatrix} \right\}.$$

4. 应用

(1) 同时与不共线的向量 $\boldsymbol{a},\boldsymbol{b}$ 正交的向量为 $\lambda(\boldsymbol{a} \times \boldsymbol{b})$；

(2) 以 $\boldsymbol{a},\boldsymbol{b}$ 为邻边的平行四边形的面积为 $|\boldsymbol{a} \times \boldsymbol{b}|$.

五、向量的混合积

1. 定义

定义 7　$(\boldsymbol{a} \times \boldsymbol{b}) \cdot \boldsymbol{c}$ 称为向量 $\boldsymbol{a},\boldsymbol{b},\boldsymbol{c}$ 的混合积，记作 $[\boldsymbol{abc}]$.

2. 运算规律

混合积的循环性：$(\boldsymbol{a} \times \boldsymbol{b}) \cdot \boldsymbol{c} = (\boldsymbol{b} \times \boldsymbol{c}) \cdot \boldsymbol{a} = (\boldsymbol{c} \times \boldsymbol{a}) \cdot \boldsymbol{b}$.

3. 坐标表示

$$(\{a_x,a_y,a_z\} \times \{b_x,b_y,b_z\}) \cdot \{c_x,c_y,c_z\} = \begin{vmatrix} a_x & a_y & a_z \\ b_x & b_y & b_z \\ c_x & c_y & c_z \end{vmatrix}.$$

4. 应用

(1) 设 $\boldsymbol{a},\boldsymbol{b},\boldsymbol{c}$ 为三个不共面的向量，则以 $\boldsymbol{a},\boldsymbol{b},\boldsymbol{c}$ 为棱的平行六面体的体积为 $|(\boldsymbol{a} \times \boldsymbol{b}) \cdot \boldsymbol{c}|$；

(2) $\boldsymbol{a},\boldsymbol{b},\boldsymbol{c}$ 共面的充分必要条件是 $(\boldsymbol{a} \times \boldsymbol{b}) \cdot \boldsymbol{c} = 0$.

例 1　设 $\boldsymbol{a},\boldsymbol{b}$ 均为非零向量，指出下列各式成立的条件：

(1) $|\boldsymbol{a}+\boldsymbol{b}| = |\boldsymbol{a}-\boldsymbol{b}|$；　　(2) $|\boldsymbol{a}+\boldsymbol{b}| < |\boldsymbol{a}-\boldsymbol{b}|$；

(3) $|\boldsymbol{a}+\boldsymbol{b}| = |\boldsymbol{a}|+|\boldsymbol{b}|$；　　(4) $|\boldsymbol{a}-\boldsymbol{b}| = |\boldsymbol{a}|+|\boldsymbol{b}|$；

(5) $\dfrac{\boldsymbol{a}}{|\boldsymbol{a}|} = \dfrac{\boldsymbol{b}}{|\boldsymbol{b}|}$.

解 (1) 因为

$$|\boldsymbol{a}+\boldsymbol{b}|^2 = (\boldsymbol{a}+\boldsymbol{b}) \cdot (\boldsymbol{a}+\boldsymbol{b}) = |\boldsymbol{a}|^2+|\boldsymbol{b}|^2+2\boldsymbol{a} \cdot \boldsymbol{b},$$
$$|\boldsymbol{a}-\boldsymbol{b}|^2 = |\boldsymbol{a}|^2+|\boldsymbol{b}|^2-2\boldsymbol{a} \cdot \boldsymbol{b},$$

所以　　　　$|\boldsymbol{a}+\boldsymbol{b}| = |\boldsymbol{a}-\boldsymbol{b}| \Leftrightarrow \boldsymbol{a} \cdot \boldsymbol{b} = 0 \Leftrightarrow \boldsymbol{a} \perp \boldsymbol{b}$.

(2) $|\boldsymbol{a}+\boldsymbol{b}| < |\boldsymbol{a}-\boldsymbol{b}| \Leftrightarrow \boldsymbol{a} \cdot \boldsymbol{b} < 0 \Leftrightarrow (\widehat{\boldsymbol{a},\boldsymbol{b}}) \in \left(\dfrac{\pi}{2},\pi\right)$.

(3) $|\boldsymbol{a}+\boldsymbol{b}| = |\boldsymbol{a}|+|\boldsymbol{b}| \Leftrightarrow (\widehat{\boldsymbol{a},\boldsymbol{b}}) = 0 \Leftrightarrow \boldsymbol{a},\boldsymbol{b}$ 的方向相同.

(4) $|\boldsymbol{a}-\boldsymbol{b}| = |\boldsymbol{a}|+|\boldsymbol{b}| \Leftrightarrow (\widehat{\boldsymbol{a},\boldsymbol{b}}) = \pi \Leftrightarrow \boldsymbol{a},\boldsymbol{b}$ 的方向相反.

(5) $\dfrac{\boldsymbol{a}}{|\boldsymbol{a}|} = \dfrac{\boldsymbol{b}}{|\boldsymbol{b}|} \Leftrightarrow \boldsymbol{a}^0 = \boldsymbol{b}^0 \Leftrightarrow (\widehat{\boldsymbol{a},\boldsymbol{b}}) = 0 \Leftrightarrow \boldsymbol{a},\boldsymbol{b}$ 的方向相同.

例 2 设 a,b 均为非零向量,且 $a+3b \perp 7a-5b$,$a-4b \perp 7a-2b$,求 $(\widehat{a,b})$.

解 由题设有 $\begin{cases} (a+3b) \cdot (7a-5b)=0, \\ (a-4b) \cdot (7a-2b)=0, \end{cases}$ 即 $\begin{cases} 7|a|^2+16a \cdot b-15|b|^2=0, \\ 7|a|^2-30a \cdot b+8|b|^2=0, \end{cases}$ 由此可

得 $|b|^2=2a \cdot b=|a|^2$,所以 $(\widehat{a,b})=\arccos \dfrac{a \cdot b}{|a||b|}=\arccos \dfrac{1}{2}=\dfrac{\pi}{3}$.

例 3 设 a,b 均为非零向量,且 $(\widehat{a,b}) \neq \pi$,c^0 为 a,b 夹角平分线上的单位向量,求 c^0 的
表达式.

解 记 $a^0=\dfrac{a}{|a|}$,$b^0=\dfrac{b}{|b|}$,那么 a^0+b^0 就是 a,b 夹角平分线上的向量,由此可得所求

向量 $c^0=\dfrac{a^0+b^0}{|a^0+b^0|}=\dfrac{|b|}{||b|a+|a|b|}a+\dfrac{|a|}{||b|a+|a|b|}b$.

例 4 某向量同时垂直于向量 $a=\{1,1,1\}$ 和向量 $b=\{1,0,-1\}$,求此向量的方向
余弦.

解 与 a,b 同时垂直的向量可取为 $\pm a \times b = \pm \begin{vmatrix} i & j & k \\ 1 & 1 & 1 \\ 1 & 0 & -1 \end{vmatrix} = \pm\{-1,2,-1\}$.

因此,所求向量的方向余弦为

$$\cos \alpha = -\frac{1}{\sqrt{6}}, \cos \beta = \frac{2}{\sqrt{6}}, \cos \gamma = -\frac{1}{\sqrt{6}}.$$

或

$$\cos \alpha = \frac{1}{\sqrt{6}}, \cos \beta = -\frac{2}{\sqrt{6}}, \cos \gamma = \frac{1}{\sqrt{6}}.$$

对标考试要求

4 掌握平面方程和直线方程及其求法.

5 会求平面与平面、平面与直线、直线与直线之间的夹角,并会利用平面、直线的相
互关系(平行、垂直与相交等)解决有关问题.

6 会求点到直线以及点到平面的距离.

知识点 1 空间平面

一、平面的方程

1. 平面的点法式方程

空间中过点 $P_0(x_0, y_0, z_0)$ 与非零向量 $\boldsymbol{n} = \{A, B, C\}$ 垂直的平面方程为 $A(x - x_0) + B(y - y_0) + C(z - z_0) = 0$，上述方程也称为平面的点法式方程.

2. 平面的一般式方程

平面的方程可以表示为 $Ax + By + Cz + D = 0$ 的形式，称为平面的一般式方程，其中 A，B，C 不全为零.

3. 平面的截距式方程

设平面与三个坐标轴的交点分别为 $A(a, 0, 0)$，$B(0, b, 0)$ 和 $C(0, 0, c)$，其中 $abc \neq 0$，则称 a，b，c 分别为平面在 x，y，z 轴上的截距. 此时平面的方程为

$$\frac{x}{a} + \frac{y}{b} + \frac{z}{c} = 1.$$

二、平面与平面的位置关系

设有平面 $\pi_i : A_i x + B_i y + C_i z + D_i = 0$，$i = 1, 2$，则平面 π_1 与 π_2 有下列位置关系：

(1) $\pi_1 \bigcap \pi_2 = L$（π_1，π_2 相交于直线 L）$\Leftrightarrow \{A_1, B_1, C_1\}$ 与 $\{A_2, B_2, C_2\}$ 不平行；

(2) $\pi_1 \mathbin{/\!/} \pi_2$（$\pi_1$ 与 π_2 平行）$\Leftrightarrow \dfrac{A_1}{A_2} = \dfrac{B_1}{B_2} = \dfrac{C_1}{C_2} \neq \dfrac{D_1}{D_2}$；

(3) $\pi_1 = \pi_2$（π_1 与 π_2 重合）$\Leftrightarrow \dfrac{A_1}{A_2} = \dfrac{B_1}{B_2} = \dfrac{C_1}{C_2} = \dfrac{D_1}{D_2}$；

(4) $\pi_1 \perp \pi_2$（π_1 与 π_2 垂直）$\Leftrightarrow A_1 A_2 + B_1 B_2 + C_1 C_2 = 0$.

三、点到平面的距离公式

设有点 $P_0(x_0, y_0, z_0)$ 及平面 $\pi : Ax + By + Cz + D = 0$，则点 P_0 到平面 π 的距离为

$$d = \frac{|Ax_0 + By_0 + Cz_0 + D|}{\sqrt{A^2 + B^2 + C^2}}.$$

四、两平面的夹角

设有平面 $\pi_i : A_i x + B_i y + C_i z + D_i = 0$，$i = 1, 2$，若平面 π_1 与 π_2 之间的夹角为 $\theta \left(\theta \in \left[0, \dfrac{\pi}{2} \right] \right)$，则有 $\cos \theta = \dfrac{|A_1 A_2 + B_1 B_2 + C_1 C_2|}{\sqrt{A_1^2 + B_1^2 + C_1^2} \sqrt{A_2^2 + B_2^2 + C_2^2}}$.

知识点 2 空间直线

一、直线的方程

1. 直线的一般式方程

设直线 L 是平面 π_1 与 π_2 的交线,且

$$\pi_i : A_i x + B_i y + C_i z + D_i = 0 (i = 1,2),$$

则 L 的一般式方程为

$$\begin{cases} A_1 x + B_1 y + C_1 z + D_1 = 0, \\ A_2 x + B_2 y + C_2 z + D_2 = 0. \end{cases}$$

2. 直线的对称式(或点向式)方程

设直线 L 过点 $P_0(x_0, y_0, z_0)$ 且与非零向量 $\boldsymbol{s} = \{m, n, p\}$ 平行,则直线 L 的对称式方程或点向式方程可以表示为

$$L: \frac{x - x_0}{m} = \frac{y - y_0}{n} = \frac{z - z_0}{p},$$

$\boldsymbol{s}$ 称为 L 的方向向量.

3. 直线的参数式方程

设直线 L 过点 $P_0(x_0, y_0, z_0)$ 且与非零向量 $\boldsymbol{s} = \{m, n, p\}$ 平行,则直线的参数式方程可以表示为 $L: \begin{cases} x = x_0 + mt, \\ y = y_0 + nt, \\ z = z_0 + pt, \end{cases}$ t 为参数.

二、直线与直线的位置关系

设直线 L_i 过点 $P_i(x_i, y_i, z_i)$,方向向量为 $\boldsymbol{s}_i = \{m_i, n_i, p_i\}(i = 1,2)$,则

(1) 直线 L_1 与 L_2 异面 $\Leftrightarrow \overrightarrow{P_1 P_2}, \boldsymbol{s}_1, \boldsymbol{s}_2$ 不共面,即 $\begin{vmatrix} x_2 - x_1 & y_2 - y_1 & z_2 - z_1 \\ m_1 & n_1 & p_1 \\ m_2 & n_2 & p_2 \end{vmatrix} \neq 0$;

(2) 直线 L_1 与 L_2 相交于一点 $\Leftrightarrow \overrightarrow{P_1 P_2}, \boldsymbol{s}_1, \boldsymbol{s}_2$ 共面,即 $\begin{vmatrix} x_2 - x_1 & y_2 - y_1 & z_2 - z_1 \\ m_1 & n_1 & p_1 \\ m_2 & n_2 & p_2 \end{vmatrix} = 0$,且 $\boldsymbol{s}_1, \boldsymbol{s}_2$ 不平行;

(3) 直线 L_1 与 L_2 平行但不重合 $\Leftrightarrow \boldsymbol{s}_1 /\!/ \boldsymbol{s}_2$,但不平行于 $\overrightarrow{P_1 P_2}$;

(4) 直线 L_1 与 L_2 重合 $\Leftrightarrow \boldsymbol{s}_1 /\!/ \boldsymbol{s}_2 /\!/ \overrightarrow{P_1 P_2}$;

(5) 直线 L_1 与 L_2 垂直(包括异面垂直,不一定相交)$\Leftrightarrow m_1m_2+n_1n_2+p_1p_2=0$.

三、直线与平面的位置关系

设直线 L 过点 $P_0(x_0,y_0,z_0)$,方向向量为 $\boldsymbol{s}=\{m,n,p\}$,平面 π 的方程为 $Ax+By+Cz+D=0$,则

(1) 直线 L 与平面 π 交于一点 $\Leftrightarrow mA+nB+pC\neq 0$;

(2) 直线 L 与平面 π 平行 $\Leftrightarrow mA+nB+pC=0$,但 $Ax_0+By_0+Cz_0+D\neq 0$;

(3) 直线 L 位于平面 π 内 $\Leftrightarrow mA+nB+pC=0$,且 $Ax_0+By_0+Cz_0+D=0$.

四、直线与直线的夹角

设直线 L_i 的方向向量为 $\boldsymbol{s}_i=\{m_i,n_i,p_i\}(i=1,2)$,记 θ 为 L_1 与 L_2 之间的夹角,则有

$$\cos\theta=\frac{|m_1m_2+n_1n_2+p_1p_2|}{\sqrt{m_1^2+n_1^2+p_1^2}\sqrt{m_2^2+n_2^2+p_2^2}},\theta\in\left[0,\frac{\pi}{2}\right].$$

五、直线与平面的夹角

设直线 L 的方向向量为 $\boldsymbol{s}=\{m,n,p\}$,平面 π 的法向量为 $\boldsymbol{n}=\{A,B,C\}$,若记 L 与 π 的夹角为 φ,则 $\sin\varphi=\dfrac{|mA+nB+pC|}{\sqrt{A^2+B^2+C^2}\sqrt{m^2+n^2+p^2}},\varphi\in\left[0,\frac{\pi}{2}\right].$

六、点到直线的距离公式

直线外一点 $P_0(x_0,y_0,z_0)$ 到直线 $\dfrac{x-x_1}{m}=\dfrac{y-y_1}{n}=\dfrac{z-z_1}{p}$ 的距离为

$$d=\frac{|\overrightarrow{P_0P_1}\times\boldsymbol{s}|}{|\boldsymbol{s}|}=\frac{\left\|\begin{array}{ccc}\boldsymbol{i}&\boldsymbol{j}&\boldsymbol{k}\\x_1-x_0&y_1-y_0&z_1-z_0\\m&n&p\end{array}\right\|}{\sqrt{m^2+n^2+p^2}},$$

其中直线的方向向量 $\boldsymbol{s}=\{m,n,p\}$,直线上的一点 $P_1(x_1,y_1,z_1)$.

七、平面束方程

通过直线 $L:\begin{cases}A_1x+B_1y+C_1z+D_1=0\\A_2x+B_2y+C_2z+D_2=0\end{cases}$ 的平面束方程是

$$\lambda_1(A_1x+B_1y+C_1z+D_1)+\lambda_2(A_2x+B_2y+C_2z+D_2)=0,$$

其中 λ_1,λ_2 是不同时为零的任意常数.

例 1 经过坐标原点,且与两直线 $L_1:\begin{cases} x=1 \\ y=-1+t \\ z=2+t \end{cases}$ 及 $L_2:x+1=\dfrac{y+2}{2}=z-1$ 都平行

的平面方程是_____.

答案 $x-y+z=0$.

解 两直线的方向向量分别为 $s_1=\{0,1,1\},s_2=\{1,2,1\}$. 由题意,所求平面平行于直线 L_1 与 L_2,故平面的法向量与两直线的方向向量垂直,于是可取法向量

$$n=s_1\times s_2=\begin{vmatrix} i & j & k \\ 0 & 1 & 1 \\ 1 & 2 & 1 \end{vmatrix}=\{-1,1,-1\},$$

又因平面过原点,故所求平面方程为 $-x+y-z=0$,即 $x-y+z=0$.

例 2 求过点 $P_0(1,-1,0)$ 及直线 $L:\dfrac{x-2}{2}=\dfrac{y}{-1}=\dfrac{z+1}{3}$ 的平面方程.

解 方法一(利用平面的点法式方程)   由题设知所求平面过点 $P_0(1,-1,0)$ 及 $P_1(2,0,-1)$,因而它与向量 $\overrightarrow{P_0P_1}=\{1,1,-1\}$ 平行,又它过直线 L,所以它与向量 $s=\{2,-1,3\}$ 平行,因此所求平面的法向量为 $n=\overrightarrow{P_0P_1}\times s=\{1,1,-1\}\times\{2,-1,3\}=\{2,-5,-3\}$,由此可得所求平面的方程为 $2(x-1)-5(y+1)-3z=0$,即为 $2x-5y-3z-7=0$.

方法二(利用平面的一般式方程)   设所求平面方程为 $Ax+By+Cz+D=0$,由于平面过点 $P_0(1,-1,0)$ 及直线 L,$P_1(2,0,-1)$ 为 L 上的点,因而有 $\begin{cases} A-B+D=0, \\ 2A-C+D=0, \\ 2A-B+3C=0, \end{cases}$ 解上

述方程可得 $A:B:C:D=(-2):5:3:7$,故所求平面方程为 $2x-5y-3z-7=0$.

方法三(利用三向量共面的条件)   设所求平面为 π,由题设平面过点 $P_0(1,-1,0)$ 及 $P_1(2,0,-1)$,且与向量 $s=\{2,-1,3\}$ 平行,那么有 $P(x,y,z)\in\pi\Leftrightarrow$ 向量 $\overrightarrow{P_0P},\overrightarrow{P_0P_1}$ 及

s 共面,由此可得 $\begin{vmatrix} x-1 & y+1 & z \\ 1 & 1 & -1 \\ 2 & -1 & 3 \end{vmatrix}=0$,即为 $2x-5y-3z-7=0$.

方法四(利用平面束方程)   直线 L 的一般式方程为 $L:\begin{cases} x+2y-2=0, \\ 3y+z+1=0, \end{cases}$ 过直线 L 的平

面束方程为 $\pi_{(\lambda,\mu)}:\lambda x+(2\lambda+3\mu)y+\mu z-2\lambda+\mu=0$,其中过 $P_0(1,-1,0)$ 的平面参数 λ,μ 满足条件 $-3\lambda-2\mu=0$,可取 $\lambda=2,\mu=-3$,由此可得所求平面的方程为

$$2x-5y-3z-7=0.$$

例 3 求过点 $P_0(1,0,-1)$ 且与直线 $L:\begin{cases} x+y-z-1=0, \\ 2x-y+3z+5=0 \end{cases}$ 平行的直线方程.

解 **方法一**（利用直线的一般式方程）　过点 $P_0(1,0,-1)$ 且与平面 $x+y-z-1=0$ 平行的平面方程为 $x+y-z-2=0$，过点 $P_0(1,0,-1)$ 且与平面 $2x-y+3z+5=0$ 平行的平面方程为 $2x-y+3z+1=0$，所以所求直线方程为 $\begin{cases} x+y-z-2=0, \\ 2x-y+3z+1=0. \end{cases}$

方法二（利用直线的对称式方程）　直线 $L:\begin{cases} x+y-z-1=0, \\ 2x-y+3z+5=0 \end{cases}$ 的方向向量为 $s=\{1,1,-1\}\times\{2,-1,3\}=\{2,-5,-3\}$，由题设可知，所求直线的方向向量就是 $\{2,-5,-3\}$，因此所求直线方程为 $\dfrac{x-1}{2}=\dfrac{y}{-5}=\dfrac{z+1}{-3}$.

例 4　求过点 $M(2,-3,-1)$ 且与直线 $L:\dfrac{x-1}{2}=\dfrac{y+1}{1}=\dfrac{z}{-1}$ 垂直相交的直线方程.

解 **方法一**　过点 $M(2,-3,-1)$ 且与直线 L 垂直的平面为 $\pi:2x+y-z-2=0$，π 与 L 的交点满足方程 $\begin{cases} \dfrac{x-1}{2}=\dfrac{y+1}{1}=\dfrac{z}{-1}, \\ 2x+y-z-2=0, \end{cases}$ 解得交点为 $M_1\left(\dfrac{4}{3},-\dfrac{5}{6},-\dfrac{1}{6}\right)$，$\overrightarrow{M_1M}=\left\{\dfrac{2}{3},-\dfrac{13}{6},-\dfrac{5}{6}\right\}$ // $\{4,-13,-5\}$，因此所求直线方程为

$$\frac{x-2}{4}=\frac{y+3}{-13}=\frac{z+1}{-5}.$$

方法二　过点 $M(2,-3,-1)$ 且与直线 L 垂直的平面为 $\pi:2x+y-z-2=0$，过点 $M(2,-3,-1)$ 与直线 L 的平面为 $\pi_1:\begin{vmatrix} x-2 & y+3 & z+1 \\ 2 & 1 & -1 \\ 1 & -2 & -1 \end{vmatrix}=0$，即为 $3x-y+5z-4=0$，因此所求直线方程为 $\begin{cases} 2x+y-z-2=0, \\ 3x-y+5z-4=0. \end{cases}$

例 5　设有直线 $L:\dfrac{x-b}{3}=\dfrac{y}{-2}=\dfrac{z+1}{b}$ 和平面 $\pi:3x+ay-z=3a-2$，若 π 过直线 L，试求常数 a,b 的值.

解 **方法一**　由题设知，点 $P_0(b,0,-1)\in L$，因而有 $3b+1=3a-2$，又 L 的方向向量与 π 的法向量垂直，因而有 $9-2a-b=0$，所以 $a=\dfrac{10}{3},b=\dfrac{7}{3}$.

方法二　L 的参数式方程为 $x=b+3t,y=-2t,z=-1+bt$，代入到平面的方程式中可得 $3(b+3t)-2at-bt+1=3a-2$，由于 $L\subset\pi$，因而上述等式恒成立，即 $9-2a-b=0,3b+1=3a-2$，解方程即得 $a=\dfrac{10}{3},b=\dfrac{7}{3}$.

例 6 已知两直线方程为 $L_1: \dfrac{x-2}{1}=\dfrac{y+2}{-1}=\dfrac{z-3}{2}$，$L_2: \dfrac{x-1}{-1}=\dfrac{y+1}{2}=\dfrac{z-1}{1}$.

(1) 证明直线 L_1 与 L_2 相交；　　(2) 求过 L_1 与 L_2 的平面 π 的方程.

证明 (1) 点 $M_1(2,-2,3)$ 和 $M_2(1,-1,1)$ 分别在直线 L_1 与 L_2 上，$\overrightarrow{M_1M_2}=\{-1,1,-2\}$，直线 L_1 与 L_2 的方向向量分别为 $s_1=\{1,-1,2\}$，$s_2=\{-1,2,1\}$.

因为 $(s_1\times s_2)\cdot\overrightarrow{M_1M_2}=\begin{vmatrix} 1 & -1 & 2 \\ -1 & 2 & 1 \\ -1 & 1 & -2 \end{vmatrix}=0$，所以向量 s_1，s_2 与 $\overrightarrow{M_1M_2}$ 共面，从而直线

L_1 与 L_2 共面. 又因 s_1 与 s_2 不平行，于是直线 L_1 与 L_2 不平行.

综上所述，直线 L_1 与 L_2 相交.

解 (2) 因直线 L_1，L_2 均在平面 π 上，所以 L_1 上点 $M_1(2,-2,3)$ 在平面 π 上，又平面 π

的法向量 n 同时垂直于 L_1，L_2 的方向向量 s_1，s_2，故可取 $n=s_1\times s_2=\begin{vmatrix} i & j & k \\ 1 & -1 & 2 \\ -1 & 2 & 1 \end{vmatrix}=\{-5,-3,1\}$，故所求平面方程为

$$-5(x-2)-3(y+2)+(z-3)=0,$$

即 $5x+3y-z-1=0$.

对标考试要求

7 了解曲面方程以及空间曲线方程的概念.

8 了解常用二次曲面的方程及其图形，会求简单的柱面和旋转曲面的方程.

9 了解空间曲线的参数方程和一般方程，了解空间曲线在坐标平面上的投影，并会求该投影曲线的方程.

知识点 1 曲面方程的概念

定义 1 如果曲面上每一点的坐标都满足某方程，而不在此曲面上的点的坐标都不满足这个方程，则称这个方程为所给曲面的方程. 当曲面上点的坐标用 x,y,z 表示时，常用 $F(x,y,z)=0$ 表示一个曲面的方程.

知识点 2 常见曲面及其方程

一、柱面

定义 2 由平行于定直线并沿定曲线 Γ 作平行移动的直线 L 所产生的曲面叫作柱面，定

曲线 Γ 叫作柱面的准线，动直线 L 叫作柱面的母线.

一般地，当曲面方程中缺少一个变量时，该方程为柱面方程，此时柱面的母线与所缺变量同名的坐标轴平行.

如：$f(x,y)=0$ 表示母线平行于 z 轴的柱面；$f(y,z)=0$ 表示母线平行于 x 轴的柱面；$f(x,z)=0$ 表示母线平行于 y 轴的柱面.

常用的柱面方程及图形如下表所示.

名称	方程	图形
圆柱面	$x^2+y^2=R^2$	
椭圆柱面	$\dfrac{x^2}{a^2}+\dfrac{y^2}{b^2}=1$	
双曲柱面	$\dfrac{x^2}{a^2}-\dfrac{y^2}{b^2}=1$	
抛物柱面	$x^2=2py(p>0)$	

二、旋转曲面

定义 3　由一条已知平面曲线绕该平面上一条定直线旋转而成的曲面叫作旋转曲面，定直线叫作旋转曲面的轴.

如：yOz 坐标面上的曲线 $\begin{cases} f(y,z)=0, \\ x=0 \end{cases}$ 绕 z 轴旋转一周而成的旋转曲面方程为 $f(\pm\sqrt{x^2+y^2},z)=0$，绕 y 轴旋转一周而成的旋转曲面方程为 $f(y,\pm\sqrt{x^2+z^2})=0$.

类似可得其他坐标面上的曲线绕坐标轴旋转而成的旋转曲面方程.

三、特殊的二次曲面方程及图形

若 $F(x,y,z)=0$ 为二次方程,则它所表示的曲面称为二次曲面. 一些特殊的二次曲面方程及图形如下表所示.

名称	方程	图形
球面	$x^2+y^2+z^2=R^2$	
椭球面	$\dfrac{x^2}{a^2}+\dfrac{y^2}{b^2}+\dfrac{z^2}{c^2}=1\,(a,b,c \text{ 均为正数})$	
单叶双曲面	$\dfrac{x^2}{a^2}+\dfrac{y^2}{b^2}-\dfrac{z^2}{c^2}=1\,(a,b,c \text{ 均为正数})$	
双叶双曲面	$-\dfrac{x^2}{a^2}-\dfrac{y^2}{b^2}+\dfrac{z^2}{c^2}=1\,(a,b,c \text{ 均为正数})$	
椭圆抛物面	$\dfrac{x^2}{a^2}+\dfrac{y^2}{b^2}=2pz\,(a,b,p \text{ 均为正数})$	

续表

名称	方程	图形
双曲抛物面（又名马鞍面）	$\dfrac{x^2}{a^2}-\dfrac{y^2}{b^2}=2pz(a,b,p$ 均为正数$)$	
二次锥面	$\dfrac{x^2}{a^2}+\dfrac{y^2}{b^2}-\dfrac{z^2}{c^2}=0(a,b,c$ 均为正数$)$	

知识点 3　空间曲线

一、空间曲线方程

1. 空间曲线的一般方程

空间曲线可看作两个曲面的交线,把两个曲面方程 $F(x,y,z)=0$, $G(x,y,z)=0$ 联立得空间曲线的一般方程为

$$\begin{cases} F(x,y,z)=0, \\ G(x,y,z)=0. \end{cases}$$

2. 空间曲线的参数方程

$$\begin{cases} x=x(t), \\ y=y(t), \\ z=z(t), \end{cases} \text{其中 } t \text{ 为参数.}$$

二、空间曲线到坐标面的投影曲线

设空间曲线 Γ 的一般方程为 $\begin{cases} F(x,y,z)=0, \\ G(x,y,z)=0. \end{cases}$

称以 Γ 为准线,母线平行于 z 轴的柱面 S_{xy} 为 Γ 对 xOy 坐标面的投影柱面,称 S_{xy} 与 xOy 坐标面的交线为 Γ 在 xOy 面的投影曲线. 在上述方程组中消去 z 得方程 $H(x,y)=0$, 这就是 Γ 对 xOy 坐标面的投影柱面方程,因此 Γ 在 xOy 坐标面的投影曲线方程即

为 $\begin{cases} H(x,y)=0, \\ z=0. \end{cases}$

类似地,在方程 $\begin{cases} F(x,y,z)=0, \\ G(x,y,z)=0 \end{cases}$ 中消去 x 可得 Γ 对 yOz 坐标面的投影柱面 $R(y,z)=0$

及在 yOz 坐标面上的投影曲线 $\begin{cases} R(y,z)=0, \\ x=0. \end{cases}$

在方程 $\begin{cases} F(x,y,z)=0, \\ G(x,y,z)=0 \end{cases}$ 中消去 y 可得 Γ 对 xOz 坐标面的投影柱面 $\Gamma(x,z)=0$ 及在

xOz 坐标面上的投影曲线 $\begin{cases} \Gamma(x,z)=0, \\ y=0. \end{cases}$

例 1 求与三个坐标面及平面 $\pi:2x+2y+z-16=0$ 都相切的球面方程.

解 由于平面 π 与三个坐标面围成的四面体位于第一卦限,可设所求球面的球心坐标为 $(a,a,a)(a>0)$,则 a 为球面的半径,因此有球心到平面 π 的距离也是 a,即有 $\dfrac{|2a+2a+a-16|}{3}=a$,解得 $a=2$ 或 $a=8$,因此所求的球面方程为

$$(x-2)^2+(y-2)^2+(z-2)^2=4 \ \text{或} \ (x-8)^2+(y-8)^2+(z-8)^2=64.$$

例 2 求直线 $L:\dfrac{x-1}{1}=\dfrac{y}{1}=\dfrac{z-1}{-1}$ 在平面 $\pi:x-y+2z-1=0$ 上的投影直线 L_0 的方程,并求 L_0 绕 y 轴旋转一周所形成曲面的方程.

解 方法一 设过直线 L 且垂直于 π 的平面方程为 $\pi_1:A(x-1)+By+C(z-1)=0$,由题设有 $A+B-C=0,A-B+2C=0$,解得 $A:B:C=1:(-3):(-2)$,因而 π_1 的方程为 $x-3y-2z+1=0$,L_0 的方程为 $\begin{cases} x-y+2z-1=0, \\ x-3y-2z+1=0. \end{cases}$ 将 L_0 的方程变化为 $\begin{cases} x=2y, \\ z=-\dfrac{1}{2}(y-1). \end{cases}$ 那么 L_0 绕 y 轴旋转一周所形成曲面的方程为 $x^2+z^2=4y^2+\dfrac{1}{4}(y-1)^2$.

方法二 直线 L 的方程可化为一般式 $\begin{cases} x-y-1=0, \\ x+z-2=0. \end{cases}$ 过 L 的平面束方程为

$$\pi_{(\lambda,\mu)}:(\lambda+\mu)x-\lambda y+\mu z-\lambda-2\mu=0,$$

其中与平面 π 垂直的平面系数满足 $2\lambda+3\mu=0$,可取 $\lambda=3,\mu=-2$,由此可得过直线 L 且与 π 垂直的平面方程为 $x-3y-2z+1=0$,上述平面与 π 的交线即为直线 L 到平面 π 的投影,因而有 L_0 的方程为 $\begin{cases} x-y+2z-1=0, \\ x-3y-2z+1=0. \end{cases}$

（下同方法一）.

例 3 设曲线 $\Gamma:\begin{cases}x^2+y^2+z^2=a^2,\\x+y+z=0.\end{cases}$ （1）求 Γ 在 xOy 面的投影方程；（2）写出 Γ 的参数式方程.

解 （1）从方程式 $x+y+z=0$ 中解出 $z=-x-y$ 代入到 $x^2+y^2+z^2=a^2$ 中可得 $x^2+y^2+xy=\dfrac{a^2}{2}$，由此可得曲线 Γ 在 xOy 面的投影方程为 $\begin{cases}x^2+y^2+xy=\dfrac{a^2}{2},\\z=0.\end{cases}$

（2）上述方程式配方后可得 $\left(x+\dfrac{y}{2}\right)^2+\dfrac{3}{4}y^2=\dfrac{a^2}{2}$，令 $y=\sqrt{\dfrac{2}{3}}a\sin t$，$x=\dfrac{a}{\sqrt{2}}\cos t-\dfrac{1}{\sqrt{6}}a\sin t$，那么有 $z=-\dfrac{a}{\sqrt{2}}\cos t-\dfrac{1}{\sqrt{6}}a\sin t$，因此 Γ 的参数式方程为

$$\begin{cases}x=\dfrac{a}{\sqrt{2}}\cos t-\dfrac{1}{\sqrt{6}}a\sin t,\\y=\sqrt{\dfrac{2}{3}}a\sin t,\qquad t\in[0,2\pi].\\z=-\dfrac{a}{\sqrt{2}}\cos t-\dfrac{1}{\sqrt{6}}a\sin t,\end{cases}$$

例 4 设有曲线 $\Gamma:\begin{cases}\dfrac{x^2}{4}+y^2-\dfrac{z^2}{2}=1,\\z=x\end{cases}$ $(y\geqslant0)$.（1）写出 Γ 的参数方程；（2）求 Γ 绕 z 轴旋转一周所形成的旋转曲面 Σ 的方程，并说明 Σ 是何种曲面.

解 （1）Γ 的参数方程为 $\begin{cases}x=t,\\y=\sqrt{1+\dfrac{t^2}{4}},t\in(-\infty,+\infty).\\z=t,\end{cases}$

（2）点 $M(x,y,z)\in\Sigma$ 的充分必要条件是存在点 $\left(t,\sqrt{1+\dfrac{t^2}{4}},t\right)\in\Gamma$，使得 $\begin{cases}x^2+y^2=1+\dfrac{5t^2}{4},\\z=t.\end{cases}$ 消去参数 t 后可得所求旋转曲面 Σ 的方程为 $x^2+y^2-\dfrac{5z^2}{4}=1$，$\Sigma$ 可看

作 yOz 面上的双曲线 $\begin{cases}y^2-\dfrac{5z^2}{4}=1,\\x=0\end{cases}$ 绕 z 轴旋转一周所形成的旋转曲面，它是单叶双曲面.

注. 若 Σ 是由空间曲线 Γ 绕 z 轴旋转一周所形成的旋转曲面, 且 Γ 的方程为

$$\begin{cases} F(x,y,z)=0, \\ G(x,y,z)=0, \end{cases} \text{则}\ \Sigma\ \text{的方程可从方程组} \begin{cases} F(x_1,y_1,z_1)=0, \\ G(x_1,y_1,z_1)=0, \\ z=z_1, \\ x^2+y^2=x_1^2+y_1^2 \end{cases} \text{中消去}\ x_1,y_1,z_1\ \text{而得到.}$$

若 Σ 是由空间曲线 Γ 绕 z 轴旋转一周所形成的旋转曲面, 且 Γ 的方程为

$$\begin{cases} x=x(t), \\ y=y(t), \\ z=z(t), \end{cases} \text{则}\ \Sigma\ \text{的方程可从方程组} \begin{cases} x^2+y^2=x^2(t)+y^2(t), \\ z=z(t) \end{cases} \text{中消去}\ t\ \text{而得到.}$$

第 6 章 多元函数微分学及其应用

考 试 要 求

1. 理解多元函数的概念,(仅限数学一) 理解、(仅限数学二、数学三) 了解二元函数的几何意义.

2. 了解二元函数的极限与连续的概念以及有界闭区域上连续函数的性质.

3. 理解多元函数偏导数和全微分的概念,会求全微分. 了解全微分存在的必要条件和充分条件,了解全微分形式的不变性.

4. 掌握多元复合函数一阶、二阶偏导数的求法.

5. 了解隐函数存在定理,会求多元隐函数的偏导数.

6. 理解多元函数极值和条件极值的概念,掌握多元函数极值存在的必要条件,了解二元函数极值存在的充分条件,会求二元函数的极值.

7. 会用拉格朗日乘数法求条件极值,会求简单多元函数的最大值和最小值,并会解决一些简单的应用问题.

8. (仅限数学一) 了解空间曲线的切线和法平面及曲面的切平面和法线的概念,会求它们的方程.

9. (仅限数学一) 理解方向导数与梯度的概念,并掌握其计算方法.

对标考试要求

1 理解多元函数的概念,(仅限数学一) 理解、(仅限数学二、数学三) 了解二元函数的几何意义.

知识点 1 二元函数的定义

设 D 是平面上的一个非空点集,如果对每个点 $P(x,y) \in D$,按照某一对应规则 f,变量 z 都有一个确定的值与之对应,则称 z 是变量 x,y 的二元函数,记作 $z = f(x,y)$. D 称为该函数的定义域,数集 $\{z \mid z = f(x,y), (x,y) \in D\}$ 称为该函数的值域.

知识点 2 二元函数的几何意义

空间点集 $\{(x,y,z) \mid z = f(x,y), (x,y) \in D\}$ 为二元函数 $z = f(x,y)$ 的图形,通常它是空间中的曲面.

例 1 试确定函数 $z = \sqrt{4-x^2-y^2} + \dfrac{1}{\sqrt{x^2+y^2-1}}$ 的定义域.

解 为了使得函数的表达式有意义,应有 $\begin{cases} 4-x^2-y^2 \geqslant 0, \\ x^2+y^2-1 > 0, \end{cases}$ 即 $1 < x^2+y^2 \leqslant 4$,所以函数的定义域为 $\{(x,y) \mid 1 < x^2+y^2 \leqslant 4\}$.

注 确定函数的定义域通常有三种方法.

(1) 使得函数 $f(x,y)$ 的表达式有意义的一切 (x,y).

(2) 实际问题由实际意义确定. 例如函数 $z = \pi x^2 y$,作为一般函数,其定义域为整个 xOy 平面,如果 z 表示圆柱体的体积,x 表示圆的半径,y 表示圆柱体的高,则该函数的定义域为 $\{(x,y) \mid x > 0, y > 0\}$.

(3) 人为规定函数的定义域. 例如函数 $z = x^2 y^3$,$0 \leqslant x \leqslant 1$,$0 \leqslant y \leqslant 2$,其自变量 (x,y) 仅在长方形区域 $0 \leqslant x \leqslant 1$,$0 \leqslant y \leqslant 2$ 上变化,此时若求函数在点 $(3,4)$ 处的函数值是毫无意义的.

本题就是利用第(1)种方法确定函数的定义域.

例 2 设 $f(x,y) = \dfrac{xy}{x^2+y}$,$x \neq 0$,$y \neq 0$,$xy^3+1 \neq 0$,求 $f\left(xy, \dfrac{x}{y}\right)$.

分析 为了求复合函数 $f[\varphi(x,y), \psi(x,y)]$,只需把 $f(x,y)$ 表达式中的 x 换为 $\varphi(x,y)$,y 换为 $\psi(x,y)$.

解 在 $f(x,y) = \dfrac{xy}{x^2+y}$ 两端用 xy 替换 x,用 $\dfrac{x}{y}$ 替换 y,得

$$f\left(xy, \dfrac{x}{y}\right) = \frac{xy \cdot \dfrac{x}{y}}{(xy)^2 + \dfrac{x}{y}} = \frac{xy}{xy^3+1}.$$

对标考试要求

2 了解二元函数的极限与连续的概念以及有界闭区域上连续函数的性质.

知识点 **1** **二元函数极限的定义**

设函数 $f(x,y)$ 的定义域为 $D,P_0(x_0,y_0)$ 是 D 的聚点,如果存在常数 A,对于任意给定的正数 ε,总存在正数 δ,使得当点 $P(x,y)\in D\cap\mathring{U}(P_0,\delta)$ 时,都有 $\mid f(x,y)-A\mid<\varepsilon$ 成立,则称 A 为 $f(x,y)$ 当 $(x,y)\to(x_0,y_0)$ 时的极限,记作

$$\lim_{(x,y)\to(x_0,y_0)}f(x,y)=A \text{ 或 }\lim_{\substack{x\to x_0\\y\to y_0}}f(x,y)=A\text{ 或 }f(x,y)\to A((x,y)\to(x_0,y_0)).$$

> **注** 二元函数极限与一元函数极限的定义有着类似的形式,二元函数极限同样具有一元函数极限的某些性质.如一元函数极限的唯一性、局部有界性、局部保号性、夹逼准则、极限的四则运算、有界函数乘以无穷小仍为无穷小以及等价无穷小代换等都可以推广到二元函数极限情形上去.

例 1 分别求下列极限:

$(1)\lim\limits_{\substack{x\to1\\y\to0}}\dfrac{\mathrm{e}^x\cos(xy)}{\sqrt{x^2+y^2}}$;　　　$(2)\lim\limits_{\substack{x\to0\\y\to1}}\dfrac{\sin(xy)}{x}$;　　　$(3)\lim\limits_{\substack{x\to0\\y\to0}}\dfrac{\sqrt{xy+4}-2}{xy}$;

$(4)\lim\limits_{\substack{x\to0\\y\to0}}\dfrac{\sin(xy)}{\mathrm{e}^{xy}-1}$;　　　$(5)\lim\limits_{\substack{x\to0\\y\to0}}\dfrac{x(x^2-y^2)}{x^2+y^2}$.

解 $(1)\lim\limits_{\substack{x\to1\\y\to0}}\dfrac{\mathrm{e}^x\cos(xy)}{\sqrt{x^2+y^2}}=\dfrac{\mathrm{e}^1\cos(1\cdot0)}{\sqrt{1^2+0^2}}=\mathrm{e}.$

$(2)\lim\limits_{\substack{x\to0\\y\to1}}\dfrac{\sin(xy)}{x}=\lim\limits_{\substack{x\to0\\y\to1}}\dfrac{\sin(xy)}{xy}\cdot y=1\times1=1.$

(3) **方法一**　原式 $=\lim\limits_{\substack{x\to0\\y\to0}}\dfrac{(\sqrt{xy+4}-2)(\sqrt{xy+4}+2)}{xy(\sqrt{xy+4}+2)}=\lim\limits_{\substack{x\to0\\y\to0}}\dfrac{1}{\sqrt{xy+4}+2}=\dfrac{1}{4}.$

方法二　令 $xy=t$,则

原式 $=\lim\limits_{t\to0}\dfrac{\sqrt{t+4}-2}{t}=\lim\limits_{t\to0}\dfrac{(\sqrt{t+4}-2)(\sqrt{t+4}+2)}{t(\sqrt{t+4}+2)}=\lim\limits_{t\to0}\dfrac{1}{\sqrt{t+4}+2}=\dfrac{1}{4}.$

(4) 当 $x\to0,y\to0$ 时,$xy\to0,\sin(xy)\sim xy,\mathrm{e}^{xy}-1\sim xy$,故

$$\text{原式}=\lim_{\substack{x\to0\\y\to0}}\frac{xy}{xy}=1.$$

(5) 由于 $0\leqslant\left|\dfrac{x(x^2-y^2)}{x^2+y^2}\right|=\mid x\mid\cdot\dfrac{\mid x^2-y^2\mid}{x^2+y^2}\leqslant\mid x\mid$,而 $\lim\limits_{\substack{x\to0\\y\to0}}\mid x\mid=0$,故由夹逼准则知,原极限等于零.

注 (1) 将二元函数极限转化为一元函数极限时,也存在着一些误区.如下列关系并不总是成立的

$$\lim_{\substack{x\to x_0\\y\to y_0}}f(x,y)=\lim_{y\to y_0}\Big[\lim_{x\to x_0}f(x,y)\Big],\ \lim_{\substack{x\to x_0\\y\to y_0}}f(x,y)=\lim_{x\to x_0}\Big[\lim_{y\to y_0}f(x,y)\Big],$$

例如

$$f(x,y)=\begin{cases}\dfrac{xy}{x^2+y^2}, & (x,y)\neq(0,0),\\[2mm]0, & (x,y)=(0,0).\end{cases}$$

由于 $\lim\limits_{\substack{(x,y)\to(0,0)\\y=kx}}\dfrac{xy}{x^2+y^2}=\dfrac{k}{1+k^2}$,从而 $\lim\limits_{\substack{x\to0\\y\to0}}f(x,y)$ 不存在,而 $\lim\limits_{y\to0}\Big[\lim\limits_{x\to0}f(x,y)\Big]=0.$

但是,如果 $\lim\limits_{\substack{x\to x_0\\y\to y_0}}f(x,y),\lim\limits_{y\to y_0}\Big[\lim\limits_{x\to x_0}f(x,y)\Big]$ 和 $\lim\limits_{x\to x_0}\Big[\lim\limits_{y\to y_0}f(x,y)\Big]$ 都存在,则三者相等.

在二元函数极限中,点 $P(x,y)$ 在平面点集 D 上无限趋于定点 $P_0(x_0,y_0)$ 的方式有无穷多种,路径也有无穷多条,只有当点 $P(x,y)$ 在 D 上以任意的方式或路径(含在定义域内)趋于定点 $P_0(x_0,y_0)$ 时,$f(x,y)$ 都以常数 A 为极限,才有 $\lim\limits_{\substack{x\to x_0\\y\to y_0}}f(x,y)=A.$

(2) 如果存在两条不同的路径,当点 $P(x,y)$ 在 D 上分别沿此两条路径(含在定义域内)无限趋于定点 $P_0(x_0,y_0)$ 时,$f(x,y)$ 趋于不同的值,则可表明二元函数极限 $\lim\limits_{\substack{x\to x_0\\y\to y_0}}f(x,y)$ 不存在.或只要找出沿某一条路径(含在定义域内)的极限不存在,也表明二元函数极限 $\lim\limits_{\substack{x\to x_0\\y\to y_0}}f(x,y)$ 不存在.

例 2 证明极限 $\lim\limits_{\substack{x\to0\\y\to0}}\dfrac{x^3y}{x^6+y^2}$ 不存在.

证明 无论常数 k 取何值,沿直线 $y=kx$,都有 $\lim\limits_{\substack{x\to0\\y=kx}}\dfrac{x^3y}{x^6+y^2}=\lim\limits_{x\to0}\dfrac{kx^4}{x^6+k^2x^2}=0.$

但是沿曲线 $y=x^3$,有 $\lim\limits_{\substack{x\to0\\y=x^3}}\dfrac{x^3y}{x^6+y^2}=\lim\limits_{x\to0}\dfrac{x^6}{2x^6}=\dfrac{1}{2}.$ 因为当 (x,y) 沿不同的路径趋于 $(0,0)$ 时,函数的极限不相同,故原极限不存在.

注 由于 $\lim\limits_{\substack{x\to0\\y=kx}}\dfrac{x^3y}{x^6+y^2}=0$ 且 $\lim\limits_{\substack{y\to0\\x=0}}\dfrac{x^3y}{x^6+y^2}=0$,所以点 (x,y) 沿任意直线 L 无限趋于点 $(0,0)$ 时,均有 $\lim\limits_{\substack{(x,y)\to(0,0)\\(x,y)\in L}}\dfrac{x^3y}{x^6+y^2}=0$,也未必表明 $\lim\limits_{\substack{x\to0\\y\to0}}\dfrac{x^3y}{x^6+y^2}$ 存在且等于 0.

知识点 2 二元函数的连续性

设函数 $f(x,y)$ 的定义域为 D，$P_0(x_0,y_0)$ 为 D 的聚点，且 $P_0 \in D$. 如果 $\lim\limits_{(x,y)\to(x_0,y_0)} f(x,y)=f(x_0,y_0)$，则称 $f(x,y)$ 在点 P_0 处连续；如果 $f(x,y)$ 在 D 的每一点都连续，则称 $f(x,y)$ 在 D 上连续，或称 $f(x,y)$ 是 D 上的连续函数.

例 3 证明函数 $f(x,y)=\begin{cases} \dfrac{xy}{\sqrt{x^2+y^2}}, & (x,y)\neq(0,0), \\ 0, & (x,y)=(0,0) \end{cases}$ 在全平面连续.

证明 因为 $\dfrac{xy}{\sqrt{x^2+y^2}}$ 是初等函数，当 $(x,y)\neq(0,0)$ 时有定义，所以当 $(x,y)\neq(0,0)$ 时，$f(x,y)=\dfrac{xy}{\sqrt{x^2+y^2}}$ 连续. 又

$$0\leqslant \left|\frac{xy}{\sqrt{x^2+y^2}}\right| \leqslant \frac{1}{2}\frac{x^2+y^2}{\sqrt{x^2+y^2}}=\frac{1}{2}\sqrt{x^2+y^2},$$

且 $\lim\limits_{\substack{x\to0\\y\to0}}\left(\dfrac{1}{2}\sqrt{x^2+y^2}\right)=0$，所以

$$\lim_{\substack{x\to0\\y\to0}}f(x,y)=\lim_{\substack{x\to0\\y\to0}}\frac{xy}{\sqrt{x^2+y^2}}=0=f(0,0),$$

故 $f(x,y)$ 在点 $(0,0)$ 处连续，从而 $f(x,y)$ 在全平面连续.

注 也可以由 $0\leqslant \left|\dfrac{xy}{\sqrt{x^2+y^2}}\right| \leqslant |x|$ 且 $\lim\limits_{\substack{x\to0\\y\to0}}|x|=0$ 证得

$$\lim_{\substack{x\to0\\y\to0}}f(x,y)=\lim_{\substack{x\to0\\y\to0}}\frac{xy}{\sqrt{x^2+y^2}}=0=f(0,0).$$

知识点 3 有界闭区域上连续函数的性质

设函数 $f(x,y)$ 在有界闭区域 D 上连续，则

(1) $f(x,y)$ 在 D 上必有界 (有界定理)；

(2) $f(x,y)$ 在 D 上必取得最大值和最小值 (最值定理)；

(3) 对介于 $f(x,y)$ 的最小值 m 和最大值 M 之间的任意值 $c(m\leqslant c\leqslant M)$，至少存在一点 $(\xi,\eta)\in D$，使得 $f(\xi,\eta)=c$ (介值定理)；

(4) 如果存在两点 $(x_1,y_1),(x_2,y_2)\in D$，满足 $f(x_1,y_1)>0,f(x_2,y_2)<0$，则至少存在一点 $(\xi,\eta)\in D$，使得 $f(\xi,\eta)=0$ (零点定理).

关于二元函数的定义、极限、连续性可以类似地推广到 $n(>2)$ 元函数上去.

例 4 设函数 $f(x,y)$ 在有界闭区域 D 上连续，点 $(x_i,y_i) \in D, i=1,2,\cdots,n$，证明至少存在一点 $(\xi,\eta) \in D$，使得 $f(\xi,\eta) = \dfrac{1}{n}\sum\limits_{i=1}^{n} f(x_i,y_i)$.

证明 因为 $f(x,y)$ 在 D 上连续，由最值定理知，$f(x,y)$ 在 D 上必有最大值 M 和最小值 m，则

$$m \leqslant f(x_i,y_i) \leqslant M, i=1,2,\cdots,n.$$

此时必有 $m \leqslant \dfrac{1}{n}\sum\limits_{i=1}^{n} f(x_i,y_i) \leqslant M.$ 由介值定理知，存在点 $(\xi,\eta) \in D$，使得 $f(\xi,\eta) = \dfrac{1}{n}\sum\limits_{i=1}^{n} f(x_i,y_i)$.

对标考试要求

3 理解多元函数偏导数和全微分的概念，会求全微分. 了解全微分存在的必要条件和充分条件. 了解全微分形式的不变性.

知识点 **1** 偏导数的概念

一、偏导数的定义

设函数 $z=f(x,y)$ 在点 $P_0(x_0,y_0)$ 的某个邻域 $U(P_0)$ 内有定义，如果当自变量 y 固定在 y_0 处，而 x 在 x_0 处取得增量 Δx，且 $(x_0+\Delta x, y_0) \in U(P_0)$ 时，极限

$$\lim_{\Delta x \to 0} \frac{\Delta_x z}{\Delta x} = \lim_{\Delta x \to 0} \frac{f(x_0+\Delta x, y_0) - f(x_0,y_0)}{\Delta x}$$

存在，则称此极限为函数 $z=f(x,y)$ 在点 $P_0(x_0,y_0)$ 处关于 x 的偏导数，记为

$$\frac{\partial z}{\partial x}\bigg|_{(x_0,y_0)}, \frac{\partial f}{\partial x}\bigg|_{(x_0,y_0)}, z'_x(x_0,y_0) \text{ 或 } f'_x(x_0,y_0).$$

类似地，可定义 $\dfrac{\partial z}{\partial y}\bigg|_{(x_0,y_0)}, \dfrac{\partial f}{\partial y}\bigg|_{(x_0,y_0)}, z'_y(x_0,y_0)$ 或 $f'_y(x_0,y_0)$.

如果函数 $z=f(x,y)$ 在平面区域 D 内的每一点 (x,y) 处关于 x 或 y 的偏导数都存在，则这些偏导数仍为自变量 x,y 的函数，分别称为 $z=f(x,y)$ 的关于 x 和 y 的偏导函数，简称为偏导数，分别记为

$$\frac{\partial z}{\partial x}, \frac{\partial f}{\partial x}, z'_x(x,y), f'_x(x,y) \text{ 和 } \frac{\partial z}{\partial y}, \frac{\partial f}{\partial y}, z'_y(x,y), f'_y(x,y).$$

由定义不难发现

$$f'_x(x_0,y_0)=\frac{\mathrm{d}f(x,y_0)}{\mathrm{d}x}\bigg|_{x=x_0},\quad f'_y(x_0,y_0)=\frac{\mathrm{d}f(x_0,y)}{\mathrm{d}y}\bigg|_{y=y_0}.$$

例 1 分别求下列函数在指定点的偏导数：

$(1)f(x,y)=\mathrm{e}^{-x}\sin(x+2y)$，求 $f'_x(0,\frac{\pi}{4})$ 及 $f'_y(0,\frac{\pi}{4})$；

$(2)f(x,y)=x^2+y^2+(x-2)\arccos\sqrt{\dfrac{1+x^2}{y}}$，求 $f'_y(2,y)$.

解 $(1)f'_x\left(0,\frac{\pi}{4}\right)=\{\mathrm{e}^{-x}[\cos(x+2y)-\sin(x+2y)]\}\big|_{(0,\frac{\pi}{4})}=-1,$

$$f'_y\left(0,\frac{\pi}{4}\right)=[2\mathrm{e}^{-x}\cos(x+2y)]\big|_{(0,\frac{\pi}{4})}=0.$$

$(2)f'_y(2,y)=(4+y^2)'=2y.$

注 事实上，求二元函数 $z=f(x,y)$ 关于 x 的偏导数 $\dfrac{\partial f}{\partial x}$ 时，只需将 y 视为常量，对 x 求导数；求偏导数 $\dfrac{\partial f}{\partial y}$ 时，只需将 x 视为常量，对 y 求导数.

例 2 考查二元函数 $f(x,y)=\begin{cases}\dfrac{xy}{x^2+y^2}, & (x,y)\neq(0,0),\\ 0, & (x,y)=(0,0),\end{cases}$ 在点$(0,0)$ 处的连续性和可偏导性，若可偏导，求其偏导数.

解 由于二元函数极限 $\lim\limits_{\substack{x\to0\\y\to0}}f(x,y)=\lim\limits_{\substack{x\to0\\y\to0}}\dfrac{xy}{x^2+y^2}$ 不存在，从而二元函数 $f(x,y)$ 在点$(0,0)$ 处不连续.

下面讨论函数在点$(0,0)$ 处的可偏导性.

方法一 由定义，

$$f'_x(0,0)=\lim\limits_{x\to0}\frac{f(x,0)-f(0,0)}{x}=0,\quad f'_y(0,0)=\lim\limits_{y\to0}\frac{f(0,y)-f(0,0)}{y}=0,$$

知 $f(x,y)$ 在点$(0,0)$ 处偏导数存在.

方法二 由于 $f(x,0)=0,f(0,y)=0$，所以有

$$f'_x(0,0)=\frac{\mathrm{d}f(x,0)}{\mathrm{d}x}\bigg|_{x=0}=0,\quad f'_y(0,0)=\frac{\mathrm{d}f(0,y)}{\mathrm{d}y}\bigg|_{y=0}=0.$$

注 该例表明 $f(x,y)$ 在点 (x_0,y_0) 处可偏导,并不能确保 $f(x,y)$ 在点 (x_0,y_0) 处连续.

事实上,$f(x,y)$ 在点 (x_0,y_0) 处可偏导,表明空间曲线 $\begin{cases} z=f(x,y), \\ y=y_0 \end{cases}$ 在 $x=x_0$ 处连续;$\begin{cases} z=f(x,y), \\ x=x_0 \end{cases}$ 在 $y=y_0$ 处连续,即一元函数 $z=f(x_0,y)$ 在点 $x=x_0$ 处连续;$z=f(x_0,y)$ 在点 $y=y_0$ 处连续.

二、偏导数的几何意义

$f'_x(x_0,y_0)$ 就是一元函数 $z=f(x,y_0)$ 在点 x_0 处的导数,故 $f'_x(x_0,y_0)$ 的几何意义就是曲面 $z=f(x,y)$ 与平面 $y=y_0$ 的交线上的点 $P_0(x_0,y_0,f(x_0,y_0))$ 处的切线对 x 轴的斜率.同理,$f'_y(x_0,y_0)$ 的几何意义就是曲面 $z=f(x,y)$ 与平面 $x=x_0$ 的交线上的点 $P_0(x_0,y_0,f(x_0,y_0))$ 处的切线对 y 轴的斜率.

三、高阶偏导数

设函数 $z=f(x,y)$ 在平面区域 D 内存在偏导数 $\dfrac{\partial z}{\partial x}=f'_x,\dfrac{\partial z}{\partial y}=f'_y$.如果这两个函数的偏导数也存在,则称它们为 $z=f(x,y)$ 的二阶偏导数,记为

$$\frac{\partial}{\partial x}\left(\frac{\partial z}{\partial x}\right)=\frac{\partial^2 z}{\partial x^2}=f''_{xx}(x,y),\quad \frac{\partial}{\partial y}\left(\frac{\partial z}{\partial x}\right)=\frac{\partial^2 z}{\partial x\partial y}=f''_{xy}(x,y),$$

$$\frac{\partial}{\partial x}\left(\frac{\partial z}{\partial y}\right)=\frac{\partial^2 z}{\partial y\partial x}=f''_{yx}(x,y),\quad \frac{\partial}{\partial y}\left(\frac{\partial z}{\partial y}\right)=\frac{\partial^2 z}{\partial y^2}=f''_{yy}(x,y),$$

其中 $\dfrac{\partial^2 z}{\partial x\partial y},\dfrac{\partial^2 z}{\partial y\partial x}$ 称为混合偏导数.

类似地,可定义三阶、四阶以及 n 阶偏导数.

定理 如果函数 $z=f(x,y)$ 的两个混合偏导数 $f''_{xy}(x,y),f''_{yx}(x,y)$ 在点 $P(x_0,y_0)$ 均连续,则它们相等,即

$$f''_{xy}(x_0,y_0)=f''_{yx}(x_0,y_0).$$

例 3 分别求下列函数的二阶偏导数:

(1)$z=\cos^2(ax+by)$; (2)$z=\ln\sqrt{x^2+y^2}$.

解(1)$\dfrac{\partial z}{\partial x}=-2a\cos(ax+by)\sin(ax+by)=-a\sin 2(ax+by),\dfrac{\partial z}{\partial y}=-b\sin 2(ax+by)$,

所以

$$\frac{\partial^2 z}{\partial x^2}=-2a^2\cos 2(ax+by),\frac{\partial^2 z}{\partial x\partial y}=-2ab\cos 2(ax+by),\frac{\partial^2 z}{\partial y^2}=-2b^2\cos 2(ax+by).$$

(2) $\dfrac{\partial z}{\partial x}=\dfrac{x}{x^2+y^2}$, $\dfrac{\partial z}{\partial y}=\dfrac{y}{x^2+y^2}$, 所以

$$\frac{\partial^2 z}{\partial x^2}=\frac{y^2-x^2}{(x^2+y^2)^2},\frac{\partial^2 z}{\partial x\partial y}=\frac{-2xy}{(x^2+y^2)^2},\frac{\partial^2 z}{\partial y^2}=\frac{x^2-y^2}{(x^2+y^2)^2}.$$

知识点 2　全微分的概念及性质

一、全微分的定义

设函数 $z=f(x,y)$ 在点 $P_0(x_0,y_0)$ 的某邻域 $U(P_0)$ 内有定义. 如果 $f(x,y)$ 在点 $P_0(x_0,y_0)$ 处的全增量 $\Delta z=f(x_0+\Delta x,y_0+\Delta y)-f(x_0,y_0)$ 可表示为 $\Delta z=A\Delta x+B\Delta y+o(\rho)$, 其中 A,B 是与 $\Delta x,\Delta y$ 无关的常数, $\rho=\sqrt{(\Delta x)^2+(\Delta y)^2}$, $o(\rho)$ 是当 $\rho\to 0$ 时 ρ 的高阶无穷小, 则称函数 $z=f(x,y)$ 在点 $P_0(x_0,y_0)$ 处可微, 并称 $A\Delta x+B\Delta y$ 为 $z=f(x,y)$ 在点 $P_0(x_0,y_0)$ 的全微分, 记为 $\mathrm{d}z\Big|_{(x_0,y_0)}$ 或 $\mathrm{d}f(x,y)\Big|_{(x_0,y_0)}$, 即

$$\mathrm{d}z\Big|_{(x_0,y_0)}=A\Delta x+B\Delta y.$$

如果函数 $z=f(x,y)$ 在区域 D 内的每一点都可微, 则称 $f(x,y)$ 在 D 内可微, 此时有

$$\mathrm{d}z=A\Delta x+B\Delta y.$$

二、全微分存在的必要条件

如果函数 $z=f(x,y)$ 可微, 则 $\dfrac{\partial z}{\partial x},\dfrac{\partial z}{\partial y}$ 必存在, 且 $\mathrm{d}z=\dfrac{\partial z}{\partial x}\Delta x+\dfrac{\partial z}{\partial y}\Delta y$.

如果函数 $z=f(x,y)$ 可微, 则 $z=f(x,y)$ 必连续.

三、全微分存在的充分条件

如果函数 $z=f(x,y)$ 在区域 D 内的偏导数连续, 则 $z=f(x,y)$ 在区域 D 内可微.

四、全微分存在的充分必要条件

如果函数 $z=f(x,y)$ 在点 $P_0(x_0,y_0)$ 处的两个偏导数 $f'_x(x_0,y_0),f'_y(x_0,y_0)$ 均存在, 则 $z=f(x,y)$ 在点 $P_0(x_0,y_0)$ 处可微的充分必要条件为

$$\lim_{\rho\to 0}\frac{\Delta z-f'_x(x_0,y_0)\Delta x-f'_y(x_0,y_0)\Delta y}{\rho}=0,\text{其中 }\rho=\sqrt{(\Delta x)^2+(\Delta y)^2}.$$

五、全微分形式不变性

设函数 $z=f(u,v)$ 可微, 则不论 u,v 是自变量, 还是可微函数, 均有

$$dz = \frac{\partial z}{\partial u}du + \frac{\partial z}{\partial v}dv.$$

对于多元函数 u,v,可利用全微分形式不变性验证下面的微分运算法则:

$$d(u \pm v) = du \pm dv, d(uv) = udv + vdu, d\left(\frac{u}{v}\right) = \frac{vdu - udv}{v^2}.$$

例 4 设 $z = xy\sin(x-y)$,求 dz 及 $dz\,|_{(1,1)}$.

解 $\dfrac{\partial z}{\partial x} = y\sin(x-y) + xy\cos(x-y), \dfrac{\partial z}{\partial y} = x\sin(x-y) - xy\cos(x-y)$.

由于 $\dfrac{\partial z}{\partial x}, \dfrac{\partial z}{\partial y}$ 在全平面内连续,函数 z 在全平面内可微,且

$$dz = [y\sin(x-y) + xy\cos(x-y)]dx + [x\sin(x-y) - xy\cos(x-y)]dy,$$

故在点 $(1,1)$ 处,$\dfrac{\partial z}{\partial x}\Big|_{(1,1)} = 1, \dfrac{\partial z}{\partial y}\Big|_{(1,1)} = -1$,所以 $dz\,|_{(1,1)} = dx - dy$.

例 5 考查二元函数 $z = f(x,y) = \begin{cases} \dfrac{xy}{\sqrt{x^2+y^2}}, & x^2+y^2 \neq 0, \\ 0, & x^2+y^2 = 0 \end{cases}$ 在点 $(0,0)$ 处的可

微性.

解 $z = f(x,y)$ 在点 $(0,0)$ 处连续,$f(x,0) = f(0,y) = 0$,则

$$f'_x(0,0) = f'_y(0,0) = 0.$$

但极限

$$\lim_{\rho \to 0} \frac{\Delta z - f'_x(0,0)\Delta x - f'_y(0,0)\Delta y}{\rho} = \lim_{\rho \to 0} \frac{\Delta z}{\rho} = \lim_{\substack{\Delta x \to 0 \\ \Delta y \to 0}} \frac{\Delta x \Delta y}{(\Delta x)^2 + (\Delta y)^2}$$

不存在,所以此函数在点 $(0,0)$ 处不可微.

例 6 考查二元函数 $z = f(x,y) = \begin{cases} \dfrac{x^2 y}{\sqrt{x^2+y^2}}, & x^2+y^2 \neq 0, \\ 0, & x^2+y^2 = 0 \end{cases}$ 在点 $(0,0)$ 处的可

微性.

解 因为 $0 \leqslant \dfrac{|x^2 y|}{\sqrt{x^2+y^2}} \leqslant x^2$,$\lim\limits_{(x,y) \to (0,0)} \dfrac{x^2 y}{\sqrt{x^2+y^2}} = 0 = f(0,0)$,故函数在点 $(0,0)$ 处连

续. 又 $f(x,0) = f(0,y) = 0$,故 $f'_x(0,0) = f'_y(0,0) = 0$. 由于 $\dfrac{|(\Delta x)^2 \Delta y|}{(\Delta x)^2 + (\Delta y)^2} \leqslant |\Delta y|$,

$$\lim_{\rho \to 0} \frac{\Delta z - f'_x(0,0)\Delta x - f'_y(0,0)\Delta y}{\rho} = \lim_{\rho \to 0} \frac{\Delta z}{\rho} = \lim_{\substack{\Delta x \to 0 \\ \Delta y \to 0}} \frac{(\Delta x)^2 \Delta y}{(\Delta x)^2 + (\Delta y)^2} = 0,$$

所以函数在 $(0,0)$ 处可微.

注 多元函数微分学的基本内容与一元函数微分学的基本内容之间既有相似之处，又存在某些本质上的差别. 要注意比较它们的异同点，二元函数的极限存在、连续、可偏导存在和可微分存在之间的关系见下图.

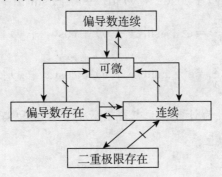

知识点 **多元复合函数一阶、二阶偏导数的求法**

利用变量关系图求偏导或者全导数的链式法则：

(1) 画出变量关系图；

(2) 分线用加（几条路就有几项相加），连线用乘；

(3) 单出口求导，多出口求偏导.

定理 如右图所示，设函数 $u=\varphi(x,y)$，$v=\psi(x,y)$ 都在点 (x,y) 处存在偏导数，而 $z=f(u,v)$ 在对应的点 (u,v) 处具有连续偏导数，则复合函数 $z=f[\varphi(x,y),\psi(x,y)]$ 在点 (x,y) 处也存在偏导数，且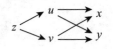

$$\frac{\partial z}{\partial x}=\frac{\partial z}{\partial u}\frac{\partial u}{\partial x}+\frac{\partial z}{\partial v}\frac{\partial v}{\partial x},\frac{\partial z}{\partial y}=\frac{\partial z}{\partial u}\frac{\partial u}{\partial y}+\frac{\partial z}{\partial v}\frac{\partial v}{\partial y}.$$

例 1 设 $z=\mathrm{e}^u\sin v,u=xy,v=x+y$，求 $\dfrac{\partial z}{\partial x},\dfrac{\partial z}{\partial y}$.

解 方法一
$$\frac{\partial z}{\partial x}=\frac{\partial z}{\partial u}\frac{\partial u}{\partial x}+\frac{\partial z}{\partial v}\frac{\partial v}{\partial x}=\mathrm{e}^u\sin v\cdot y+\mathrm{e}^u\cos v\cdot 1$$
$$=\mathrm{e}^{xy}[y\sin(x+y)+\cos(x+y)],$$
$$\frac{\partial z}{\partial y}=\frac{\partial z}{\partial u}\frac{\partial u}{\partial y}+\frac{\partial z}{\partial v}\frac{\partial v}{\partial y}=\mathrm{e}^u\sin v\cdot x+\mathrm{e}^u\cos v\cdot 1$$
$$=\mathrm{e}^{xy}[x\sin(x+y)+\cos(x+y)].$$

方法二 $\mathrm{d}z = \dfrac{\partial z}{\partial u}\mathrm{d}u + \dfrac{\partial z}{\partial v}\mathrm{d}v = \mathrm{e}^u \sin v \, \mathrm{d}u + \mathrm{e}^u \cos v \, \mathrm{d}v$，从而

$$\mathrm{d}z = \mathrm{e}^u \sin v(y\mathrm{d}x + x\mathrm{d}y) + \mathrm{e}^u \cos v(\mathrm{d}x + \mathrm{d}y)$$
$$= \mathrm{e}^{xy}[y\sin(x+y) + \cos(x+y)]\mathrm{d}x + \mathrm{e}^{xy}[x\sin(x+y) + \cos(x+y)]\mathrm{d}y,$$

进而
$$\frac{\partial z}{\partial x} = \mathrm{e}^{xy}[y\sin(x+y) + \cos(x+y)],$$

$$\frac{\partial z}{\partial y} = \mathrm{e}^{xy}[x\sin(x+y) + \cos(x+y)].$$

注 全微分形式不变性为计算多元复合函数的全微分和偏导数提供了一种有效方法，称为全微分法，见方法二.

例 2 分别求下列复合函数的全导数：

(1) 设 $z = \mathrm{e}^{u-2v}$，而 $u = \sin x$，$v = x^3$，求 $\dfrac{\mathrm{d}z}{\mathrm{d}x}$；

(2) 设 $z = \arctan(xy)$，而 $y = \ln(1+x^2)$，求 $\dfrac{\mathrm{d}z}{\mathrm{d}x}$.

解 (1) 如图(a) 所示写出公式：

$$\frac{\mathrm{d}z}{\mathrm{d}x} = \frac{\partial z}{\partial u} \cdot \frac{\mathrm{d}u}{\mathrm{d}x} + \frac{\partial z}{\partial v} \cdot \frac{\mathrm{d}v}{\mathrm{d}x}$$

$$= \mathrm{e}^{u-2v} \cdot \cos x - 2\mathrm{e}^{u-2v} \cdot (3x^2) = \mathrm{e}^{\sin x - 2x^3}(\cos x - 6x^2).$$

(2) 如图(b) 所示写出公式：

$$\frac{\mathrm{d}z}{\mathrm{d}x} = \frac{\partial z}{\partial x} + \frac{\partial z}{\partial y} \cdot \frac{\mathrm{d}y}{\mathrm{d}x} = \frac{y}{1+(xy)^2} + \frac{x}{1+(xy)^2} \cdot \frac{2x}{1+x^2}$$

$$= \frac{1}{1+(xy)^2}\left(y + \frac{2x^2}{1+x^2}\right).$$

例 3 设函数 $f(u,v)$ 具有二阶连续偏导数，令 $z = f(x^2+y^2, xy)$，求 $\dfrac{\partial z}{\partial x}, \dfrac{\partial z}{\partial y}, \dfrac{\partial^2 z}{\partial x \partial y}$.

分析 此处的函数 f 是没有给出具体表达式的所谓"抽象函数"，应把 $f(x^2+y^2, xy)$ 视为中间变量为 $u = x^2+y^2$ 和 $v = xy$ 的二元函数，再分别把 $u = x^2+y^2$ 和 $v = xy$ 视为 x 和 y 的二元函数.

解 令 $u = x^2+y^2$，$v = xy$，则

$$\frac{\partial z}{\partial x} = \frac{\partial z}{\partial u}\frac{\partial u}{\partial x} + \frac{\partial z}{\partial v}\frac{\partial v}{\partial x} = f'_u(u,v) \cdot 2x + f'_v(u,v) \cdot y,$$

$$\frac{\partial z}{\partial y} = \frac{\partial z}{\partial u}\frac{\partial u}{\partial y} + \frac{\partial z}{\partial v}\frac{\partial v}{\partial y} = f'_u(u,v) \cdot 2y + f'_v(u,v) \cdot x.$$

上式中的 f'_u, f'_v 分别表示函数 $f(u,v)$ 关于变量 u 和 v 求偏导数，可以把它们简单地记

为 f'_1 和 f'_2. 因此在求函数的偏导数时通常直接采用以下的写法：

$$\frac{\partial z}{\partial x} = f'_1 \cdot 2x + f'_2 \cdot y, \frac{\partial z}{\partial y} = f'_1 \cdot 2y + f'_2 \cdot x,$$

$$\frac{\partial^2 z}{\partial x \partial y} = (f''_{11} \cdot 2y + f''_{12} \cdot x) \cdot 2x + (f''_{21} \cdot 2y + f''_{22} \cdot x) \cdot y + f'_2 \cdot 1$$

$$= 4xyf''_{11} + 2(x^2 + y^2)f''_{12} + xyf''_{22} + f'_2.$$

> **对标考试要求**
>
> ⑤ 了解隐函数存在定理，会求多元隐函数的偏导数.

知识点 1　隐函数存在定理 1

设函数 $F(x,y)$ 在点 $P_0(x_0,y_0)$ 的某邻域 $U(P_0)$ 内有连续的偏导数，且

$$F(x_0,y_0) = 0, F'_y(x_0,y_0) \neq 0,$$

则在 $U(P_0)$ 内，方程 $F(x,y) = 0$ 确定了唯一的具有连续导数的函数 $y = f(x)$，并满足 $y_0 = f(x_0)$，且

$$\frac{\mathrm{d}y}{\mathrm{d}x} = -\frac{F'_x}{F'_y}.$$

知识点 2　隐函数存在定理 2

设函数 $F(x,y,z)$ 在点 $P_0(x_0,y_0,z_0)$ 的某邻域 $U(P_0)$ 内有连续的偏导数，且

$$F(x_0,y_0,z_0) = 0, F'_z(x_0,y_0,z_0) \neq 0,$$

则在 $U(P_0)$ 内，方程 $F(x,y,z) = 0$ 确定了唯一的具有连续偏导数的函数 $z = f(x,y)$，并满足 $z_0 = f(x_0,y_0)$，且

$$\frac{\partial z}{\partial x} = -\frac{F'_x}{F'_z}, \frac{\partial z}{\partial y} = -\frac{F'_y}{F'_z}.$$

例 1　求方程 $x^2 + \sin(xy) = \mathrm{e}^y$ 所确定隐函数的导数 $\frac{\mathrm{d}y}{\mathrm{d}x}$.

解　方法一　令 $F(x,y) = x^2 + \sin(xy) - \mathrm{e}^y$，则

$$F'_x(x,y) = 2x + y\cos(xy), F'_y(x,y) = x\cos(xy) - \mathrm{e}^y,$$

$$\frac{\mathrm{d}y}{\mathrm{d}x} = -\frac{F'_x(x,y)}{F'_y(x,y)} = -\frac{2x + y\cos(xy)}{x\cos(xy) - \mathrm{e}^y}.$$

方法二　两边关于 x 求导(注意视 y 为 x 的函数)，

$$2x + y\cos(xy) + x\cos(xy)\frac{\mathrm{d}y}{\mathrm{d}x} = \mathrm{e}^y\frac{\mathrm{d}y}{\mathrm{d}x},$$

则

$$\frac{\mathrm{d}y}{\mathrm{d}x} = -\frac{2x + y\cos(xy)}{x\cos(xy) - \mathrm{e}^y}.$$

方法三　等式两边同时求微分,得

$$2x\,\mathrm{d}x + y\cos(xy)\mathrm{d}x + x\cos(xy)\mathrm{d}y = \mathrm{e}^y\mathrm{d}y,$$

解得 $\dfrac{\mathrm{d}y}{\mathrm{d}x} = -\dfrac{2x + y\cos(xy)}{x\cos(xy) - \mathrm{e}^y}.$

例 2　设二元函数 $z = z(x, y)$ 是由方程 $\dfrac{x}{z} - \ln\dfrac{z}{y} = 0$ 所确定的隐函数,求 $\dfrac{\partial z}{\partial x}, \dfrac{\partial^2 z}{\partial x^2}.$

解　令 $F(x, y, z) = \dfrac{x}{z} - \ln\dfrac{z}{y}$,则

$$F'_x(x, y, z) = \frac{1}{z}, F'_z(x, y, z) = -\frac{x}{z^2} - \frac{1}{z} = -\frac{x + z}{z^2},$$

当 $F'_z(x, y, z) \neq 0$,即 $x + z \neq 0$ 时,$\dfrac{\partial z}{\partial x} = -\dfrac{F'_x}{F'_z} = \dfrac{z}{x + z}.$

在 $\dfrac{\partial z}{\partial x}$ 两边同时对 x 求偏导数,并注意到 $z = z(x, y)$ 为 x, y 的二元函数,得

$$\frac{\partial^2 z}{\partial x^2} = \frac{\frac{\partial z}{\partial x}(x + z) - z\left(1 + \frac{\partial z}{\partial x}\right)}{(x + z)^2} = -\frac{z^2}{(x + z)^3}.$$

例 3　设 $f(x^2 - y^2, \mathrm{e}^{xy}) = 0$,其中 f 具有一阶连续偏导数,求 $\dfrac{\mathrm{d}y}{\mathrm{d}x}.$

解　**方法一**　方程两边分别对 x 求导,得

$$f'_1 \cdot \left(2x - 2y\frac{\mathrm{d}y}{\mathrm{d}x}\right) + f'_2 \cdot \mathrm{e}^{xy}\left(y + x\frac{\mathrm{d}y}{\mathrm{d}x}\right) = 0,$$

所以当 $2yf'_1 - x\mathrm{e}^{xy}f'_2 \neq 0$ 时,$\dfrac{\mathrm{d}y}{\mathrm{d}x} = \dfrac{2xf'_1 + y\mathrm{e}^{xy}f'_2}{2yf'_1 - x\mathrm{e}^{xy}f'_2}.$

方法二　方程两边取微分,得 $\mathrm{d}f(x^2 - y^2, \mathrm{e}^{xy}) = 0,$

$$f'_1 \cdot (2x\,\mathrm{d}x - 2y\,\mathrm{d}y) + f'_2 \cdot \mathrm{e}^{xy}(y\,\mathrm{d}x + x\,\mathrm{d}y) = 0,$$

所以

$$\frac{\mathrm{d}y}{\mathrm{d}x} = \frac{2xf'_1 + y\mathrm{e}^{xy}f'_2}{2yf'_1 - x\mathrm{e}^{xy}f'_2}.$$

注　对于方程组 $\begin{cases} F(x, y, z) = 0, \\ G(x, y, z) = 0 \end{cases}$ 和 $\begin{cases} F(x, y, u, v) = 0, \\ G(x, y, u, v) = 0 \end{cases}$ 也有相应的隐函数存在定理,但是不主张同学们记相关定理,我们以例题说明这种问题的处理方法.

例 4 设 $y=y(x),z=z(x)$ 由方程组 $\begin{cases} z-x^2-y^2=0, \\ x^2+2y^2+3z^2=16 \end{cases}$ 确定,求 $\dfrac{dy}{dx},\dfrac{dz}{dx}$.

解 由题设知,y,z 是 x 的函数,在每个方程的两边对 x 求导,得

$$\begin{cases} \dfrac{dz}{dx}-2x-2y\,\dfrac{dy}{dx}=0, \\ 2x+4y\,\dfrac{dy}{dx}+6z\,\dfrac{dz}{dx}=0, \end{cases} \quad 即 \begin{cases} \dfrac{dz}{dx}-2y\,\dfrac{dy}{dx}=2x, \\ 3z\,\dfrac{dz}{dx}+2y\,\dfrac{dy}{dx}=-x. \end{cases}$$

解上面关于 $\dfrac{dy}{dx},\dfrac{dz}{dx}$ 的二元一次线性方程组(用加减消元法或者直接套用克拉默法则求解),当 $y(1+3z)\neq 0$ 时,得

$$\frac{dy}{dx}=-\frac{x(1+6z)}{2y(1+3z)},\frac{dz}{dx}=\frac{x}{1+3z}.$$

对标考试要求

6 理解多元函数极值和条件极值的概念,掌握多元函数极值存在的必要条件,了解二元函数极值存在的充分条件,会求二元函数的极值.

知识点 1 多元函数的极值

设函数 $z=f(x,y)$ 在点 $P_0(x_0,y_0)$ 的某邻域 $U(P_0)$ 内有定义.若对于 $U(P_0)$ 内异于 (x_0,y_0) 的任一点 (x,y),都有 $f(x,y)<f(x_0,y_0)(f(x,y)>f(x_0,y_0))$,则称 $f(x_0,y_0)$ 为 $f(x,y)$ 的一个极大值(极小值),(x_0,y_0) 为极大值点(极小值点).极大值和极小值统称为极值,极大值点和极小值点统称为极值点.

知识点 2 极值存在的必要条件

设点 (x_0,y_0) 为函数 $f(x,y)$ 的极值点,$f'_x(x_0,y_0),f'_y(x_0,y_0)$ 均存在,则必有

$$f'_x(x_0,y_0)=f'_y(x_0,y_0)=0.$$

满足条件 $f'_x(x_0,y_0)=f'_y(x_0,y_0)=0$ 的点 (x_0,y_0) 称为函数 $f(x,y)$ 的驻点或稳定点.极值点可能是驻点,也可能是偏导数不存在的点.

注 如果 $f'_x(x_0,y_0)=0,f'_y(x_0,y_0)=0$,则 $f(x,y)$ 在点 (x_0,y_0) 处未必取得极值.

例如,函数 $f(x,y)=xy$ 在点 $(0,0)$ 处有 $f'_x(0,0)=f'_y(0,0)=0$,但 $f(x,y)=xy$ 在点 $(0,0)$ 处不取极值.

知识点 3 极值存在的充分条件

设函数 $f(x,y)$ 在点 $P_0(x_0,y_0)$ 的某邻域 $U(P_0)$ 内具有二阶连续偏导数,且 $f'_x(x_0,y_0)=0, f'_y(x_0,y_0)=0$. 记 $A=f''_{xx}(x_0,y_0), B=f''_{xy}(x_0,y_0), C=f''_{yy}(x_0,y_0)$,则

① 当 $B^2-AC<0$ 时,$f(x,y)$ 在点 (x_0,y_0) 处取得极值,且当 $A>0$ 时,$f(x_0,y_0)$ 是极小值,当 $A<0$ 时,$f(x_0,y_0)$ 是极大值;

② 当 $B^2-AC>0$ 时,$f(x_0,y_0)$ 不是极值;

③ 当 $B^2-AC=0$ 时,$f(x_0,y_0)$ 是否是极值需进一步讨论.

例 1 分别求下列函数的极值:

(1) $f(x,y)=4(x-y)-x^2-y^2$;

(2) $f(x,y)=xy(a-x-y),a\neq 0$.

解 (1) 由 $\begin{cases} f'_x(x,y)=4-2x=0, \\ f'_y(x,y)=-4-2y=0, \end{cases}$ 解得驻点为 $(2,-2)$,又

$$f''_{xx}(x,y)=-2, f''_{xy}(x,y)=0, f''_{yy}(x,y)=-2,$$

则在点 $(2,-2)$ 处

$$A=f''_{xx}(2,-2)=-2, B=f''_{xy}(2,-2)=0, C=f''_{yy}(2,-2)=-2,$$

由 $B^2-AC=-4<0$,且 $A=-2<0$,故 $f(x,y)$ 在点 $(2,-2)$ 处取极大值,

$$f_{极大}(2,-2)=8.$$

注 由配方法 $f(x,y)=4(x-y)-x^2-y^2=8-(x-2)^2-(y+2)^2$,易得

$$f_{极大}(2,-2)=8.$$

(2) 由 $\begin{cases} f'_x(x,y)=y(a-2x-y)=0, \\ f'_y(x,y)=x(a-x-2y)=0, \end{cases}$ 解得驻点为 $(0,0), \left(\dfrac{a}{3},\dfrac{a}{3}\right), (0,a), (a,0)$,且

$$f''_{xx}(x,y)=-2y, f''_{xy}(x,y)=a-2x-2y, f''_{yy}(x,y)=-2x.$$

① 对于驻点 $(0,0)$,

$$A=f''_{xx}(0,0)=0, B=f''_{xy}(0,0)=a, C=f''_{yy}(0,0)=0.$$

由于 $B^2-AC=a^2>0$,故点 $(0,0)$ 不是极值点;

② 对于驻点 $\left(\dfrac{a}{3},\dfrac{a}{3}\right)$,

$$A=f''_{xx}\left(\dfrac{a}{3},\dfrac{a}{3}\right)=-\dfrac{2a}{3}, B=f''_{xy}\left(\dfrac{a}{3},\dfrac{a}{3}\right)=-\dfrac{a}{3}, C=f''_{yy}\left(\dfrac{a}{3},\dfrac{a}{3}\right)=-\dfrac{2a}{3}.$$

由于 $B^2-AC=-\dfrac{a^2}{3}<0$,故 $\left(\dfrac{a}{3},\dfrac{a}{3}\right)$ 为极值点,且

当 $a>0$ 时, $A=-\dfrac{2a}{3}<0$, 故 $f(x,y)$ 在点 $\left(\dfrac{a}{3},\dfrac{a}{3}\right)$ 处取极大值, $f_{极大}\left(\dfrac{a}{3},\dfrac{a}{3}\right)=\dfrac{a^3}{27}$;

当 $a<0$ 时, $A=-\dfrac{2a}{3}>0$, 故 $f(x,y)$ 在点 $\left(\dfrac{a}{3},\dfrac{a}{3}\right)$ 处取极小值, $f_{极小}\left(\dfrac{a}{3},\dfrac{a}{3}\right)=\dfrac{a^3}{27}$.

③ 对于驻点 $(0,a)$,
$$A=f''_{xx}(0,a)=-2a,B=f''_{xy}(0,a)=-a,C=f''_{yy}(0,a)=0.$$
由于 $B^2-AC=a^2>0$, 故点 $(0,a)$ 不是极值点;

④ 对于驻点 $(a,0)$,
$$A=f''_{xx}(a,0)=0,B=f''_{xy}(a,0)=-a,C=f''_{yy}(a,0)=-2a.$$
由于 $B^2-AC=a^2>0$, 故点 $(a,0)$ 不是极值点.

综上, 当 $a>0$ 时, $f(x,y)$ 在点 $\left(\dfrac{a}{3},\dfrac{a}{3}\right)$ 处取极大值, $f_{极大}\left(\dfrac{a}{3},\dfrac{a}{3}\right)=\dfrac{a^3}{27}$;

当 $a<0$ 时, $f(x,y)$ 在点 $\left(\dfrac{a}{3},\dfrac{a}{3}\right)$ 处取极小值, $f_{极小}\left(\dfrac{a}{3},\dfrac{a}{3}\right)=\dfrac{a^3}{27}$.

对标考试要求

7 会用拉格朗日乘数法求条件极值, 会求简单多元函数的最大值和最小值, 并会解决一些简单的应用问题.

知识点 1 条件极值

求目标函数 $z=f(x,y)$ 在约束条件 $\varphi(x,y)=0$ 下的极值, 采取如下拉格朗日乘数法:

设函数 $f(x,y),\varphi(x,y)$ 具有一阶连续偏导数, 作拉格朗日函数
$$L(x,y,\lambda)=f(x,y)+\lambda\varphi(x,y),$$
令 $L'_x=0,L'_y=0,L'_\lambda=0$, 得联立方程组
$$\begin{cases} f'_x(x,y)+\lambda\varphi'_x(x,y)=0, \\ f'_y(x,y)+\lambda\varphi'_y(x,y)=0, \\ \varphi(x,y)=0. \end{cases}$$

由此解出拉格朗日稳定点 (x_0,y_0,λ_0), 则点 (x_0,y_0) 为目标函数 $z=f(x,y)$ 在约束条件 $\varphi(x,y)=0$ 下的可能极值点.

知识点 2 最大值和最小值

设函数 $f(x,y)$ 在有界闭区域 D 上连续, 则 $f(x,y)$ 在 D 上必有最大值和最小值. 求最

值的步骤如下：

（1）求出 $f(x,y)$ 在 D 内偏导数不存在的点；

（2）求出 $f(x,y)$ 在 D 内的驻点；

（3）求出 $f(x,y)$ 在 D 的边界线上的可能极值点.

（4）把以上三种类型的点都代入函数 $f(x,y)$，计算函数值并比较大小，其中最大的函数值即为 $f(x,y)$ 在 D 上的最大值，最小的函数值即为 $f(x,y)$ 在 D 上的最小值.

如果是实际应用题，可首先求出 $f(x,y)$ 的驻点，然后根据应用题的实际意义确定 $f(x,y)$ 的最值.

例 1 求函数 $f(x,y)=xy$ 在条件 $x^2+y^2=1$ 下的最大值.

解 令 $L(x,y,\lambda)=xy+\lambda(x^2+y^2-1)$，则

$$\begin{cases} L'_x(x,y,\lambda)=y+2\lambda x=0, \\ L'_y(x,y,\lambda)=x+2\lambda y=0, \\ L'_\lambda(x,y,\lambda)=x^2+y^2-1=0. \end{cases}$$

解得可能条件极值点为 $\left(\frac{\sqrt{2}}{2},\frac{\sqrt{2}}{2}\right)$，$\left(-\frac{\sqrt{2}}{2},-\frac{\sqrt{2}}{2}\right)$，$\left(\frac{\sqrt{2}}{2},-\frac{\sqrt{2}}{2}\right)$，$\left(-\frac{\sqrt{2}}{2},\frac{\sqrt{2}}{2}\right)$，将它们代入 $f(x,y)=xy$，得函数 $f(x,y)=xy$ 在条件 $x^2+y^2=1$ 下的最大值为 $\frac{1}{2}$，此时 $x=\frac{\sqrt{2}}{2},y=\frac{\sqrt{2}}{2}$ 或 $x=-\frac{\sqrt{2}}{2},y=-\frac{\sqrt{2}}{2}$.

例 2 分别求下列函数在指定区域 D 上的最大值和最小值：

(1) $f(x,y)=x^2y(4-x-y)$，$D=\{(x,y)\mid x\geqslant 0,y\geqslant 0,x+y\leqslant 6\}$；

(2) $f(x,y)=\mathrm{e}^{-xy}$，$D=\{(x,y)\mid x^2+4y^2\leqslant 1\}$.

解 由于各二元函数 $f(x,y)$ 在闭区域 D 上连续且可微，故所求最大值和最小值存在.

(1) $\begin{cases} f'_x(x,y)=8xy-3x^2y-2xy^2=xy(8-3x-2y)=0, \\ f'_y(x,y)=4x^2-x^3-2x^2y=x^2(4-x-2y)=0. \end{cases}$

① 在 D 内有驻点 $(2,1)$，且 $f(2,1)=4$；

② 在边界 $x=0$ 及 $y=0$ 上，$f(0,y)=f(x,0)=0$；

③ 在边界 $x+y=6$ 上，$f(x,y)=2x^3-12x^2\xrightarrow{\text{记}}g(x)$，$0\leqslant x\leqslant 6$，由 $\frac{\mathrm{d}g(x)}{\mathrm{d}x}=6x^2-24x=0$，得驻点 $x=0,x=4$，且 $f(0,6)=0,f(4,2)=-64,f(6,0)=0$.

比较函数值可得最小值 $f_{\min}(4,2)=-64$，最大值 $f_{\max}(2,1)=4$.

(2) 令 $\begin{cases} f'_x(x,y)=-y\mathrm{e}^{-xy}=0, \\ f'_y(x,y)=-x\mathrm{e}^{-xy}=0. \end{cases}$

① 在 D 内有驻点 $(0,0)$,且 $f(0,0)=1$;

② 在边界 $x^2+4y^2=1$ 上,构造拉格朗日函数,
$$L(x,y,\lambda)=-xy+\lambda(x^2+4y^2-1),$$

令
$$\begin{cases} L'_x(x,y,\lambda)=-y+2\lambda x=0, \\ L'_y(x,y,\lambda)=-x+8\lambda y=0, \\ L'_\lambda(x,y,\lambda)=x^2+4y^2-1=0, \end{cases}$$

解得可能的条件极值点为 $\left(\dfrac{\sqrt{2}}{2},\dfrac{\sqrt{2}}{4}\right)$,$\left(\dfrac{\sqrt{2}}{2},-\dfrac{\sqrt{2}}{4}\right)$,$\left(-\dfrac{\sqrt{2}}{2},\dfrac{\sqrt{2}}{4}\right)$,$\left(-\dfrac{\sqrt{2}}{2},-\dfrac{\sqrt{2}}{4}\right)$,且

$$f\left(\dfrac{\sqrt{2}}{2},\dfrac{\sqrt{2}}{4}\right)=f\left(-\dfrac{\sqrt{2}}{2},-\dfrac{\sqrt{2}}{4}\right)=\mathrm{e}^{-\frac{1}{4}},\ f\left(-\dfrac{\sqrt{2}}{2},\dfrac{\sqrt{2}}{4}\right)=f\left(\dfrac{\sqrt{2}}{2},-\dfrac{\sqrt{2}}{4}\right)=\mathrm{e}^{\frac{1}{4}}.$$

比较函数值可得 $f(x,y)$ 有

$$f_{\min}\left(\dfrac{\sqrt{2}}{2},\dfrac{\sqrt{2}}{4}\right)=f_{\min}\left(-\dfrac{\sqrt{2}}{2},-\dfrac{\sqrt{2}}{4}\right)=\mathrm{e}^{-\frac{1}{4}},$$

$$f_{\max}\left(-\dfrac{\sqrt{2}}{2},\dfrac{\sqrt{2}}{4}\right)=f_{\max}\left(\dfrac{\sqrt{2}}{2},-\dfrac{\sqrt{2}}{4}\right)=\mathrm{e}^{\frac{1}{4}}.$$

注 在构造拉格朗日函数时将 e^{-xy} 换成 $-xy$,二者驻点一样.我们可以改变目标函数 $f(x,y)$,但是不可以改变约束条件 $\varphi(x,y)=0$.

例 3 某工厂要用钢板做一个容积为定值 V 的无盖长方体水箱,问长、宽、高分别为多少时,所用材料最省?

解 设水箱的长、宽分别为 x、y,则水箱的高为 $\dfrac{V}{xy}$,所以水箱的表面积为 $S=2x\dfrac{V}{xy}+2y\dfrac{V}{xy}+xy=\dfrac{2V}{y}+\dfrac{2V}{x}+xy$,定义域 $D:\{(x,y)\mid x>0,y>0\}$.

令 $S'_x=-\dfrac{2V}{x^2}+y=0$,$S'_y=-\dfrac{2V}{y^2}+x=0$,得 D 内唯一驻点 $(\sqrt[3]{2V},\sqrt[3]{2V})$.

根据题意,此水箱表面积的最小值一定存在,且在 D 的内部取得,因此在 D 内唯一的驻点 $(\sqrt[3]{2V},\sqrt[3]{2V})$ 处,表面积 S 必取得最小值,所以水箱的长、宽、高分别为 $\sqrt[3]{2V}$,$\sqrt[3]{2V}$,$\dfrac{1}{2}\sqrt[3]{2V}$ 时,所用的材料最省.

对标考试要求

8(仅限数学一)了解空间曲线的切线和法平面及曲面的切平面和法线的概念.会求它们的方程.

知识点 1 空间曲线的切线和法平面

(1) 设空间曲线 Γ 的参数方程为 $\begin{cases} x=x(t), \\ y=y(t), \\ z=z(t), \end{cases}$ 点 $P_0(x_0,y_0,z_0)\in\Gamma$，$P_0$ 对应参数 t_0. 如果 $x'(t_0),y'(t_0),z'(t_0)$ 存在且不全为零，则曲线 Γ 在点 P_0 处存在切线，且有一个切向量为 $\vec{\tau}=\{x'(t_0),y'(t_0),z'(t_0)\}$.

切线方程为 $\dfrac{x-x_0}{x'(t_0)}=\dfrac{y-y_0}{y'(t_0)}=\dfrac{z-z_0}{z'(t_0)}$.

法平面方程为 $x'(t_0)(x-x_0)+y'(t_0)(y-y_0)+z'(t_0)(z-z_0)=0$.

(2) 设空间曲线 Γ 的方程为 $\begin{cases} y=y(x), \\ z=z(x), \end{cases}$ 点 $P_0(x_0,y_0,z_0)\in\Gamma$，如果 $y'(x_0),z'(x_0)$ 存在，则曲线 Γ 在 P_0 处的切向量可取为
$$\vec{s}=\{1,y'(x_0),z'(x_0)\}.$$

切线方程为 $\dfrac{x-x_0}{1}=\dfrac{y-y_0}{y'(x_0)}=\dfrac{z-z_0}{z'(x_0)}$.

法平面方程为 $(x-x_0)+y'(x_0)(y-y_0)+z'(x_0)(z-z_0)=0$.

(3) 设空间曲线 Γ 的方程为 $\begin{cases} F(x,y,z)=0, \\ G(x,y,z)=0, \end{cases}$ 点 $P_0(x_0,y_0,z_0)\in\Gamma$，如果 $F(x,y,z)$，

$G(x,y,z)$ 对各个变量具有一阶连续偏导数，且 $\dfrac{\partial(F,G)}{\partial(y,z)}\bigg|_{P_0}=\begin{vmatrix} \dfrac{\partial F}{\partial y} & \dfrac{\partial F}{\partial z} \\ \dfrac{\partial G}{\partial y} & \dfrac{\partial G}{\partial z} \end{vmatrix}_{P_0}\neq0$，则曲线 Γ

在 P_0 处的切向量可取为 $\vec{s}=\left\{1,\dfrac{\mathrm{d}y}{\mathrm{d}x},\dfrac{\mathrm{d}z}{\mathrm{d}x}\right\}\bigg|_{P_0}$.

切线方程为
$$\frac{x-x_0}{1}=\frac{y-y_0}{\dfrac{\mathrm{d}y}{\mathrm{d}x}\bigg|_{P_0}}=\frac{z-z_0}{\dfrac{\mathrm{d}z}{\mathrm{d}x}\bigg|_{P_0}},$$

法平面方程为
$$(x-x_0)+\frac{\mathrm{d}y}{\mathrm{d}x}\bigg|_{P_0}(y-y_0)+\frac{\mathrm{d}z}{\mathrm{d}x}\bigg|_{P_0}(z-z_0)=0.$$

知识点 2 空间曲面的切平面和法线

(1) 设空间曲面 Σ 的方程为 $F(x,y,z)=0$，点 $P_0(x_0,y_0,z_0)\in\Sigma$. 如果函数 $F(x,y,$

z) 在点 P_0 的某邻域 $U(P_0)$ 内具有一阶连续偏导数，且 $F'_x(x_0,y_0,z_0),F'_y(x_0,y_0,z_0)$，$F'_z(x_0,y_0,z_0)$ 不全为零，则 Σ 在点 P_0 处存在切平面，且该切平面有法向量 $\vec{n}=\{F'_x(x_0,y_0,z_0),F'_y(x_0,y_0,z_0),F'_z(x_0,y_0,z_0)\}$.

切平面方程为

$$F'_x(x_0,y_0,z_0)(x-x_0)+F'_y(x_0,y_0,z_0)(y-y_0)+F'_z(x_0,y_0,z_0)(z-z_0)=0.$$

法线方程为

$$\frac{x-x_0}{F'_x(x_0,y_0,z_0)}=\frac{y-y_0}{F'_y(x_0,y_0,z_0)}=\frac{z-z_0}{F'_z(x_0,y_0,z_0)}.$$

(2) 设空间曲面 Σ 的方程为 $z=f(x,y)$，点 $P_0(x_0,y_0,z_0)\in\Sigma$. 如果函数 $f(x,y)$ 在点 (x_0,y_0) 的某邻域内具有一阶连续偏导数，则 Σ 在点 P_0 处存在切平面，且有法向量

$$\vec{n}=\{f'_x(x_0,y_0),f'_y(x_0,y_0),-1\}.$$

切平面方程为 $f'_x(x_0,y_0)(x-x_0)+f'_y(x_0,y_0)(y-y_0)-(z-z_0)=0.$

法线方程为 $\dfrac{x-x_0}{f'_x(x_0,y_0)}=\dfrac{y-y_0}{f'_y(x_0,y_0)}=\dfrac{z-z_0}{-1}.$

例 1 分别求下列曲线在指定点处的切线方程与法平面方程：

(1) $\begin{cases} x=t-\sin t,\\ y=1-\cos t,\\ z=4\sin\dfrac{t}{2}, \end{cases}$ 点 $\left(\dfrac{\pi}{2}-1,1,2\sqrt{2}\right)$；

(2) $\begin{cases} y^2=4x,\\ z^2=2-x, \end{cases}$ 点 $(1,2,1)$；

(3) $\begin{cases} x^2+y^2+z^2-3x=0,\\ 2x-3y+5z-4=0, \end{cases}$ 点 $(1,1,1)$.

解 (1) $x'(t)=1-\cos t$，$y'(t)=\sin t$，$z'(t)=2\cos\dfrac{t}{2}$，而点 $\left(\dfrac{\pi}{2}-1,1,2\sqrt{2}\right)$ 对应的参数 $t=\dfrac{\pi}{2}$，所以当 $t=\dfrac{\pi}{2}$ 时，$x'\left(\dfrac{\pi}{2}\right)=1$，$y'\left(\dfrac{\pi}{2}\right)=1$，$z'\left(\dfrac{\pi}{2}\right)=\sqrt{2}$. 故

切线方程为 $x-\left(\dfrac{\pi}{2}-1\right)=y-1=\dfrac{z-2\sqrt{2}}{\sqrt{2}}.$

法平面方程为 $x-\left(\dfrac{\pi}{2}-1\right)+y-1+\sqrt{2}(z-2\sqrt{2})=0$，即 $x+y+\sqrt{2}z-\dfrac{\pi}{2}-4=0.$

(2) $2y\dfrac{dy}{dx}=4\Rightarrow\dfrac{dy}{dx}=\dfrac{2}{y}$，$2z\dfrac{dz}{dx}=-1\Rightarrow\dfrac{dz}{dx}=-\dfrac{1}{2z}$，则在点 $(1,2,1)$ 处的切线的方向向量为 $\vec{\tau}=\left\{1,1,-\dfrac{1}{2}\right\}$. 故

切线方程为 $\dfrac{x-1}{2}=\dfrac{y-2}{2}=\dfrac{z-1}{-1}$.

法平面方程为 $2(x-1)+2(y-2)-(z-1)=0$,即 $2x+2y-z-5=0$.

(3) 方程组两边关于 x 求导,得

$$\begin{cases} 2x+2y\cdot\dfrac{\mathrm{d}y}{\mathrm{d}x}+2z\cdot\dfrac{\mathrm{d}z}{\mathrm{d}x}-3=0, \\[3mm] 2-3\dfrac{\mathrm{d}y}{\mathrm{d}x}+5\dfrac{\mathrm{d}z}{\mathrm{d}x}=0. \end{cases}$$

将点 $(1,1,1)$ 代入,解得 $\dfrac{\mathrm{d}y}{\mathrm{d}x}=\dfrac{9}{16},\dfrac{\mathrm{d}z}{\mathrm{d}x}=-\dfrac{1}{16}$. 故

在点 $(1,1,1)$ 的切线的方向向量为 $\vec{\tau}=\{16,9,-1\}$,故

切线方程为 $\dfrac{x-1}{16}=\dfrac{y-1}{9}=\dfrac{z-1}{-1}$.

法平面方程为 $16(x-1)+9(y-1)-(z-1)=0$,即 $16x+9y-z-24=0$.

例 2 分别求下列曲面在指定点处的切平面方程与法线方程:

(1)$z-\mathrm{e}^z+2xy=3$,点 $(1,2,0)$;

(2)$z=ax^2+by^2$,点 (x_0,y_0,z_0).

解 (1) 设 $F(x,y,z)=z-\mathrm{e}^z+2xy-3$,则

$$F'_x(x,y,z)=2y,\ F'_y(x,y,z)=2x,\ F'_z(x,y,z)=1-\mathrm{e}^z.$$

取切平面的法向量为 $\vec{n}=\{F'_x,F'_y,F'_z\}\Big|_{(1,2,0)}=\{4,2,0\}$,故

切平面方程为 $4(x-1)+2(y-2)=0$,即 $2x+y-4=0$.

法线方程为 $\begin{cases} \dfrac{x-1}{2}=y-2, \\[3mm] z=0. \end{cases}$

(2) 由 $\dfrac{\partial z}{\partial x}=2ax$,$\dfrac{\partial z}{\partial y}=2by$,取曲面在点 (x_0,y_0,z_0) 的法向量为 $\vec{n}=$ $\left\{\dfrac{\partial z}{\partial x},\dfrac{\partial z}{\partial y},-1\right\}\Big|_{(x_0,y_0,z_0)}=\{2ax_0,2by_0,-1\}$,故

切平面方程为 $2ax_0(x-x_0)+2by_0(y-y_0)-(z-z_0)=0$,即 $2ax_0x+2by_0y-z-z_0=0$.

法线方程为 $\dfrac{x-x_0}{2ax_0}=\dfrac{y-y_0}{2by_0}=\dfrac{z-z_0}{-1}$.

对标考试要求

⑨(仅限数学一)理解方向导数与梯度的概念,并掌握其计算方法.

知识点 **1** **方向导数**

一、方向导数的定义

设函数 $z=f(x,y)$ 在点 $P_0(x_0,y_0)$ 的某邻域 $U(P_0)$ 内有定义,l 是 xOy 平面上以 $P_0(x_0,y_0)$ 为始点的一条射线,l 的方向向量 $\vec{l}=\{\cos\alpha,\sin\alpha\}$,其中 α 是 x 轴正向沿逆时针方向到向量 $\vec{l}$ 的转角,点 $P(x_0+t\cos\alpha,y_0+t\sin\alpha)\in l\cap U(P_0)$. 如果极限

$$\lim_{t\to 0^+}\frac{f(x_0+t\cos\alpha,y_0+t\sin\alpha)-f(x_0,y_0)}{t}$$ 存在,则称此极限为 $z=f(x,y)$ 在点 $P_0(x_0,$

$y_0)$ 处沿方向 $\vec{l}$ 的方向导数,记为 $\left.\dfrac{\partial f}{\partial \vec{l}}\right|_{(x_0,y_0)}$ 或 $\left.\dfrac{\partial z}{\partial \vec{l}}\right|_{(x_0,y_0)}$,即

$$\left.\frac{\partial f}{\partial \vec{l}}\right|_{(x_0,y_0)}=\lim_{t\to 0^+}\frac{f(x_0+t\cos\alpha,y_0+t\sin\alpha)-f(x_0,y_0)}{t}.$$

类似地,可定义三元函数 $u=f(x,y,z)$ 在点 $P_0(x_0,y_0,z_0)$ 处沿方向 $\vec{l}=\{\cos\alpha,\cos\beta,\cos\gamma\}$ 的方向导数

$$\left.\frac{\partial f}{\partial \vec{l}}\right|_{(x_0,y_0,z_0)}=\lim_{t\to 0^+}\frac{f(x_0+t\cos\alpha,y_0+t\cos\beta,z_0+t\cos\gamma)-f(x_0,y_0,z_0)}{t},$$

其中 α,β,γ 是向量 $\vec{l}$ 分别与 x 轴、y 轴、z 轴正向的夹角.

二、方向导数存在的充分条件

定理 1 如果函数 $z=f(x,y)$ 在点 $P_0(x_0,y_0)$ 可微分,那么函数在该点沿任一方向 $\vec{l}=\{\cos\alpha,\sin\alpha\}$ 的方向导数都存在,且有

$$\left.\frac{\partial f}{\partial \vec{l}}\right|_{(x_0,y_0)}=f'_x(x_0,y_0)\cos\alpha+f'_y(x_0,y_0)\sin\alpha.$$

定理 2 如果函数 $u=f(x,y,z)$ 在点 $P_0(x_0,y_0,z_0)$ 处可微,则 $f(x,y,z)$ 在点 $P_0(x_0,y_0,z_0)$ 处沿任一方向 $\vec{l}=\{\cos\alpha,\cos\beta,\cos\gamma\}$ 的方向导数都存在,且有

$$\left.\frac{\partial f}{\partial \vec{l}}\right|_{(x_0,y_0,z_0)}=f'_x(x_0,y_0,z_0)\cos\alpha+f'_y(x_0,y_0,z_0)\cos\beta+f'_z(x_0,y_0,z_0)\cos\gamma.$$

例 **1** 求函数 $f(x,y)=\sqrt{x^2+y^2}$ 在点 $(0,0)$ 处沿以下方向的方向导数:

(1) $\vec{l}_1=\{1,0\}$;　　　(2) $\vec{l}_2=\{-1,0\}$.

解 $(1) \dfrac{\partial f}{\partial \vec{l_1}}\bigg|_{(0,0)} = \lim\limits_{t \to 0^+} \dfrac{\sqrt{(0+t)^2 + 0^2} - 0}{t} = 1.$

$(2) \dfrac{\partial f}{\partial \vec{l_2}}\bigg|_{(0,0)} = \lim\limits_{t \to 0^+} \dfrac{\sqrt{(0-t)^2 + 0^2} - 0}{t} = 1.$

注 $f(x,y) = \sqrt{x^2 + y^2}$ 在点 $(0,0)$ 处沿 x 轴正、负半轴方向的方向导数都存在. 但是 $f(x,y) = \sqrt{x^2 + y^2}$ 在点 $(0,0)$ 处的偏导数

$$\dfrac{\partial f}{\partial x}\bigg|_{(0,0)} = \lim\limits_{t \to 0} \dfrac{\sqrt{(0+t)^2 + 0^2} - 0}{t} = \lim\limits_{t \to 0} \dfrac{|t|}{t}$$

不存在.

事实上, 若函数 $f(x,y)$ 在点 $P_0(x_0, y_0)$ 处的两个偏导数都存在, 则

当 $\vec{l_1} = \{1,0\}$ 时, $\dfrac{\partial f}{\partial \vec{l_1}}\bigg|_{(x_0,y_0)} = \lim\limits_{t \to 0^+} \dfrac{f(x_0+t, y_0) - f(x_0,y_0)}{t} = f'_x(x_0, y_0);$

当 $\vec{l_2} = \{-1,0\}$ 时, $\dfrac{\partial f}{\partial \vec{l_2}}\bigg|_{(x_0,y_0)} = \lim\limits_{t \to 0^+} \dfrac{f(x_0-t, y_0) - f(x_0,y_0)}{t} = -f'_x(x_0, y_0);$

当 $\vec{l_3} = \{0,1\}$ 时, $\dfrac{\partial f}{\partial \vec{l_3}}\bigg|_{(x_0,y_0)} = \lim\limits_{t \to 0^+} \dfrac{f(x_0, y_0+t) - f(x_0,y_0)}{t} = f'_y(x_0, y_0);$

当 $\vec{l_4} = \{0,-1\}$ 时, $\dfrac{\partial f}{\partial \vec{l_4}}\bigg|_{(x_0,y_0)} = \lim\limits_{t \to 0^+} \dfrac{f(x_0, y_0-t) - f(x_0,y_0)}{t} = -f'_y(x_0, y_0).$

例 2 设函数 $f(x,y) = \begin{cases} 1, & xy \neq 0, \\ 0, & xy = 0, \end{cases}$ 求在点 $(0,0)$ 处的偏导数和在点 $(0,0)$ 处沿方向 $\vec{l} = \{1,1\}$ 的方向导数.

解 $\dfrac{\partial f}{\partial x}\bigg|_{(0,0)} = \lim\limits_{t \to 0} \dfrac{f(t,0) - f(0,0)}{t} = \lim\limits_{t \to 0} \dfrac{0 - 0}{t} = 0,$

$\dfrac{\partial f}{\partial y}\bigg|_{(0,0)} = \lim\limits_{t \to 0} \dfrac{f(0,t) - f(0,0)}{t} = 0,$

$\vec{l^0} = \{\cos\alpha, \sin\alpha\} = \left\langle \dfrac{1}{\sqrt{2}}, \dfrac{1}{\sqrt{2}} \right\rangle,$

$\dfrac{\partial f}{\partial \vec{l}}\bigg|_{(0,0)} = \lim\limits_{t \to 0^+} \dfrac{f(t\cos\alpha, t\sin\alpha) - f(0,0)}{t} = \lim\limits_{t \to 0^+} \dfrac{1 - 0}{t} = +\infty.$

注 例 2 表明函数在点 $(0,0)$ 处的两个偏导数存在, 但是在点 $(0,0)$ 处沿着方向 $\vec{l} = \{1,1\}$ 的方向导数并不存在.

知识点 **2** 梯度

设函数 $z=f(x,y)$ 在平面区域 D 内有一阶连续偏导数,对于每一点 $P_0(x_0,y_0)\in D$,称向量

$$f'_x(x_0,y_0)\vec{i}+f'_y(x_0,y_0)\vec{j}=\{f'_x(x_0,y_0),f'_y(x_0,y_0)\}$$

为 $f(x,y)$ 在点 $P_0(x_0,y_0)$ 处的梯度,记为 $\mathbf{grad}\,f(x_0,y_0)$,即

$$\mathbf{grad}\,f(x_0,y_0)=\{f'_x(x_0,y_0),f'_y(x_0,y_0)\}.$$

设函数 $u=f(x,y,z)$ 在空间区域 G 内有一阶连续偏导数,对于每一点 $P_0(x_0,y_0,z_0)\in G$,类似地,可定义 $f(x,y,z)$ 在点 $P_0(x_0,y_0,z_0)$ 处的梯度为

$$\mathbf{grad}\,f(x_0,y_0,z_0)=\{f'_x(x_0,y_0,z_0),f'_y(x_0,y_0,z_0),f'_z(x_0,y_0,z_0)\}.$$

如果函数 $f(x,y)$ 在 $P_0(x_0,y_0)$ 处可微分,因为

$$\left.\frac{\partial f}{\partial \vec{l}}\right|_{(x_0,y_0)}=f'_x(x_0,y_0)\cos\alpha+f'_y(x_0,y_0)\sin\alpha$$

$$=\{f'_x(x_0,y_0),f'_y(x_0,y_0)\}\cdot\{\cos\alpha,\sin\alpha\}$$

$$=\mathbf{grad}\,f(x_0,y_0)\cdot\vec{l}=|\mathbf{grad}\,f(x_0,y_0)|\cos\theta,$$

其中 θ 为向量 $\mathbf{grad}\,f(x_0,y_0)$ 与向量 $\vec{l}$ 的夹角,所以当 $\theta=0$,即方向 $\vec{l}$ 与梯度 $\mathbf{grad}\,f(x_0,y_0)$ 的指向相同时,$\left.\dfrac{\partial f}{\partial \vec{l}}\right|_{(x_0,y_0)}$ 最大,且方向导数的最大值为 $|\mathbf{grad}\,f(x_0,y_0)|$.

例 3 设函数 $u=xy^2+z^2-xyz$ 及 $M_0(1,1,2),M_1(3,3,3)$,求 u 在点 M_0 处沿 $\overrightarrow{M_0M_1}$ 方向的方向导数和 u 在点 M_0 处的梯度.

解 $\left.\dfrac{\partial u}{\partial x}\right|_{(1,1,2)}=(y^2-yz)\big|_{(1,1,2)}=-1,\left.\dfrac{\partial u}{\partial y}\right|_{(1,1,2)}=(2xy-xz)\big|_{(1,1,2)}=0,$

$$\left.\frac{\partial u}{\partial z}\right|_{(1,1,2)}=(2z-xy)\big|_{(1,1,2)}=3,$$

$$\overrightarrow{M_0M_1}=\{2,2,1\},\overrightarrow{M_0M_1^0}=\left\{\frac{2}{3},\frac{2}{3},\frac{1}{3}\right\},$$

所以 $\left.\dfrac{\partial u}{\partial l}\right|_{(1,1,2)}=(-1)\cdot\dfrac{2}{3}+0\cdot\dfrac{2}{3}+3\cdot\dfrac{1}{3}=\dfrac{1}{3},\mathbf{grad}\,u(1,1,2)=-\vec{i}+3\vec{k}.$

例 4 求函数 $z=x^2-xy+y^2$ 在点 $M(1,1)$ 处沿方向 $\vec{l}=\{\cos\alpha,\sin\alpha\}$(其中 $0\leqslant\alpha\leqslant 2\pi$)的方向导数,并问

(1)α 取何值时,方向导数有最大值?

(2)α 取何值时,方向导数有最小值?

(3)α 取何值时,方向导数为零.

解 $\dfrac{\partial z}{\partial x}\Big|_{(1,1)}=(2x-y)\Big|_{(1,1)}=1,\dfrac{\partial z}{\partial y}\Big|_{(1,1)}=(-x+2y)\Big|_{(1,1)}=1,$则

$$\frac{\partial z}{\partial \vec{l}}\Big|_{(1,1)}=\cos \alpha+\sin \alpha=\sqrt{2}\sin\left(\alpha+\frac{\pi}{4}\right).$$

(1) 当 $\sin\left(\alpha+\dfrac{\pi}{4}\right)=1$,即 $\alpha=\dfrac{\pi}{4}$ 时,方向导数有最大值.

(2) 当 $\sin\left(\alpha+\dfrac{\pi}{4}\right)=-1$,即 $\alpha=\dfrac{5\pi}{4}$ 时,方向导数有最小值.

(3) 当 $\sin\left(\alpha+\dfrac{\pi}{4}\right)=0$,即 $\alpha=\dfrac{3\pi}{4}$ 或 $\alpha=\dfrac{7\pi}{4}$ 时,方向导数为零.

例 5 设函数 $f(x,y,z)=x^2+y^2+z^2+4$,求 **grad** $f(1,-1,2)$,并求 $f(x,y,z)$ 在点$(1,-1,2)$ 处的最大方向导数.

解 $f(x,y,z)$ 在任意点(x,y,z) 处的梯度为

$$\textbf{grad}\, f(x,y,z)=\frac{\partial f}{\partial x}\vec{i}+\frac{\partial f}{\partial y}\vec{j}+\frac{\partial f}{\partial z}\vec{k}=2(x\vec{i}+y\vec{j}+z\vec{k}),$$

故 $$\textbf{grad}\, f(1,-1,2)=2(\vec{i}-\vec{j}+2\vec{k}).$$

$f(x,y,z)$ 在点$(1,-1,2)$ 处的最大方向导数为 $\big|\textbf{grad}\, f(1,-1,2)\big|=2\sqrt{6}$.

第 **7** 章 重积分

对标考试要求

1 理解二重积分的概念,了解二重积分的性质,了解二重积分的中值定理.

知识点 **1** 二重积分的定义

平面上有界闭区域 D 上的二元函数 $z = f(x,y)$ 的二重积分

$$\iint\limits_{D} f(x,y)\mathrm{d}\sigma = \lim_{\lambda \to 0}\sum_{i=1}^{n} f(\xi_i,\eta_i)\Delta\sigma_i,$$

其中 $\lambda = \max\limits_{i}|d_i|$,$d_i$ 为小区域 $\Delta\sigma_i$ 的直径,(ξ_i,η_i) 是 $\Delta\sigma_i$ 上的任意一点.

当二重积分 $\iint\limits_{D} f(x,y)\mathrm{d}\sigma$ 存在时,称 $f(x,y)$ 在区域 D 上可积.

知识点 **2** 二重积分的几何意义

当连续函数 $z = f(x,y) \geqslant 0$ 时,$\iint\limits_{D} f(x,y)\mathrm{d}\sigma$ 表示以 D 为底,以曲面 $z = f(x,y)$ 为顶

的曲顶柱体的体积;当 $f(x,y) \leqslant 0$ 时,$\iint\limits_{D} f(x,y)\mathrm{d}\sigma$ 表示以 D 为底,以曲面 $z = f(x,y)$ 为顶的曲顶柱体体积的负值.

如果 $f(x,y)$ 在 D 的若干部分区域上是正的,而在其他的部分区域上是负的,规定 xOy 坐标面上方的柱体的体积为正,xOy 坐标面下方的柱体的体积为负,则 $\iint\limits_{D} f(x,y)\mathrm{d}\sigma$ 等于 xOy 坐标面上方曲顶柱体的体积减去 xOy 坐标面下方曲顶柱体的体积.

知识点 3 二重积分的性质

(1) $\iint\limits_{D} kf(x,y)\mathrm{d}\sigma = k\iint\limits_{D} f(x,y)\mathrm{d}\sigma$($k$ 为常数);

(2) $\iint\limits_{D} [f(x,y) + g(x,y)]\mathrm{d}\sigma = \iint\limits_{D} f(x,y)\mathrm{d}\sigma + \iint\limits_{D} g(x,y)\mathrm{d}\sigma$;

(3) 如果 $D = D_1 + D_2$,且 $D_1 \cap D_2 = \varnothing$,则 $\iint\limits_{D} f(x,y)\mathrm{d}\sigma = \iint\limits_{D_1} f(x,y)\mathrm{d}\sigma + \iint\limits_{D_2} f(x,y)\mathrm{d}\sigma$;

(4) $\iint\limits_{D} \mathrm{d}\sigma =$ 区域 D 的面积;

(5) 如果在 D 上 $f(x,y) \geqslant g(x,y)$,则 $\iint\limits_{D} f(x,y)\mathrm{d}\sigma \geqslant \iint\limits_{D} g(x,y)\mathrm{d}\sigma$. 特别地,

$$\left| \iint\limits_{D} f(x,y)\mathrm{d}\sigma \right| \leqslant \iint\limits_{D} |f(x,y)| \, \mathrm{d}\sigma;$$

(6) 如果在 D 上 $m \leqslant f(x,y) \leqslant M$,$D$ 的面积记为 σ,则 $m\sigma \leqslant \iint\limits_{D} f(x,y)\mathrm{d}\sigma \leqslant M\sigma$;

(7)(二重积分的中值定理)设 $f(x,y)$ 在有界闭区域 D 上连续,σ 为 D 的面积,则在 D 上至少存在一点 (ξ,η),使得 $\iint\limits_{D} f(x,y)\mathrm{d}\sigma = f(\xi,\eta)\sigma$.

(8)设函数 $f(x,y)$ 在有界闭区域 D 上连续,D 关于 x 轴对称,D 位于 x 轴上方的部分为 D_1,在 D 上,

若 $f(x,-y) = f(x,y)$,即 $f(x,y)$ 关于 y 为偶函数,则 $\iint\limits_{D} f(x,y)\mathrm{d}\sigma = 2\iint\limits_{D_1} f(x,y)\mathrm{d}\sigma$;

若 $f(x,-y) = -f(x,y)$,即 $f(x,y)$ 关于 y 为奇函数,则 $\iint\limits_{D} f(x,y)\mathrm{d}\sigma = 0$.

同理可得,设函数 $f(x,y)$ 在有界闭区域 D 上连续,D 关于 y 轴对称,D 位于 y 轴右边的部分为 D_1,在 D 上,

若 $f(-x,y) = f(x,y)$,即 $f(x,y)$ 关于 x 为偶函数,则 $\iint\limits_{D} f(x,y)\mathrm{d}\sigma = 2\iint\limits_{D_1} f(x,y)\mathrm{d}\sigma$;

若 $f(-x,y) = -f(x,y)$,即 $f(x,y)$ 关于 x 为奇函数,则 $\iint\limits_{D} f(x,y)\mathrm{d}\sigma = 0$.

(9)(二重积分轮换对称性) 若有界闭区域 D 与区域 D' 关于直线 $y=x$ 对称,则

$$\iint\limits_{D}f(x,y)\mathrm{d}\sigma=\iint\limits_{D'}f(y,x)\mathrm{d}\sigma,$$

特别地,若有界闭区域 D 关于直线 $y=x$ 对称,则

$$\iint\limits_{D}f(x,y)\mathrm{d}\sigma=\iint\limits_{D}f(y,x)\mathrm{d}\sigma.$$

例 1 利用二重积分性质,分别比较下列积分的大小:

(1)$\iint\limits_{D}\ln(x+y)\mathrm{d}\sigma$ 与 $\iint\limits_{D}[\ln(x+y)]^2\mathrm{d}\sigma$,其中积分区域 D 是三角形区域,三顶点分别为 $(1,0)$、$(1,1)$、$(2,0)$;

(2)$\iint\limits_{D}\ln(x+y)\mathrm{d}\sigma$ 与 $\iint\limits_{D}[\ln(x+y)]^2\mathrm{d}\sigma$,其中积分区域 D 是矩形区域:$3\leqslant x\leqslant 5,0\leqslant y\leqslant 1$.

解 (1) 在积分区域 D 内,如图(a) 所示,$1<x+y<2<\mathrm{e}$,则 $0<\ln(x+y)<1$,故 $\ln(x+y)>[\ln(x+y)]^2$,则有

$$\iint\limits_{D}\ln(x+y)\mathrm{d}\sigma>\iint\limits_{D}[\ln(x+y)]^2\mathrm{d}\sigma;$$

(2) 在积分区域 D 内,如图(b) 所示,$x+y>3$,则 $\ln(x+y)>1$,故

$$\ln(x+y)<[\ln(x+y)]^2,$$

则有$\iint\limits_{D}\ln(x+y)\mathrm{d}\sigma<\iint\limits_{D}[\ln(x+y)]^2\mathrm{d}\sigma.$

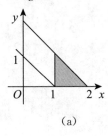

(a)

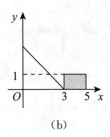

(b)

例 2 利用二重积分性质,分别估计下列积分值:

(1)$I=\iint\limits_{D}\sin^2 x\sin^2 y\mathrm{d}\sigma$,其中 D 是矩形区域:$0\leqslant x\leqslant\pi,0\leqslant y\leqslant\pi$;

(2)$I=\iint\limits_{D}(x+y+10)\mathrm{d}\sigma$,其中 D 是圆域:$x^2+y^2\leqslant 4$.

解 (1) 在 D 上 $0\leqslant\sin^2 x\sin^2 y\leqslant 1$,且区域 D 的面积 $\sigma=\pi^2$,故有

$$0\leqslant\iint\limits_{D}\sin^2 x\sin^2 y\mathrm{d}\sigma\leqslant\pi^2;$$

(2) 设 $f(x,y)=x+y+10$,因 $f'_x(x,y)=1,f'_y(x,y)=1$,所以 $f(x,y)$ 在 D 内无

驻点.在 D 的边界 $x^2+y^2=4$ 上,构造辅助函数

$$L(x,y,\lambda)=x+y+10+\lambda(x^2+y^2-4),$$

令

$$\begin{cases} L'_x(x,y,\lambda)=1+2\lambda x=0, \\ L'_y(x,y,\lambda)=1+2\lambda y=0, \\ L'_\lambda(x,y,\lambda)=x^2+y^2-4=0, \end{cases}$$

即可得驻点 $(-\sqrt{2},-\sqrt{2})$,$(\sqrt{2},\sqrt{2})$,所以 $f(-\sqrt{2},-\sqrt{2})=10-2\sqrt{2}$,$f(\sqrt{2},\sqrt{2})=10+2\sqrt{2}$,
即为 $f(x,y)$ 在 D 上的最小值与最大值,且区域 D 的面积 $\sigma=4\pi^2$,故有

$$8\pi^2(5-\sqrt{2}) \leqslant \iint\limits_{D}(x+y+10)\mathrm{d}\sigma \leqslant 8\pi^2(5+\sqrt{2}).$$

例 3 利用被积函数及积分区域的对称性确定下列积分的值或所列积分之间的关系:

(1) $I=\iint\limits_{D}(y+x^2y^3)\mathrm{d}\sigma$,其中 $D:x^2+y^2 \leqslant 4$,$x \geqslant 0$;

(2) $I_1=\iint\limits_{D_1}(x^2+y^2)^3\mathrm{d}\sigma$ 与 $I_2=\iint\limits_{D_2}(x^2+y^2)^3\mathrm{d}\sigma$,其中

$$D_1:-1 \leqslant x \leqslant 1,-2 \leqslant y \leqslant 2; \quad D_2:0 \leqslant x \leqslant 1,0 \leqslant y \leqslant 2;$$

(3) $I_1=\iint\limits_{D}(xy+\cos x \sin y)\mathrm{d}\sigma$ 与 $I_2=\iint\limits_{D_1}\cos x \sin y\mathrm{d}\sigma$,其中 D 是以 $(1,1)$、$(-1,1)$、

$(-1,-1)$ 为顶点的三角形区域,D_1 是 D 在第一象限的部分.

解 (1) 积分区域 D 关于 x 轴对称,被积函数 $y+x^2y^3$ 关于 y 是奇函数,故

$$I=\iint\limits_{D}(y+x^2y^3)\mathrm{d}\sigma=0;$$

(2) 积分区域 D_1 关于 x 轴、y 轴都对称,被积函数 $(x^2+y^2)^3$ 关于 x、y 均为偶函数,故
有 $I_1=4I_2$;

(3) 如图所示,D 可以分为 D_1、D_2、D_3、D_4,

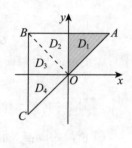

$$\iint\limits_{D}xy\mathrm{d}\sigma=\iint\limits_{D_1 \cup D_2}xy\mathrm{d}\sigma+\iint\limits_{D_3 \cup D_4}xy\mathrm{d}\sigma=0,$$

$$\iint\limits_{D}\cos x \sin y\mathrm{d}\sigma=\iint\limits_{D_1 \cup D_2}\cos x \sin y\mathrm{d}\sigma+\iint\limits_{D_3 \cup D_4}\cos x \sin y\mathrm{d}\sigma$$

$$=2\iint\limits_{D_1}\cos x \sin y\mathrm{d}\sigma,$$

故有 $I_1=2I_2$.

例 4 设区域 $D:(x-2)^2+(y-2)^2 \leqslant 1$,则 $\iint\limits_{D}\arctan\dfrac{y}{x}\mathrm{d}\sigma=$ _____ .

答案 $\dfrac{\pi^2}{4}$.

解 区域 D 关于直线 $y=x$ 对称,因此有

$$\iint_D \arctan\frac{y}{x}\mathrm{d}\sigma = \iint_D \arctan\frac{x}{y}\mathrm{d}\sigma$$

$$= \frac{1}{2}\left(\iint_D \arctan\frac{y}{x}\mathrm{d}\sigma + \iint_D \arctan\frac{x}{y}\mathrm{d}\sigma\right) = \frac{1}{2}\iint_D \frac{\pi}{2}\mathrm{d}\sigma = \frac{\pi^2}{4}.$$

对标考试要求

2 掌握二重积分的计算方法(直角坐标、极坐标).

知识点　二重积分的计算方法

一、在直角坐标系中化二重积分为二次积分

(1) 若 $D=\{(x,y)\mid \varphi_1(x)\leqslant y\leqslant\varphi_2(x),a\leqslant x\leqslant b\}$,即为 X 型区域,其中 $\varphi_1(x)$,$\varphi_2(x)$ 在闭区间 $[a,b]$ 上连续,则

$$\iint_D f(x,y)\mathrm{d}\sigma = \int_a^b \mathrm{d}x \int_{\varphi_1(x)}^{\varphi_2(x)} f(x,y)\mathrm{d}y. \tag{7.1}$$

(2) 若 $D=\{(x,y)\mid \psi_1(y)\leqslant x\leqslant\psi_2(y),c\leqslant y\leqslant d\}$,即为 Y 型区域,其中 $\psi_1(y)$,$\psi_2(y)$ 在闭区间 $[c,d]$ 上连续,则

$$\iint_D f(x,y)\mathrm{d}\sigma = \int_c^d \mathrm{d}y \int_{\psi_1(y)}^{\psi_2(y)} f(x,y)\mathrm{d}x. \tag{7.2}$$

二、在极坐标系中化二重积分为二次积分

若 $D=\{(r,\theta)\mid \varphi_1(\theta)\leqslant r\leqslant\varphi_2(\theta),\alpha\leqslant\theta\leqslant\beta\}$,则

$$\iint_D f(x,y)\mathrm{d}\sigma = \int_\alpha^\beta \mathrm{d}\theta \int_{\varphi_1(\theta)}^{\varphi_2(\theta)} f(r\cos\theta,r\sin\theta)r\mathrm{d}r. \tag{7.3}$$

利用极坐标计算二重积分的特征:(1) 积分区域 D 为圆形区域或其部分区域;(2) 被积函数 $f(x,y)$ 中含有 $\sqrt{x^2+y^2}$.

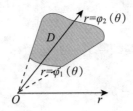

如果积分区域 D 可表示为不等式

$$\varphi_1(\theta) \leqslant r \leqslant \varphi_2(\theta), \alpha \leqslant \theta \leqslant \beta,$$

其中 $\varphi_1(\theta), \varphi_2(\theta)$ 在 $[\alpha, \beta]$ 上连续,称 D 为 θ 型区域. 如图所示,此时有

$$\iint\limits_D f(r\cos\theta, r\sin\theta) r \mathrm{d}r \mathrm{d}\theta = \int_\alpha^\beta \mathrm{d}\theta \int_{\varphi_1(\theta)}^{\varphi_2(\theta)} f(r\cos\theta, r\sin\theta) r \mathrm{d}r.$$

例 1 分别计算下列二重积分:

(1) $\iint\limits_D (x^2 + y^2) \mathrm{d}\sigma$,其中 $D = \{(x, y) \mid x \geqslant 0, y \geqslant 0, x + y \leqslant 1\}$;

(2) $\iint\limits_D x\, \mathrm{e}^y \mathrm{d}\sigma$,其中 D 是由抛物线 $y = x^2$ 与直线 $y = x + 2$ 所围成的区域.

解 (1) 积分区域如图所示,写出积分区域 $D = \{(x, y) \mid 0 \leqslant y \leqslant 1 - x, 0 \leqslant x \leqslant 1\}$,则

$$\iint\limits_D (x^2 + y^2) \mathrm{d}\sigma = \int_0^1 \mathrm{d}x \int_0^{1-x} (x^2 + y^2) \mathrm{d}y$$

$$= \int_0^1 \left[x^2 - x^3 + \frac{1}{3}(1-x)^3 \right] \mathrm{d}x = \frac{1}{6}.$$

积分区域也可以写成 $D = \{(x, y) \mid 0 \leqslant x \leqslant 1 - y, 0 \leqslant y \leqslant 1\}$,则

$$\iint\limits_D (x^2 + y^2) \mathrm{d}\sigma = \int_0^1 \mathrm{d}y \int_0^{1-y} (x^2 + y^2) \mathrm{d}x = \frac{1}{6}.$$

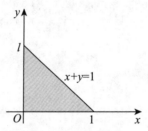

(2) 分析 把二重积分化为先对 y 后对 x 的二次积分. 第一次积分的积分变量是 y,确定其积分上下限的方法是:用一条平行于 y 轴的射线由下至上穿过积分区域 D,穿进 D 的边界线 $y = x^2$ 确定了积分下限 x^2,穿出 D 的边界线 $y = x + 2$ 确定了积分上限 $x + 2$. 第二次积分的积分变量是 x,其积分下限是积分区域 D 上变量 x 的最小值,积分上限是积分区域 D 上变量 x 的最大值. 如果把二重积分化为先对 x 后对 y 的积分,确定每次积分的上下限的方法与上述类似,此时需要用一条平行于 x 轴的射线由左至右穿过积分区域 D.

方法一　积分区域 D 如下页图(a) 所示,

$$I = \int_{-1}^2 \mathrm{d}x \int_{x^2}^{x+2} x\, \mathrm{e}^y \mathrm{d}y = \int_{-1}^2 x\, \mathrm{e}^y \Big|_{y=x^2}^{y=x+2} \mathrm{d}x$$

$$= \int_{-1}^2 x(\mathrm{e}^{x+2} - \mathrm{e}^{x^2}) \mathrm{d}x = \mathrm{e}^2(x-1)\mathrm{e}^x \Big|_{-1}^2 - \frac{1}{2}\mathrm{e}^{x^2} \Big|_{-1}^2$$

$$= \frac{1}{2}(\mathrm{e}^4 + 5\mathrm{e}).$$

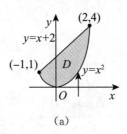

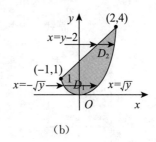

(a)　　　　　　　　　　　　(b)

方法二　把二重积分化为先对 x 后对 y 的二次积分,积分区域 D 如图(b)所示.用一条平行于 x 轴的射线由左至右穿过积分区域 D,在 D 的不同部分,穿进 D 的边界线也是不同的.当 $0 \leqslant y \leqslant 1$ 时,穿进 D 的边界线是 $x = -\sqrt{y}$;当 $1 \leqslant y \leqslant 4$ 时,穿进 D 的边界线是 $x = y - 2$,此时需要把 D 分成两个子区域 D_1, D_2.

$$I = \iint\limits_{D_1} x \mathrm{e}^y \mathrm{d}\sigma + \iint\limits_{D_2} x \mathrm{e}^y \mathrm{d}\sigma$$

$$= \int_0^1 \mathrm{d}y \int_{-\sqrt{y}}^{\sqrt{y}} x \mathrm{e}^y \mathrm{d}x + \int_1^4 \mathrm{d}y \int_{y-2}^{\sqrt{y}} x \mathrm{e}^y \mathrm{d}x$$

$$= \int_0^1 \mathrm{e}^y \cdot \frac{x^2}{2} \Big|_{-\sqrt{y}}^{\sqrt{y}} \mathrm{d}y + \int_1^4 \mathrm{e}^y \cdot \frac{x^2}{2} \Big|_{y-2}^{\sqrt{y}} \mathrm{d}y$$

$$= 0 - \frac{1}{2} \int_1^4 (y^2 - 5y + 4) \mathrm{e}^y \mathrm{d}y$$

$$= -\frac{1}{2} (y^2 - 7y + 11) \mathrm{e}^y \Big|_1^4 = \frac{1}{2} (\mathrm{e}^4 + 5\mathrm{e}).$$

注　公式(7.1)与(7.2)的区别是积分顺序或者是选择积分区域是 X 型还是 Y 型的问题,如何选择?原则如下:积分区域分块要少,累次积分好算为妙.

例 2　分别交换下列二次积分的积分次序:

$(1) \displaystyle\int_0^2 \mathrm{d}x \int_x^{2x} f(x,y) \mathrm{d}y;$　　　　　　　　$(2) \displaystyle\int_0^1 \mathrm{d}x \int_0^x f(x,y) \mathrm{d}y + \int_1^2 \mathrm{d}x \int_0^{2-x} f(x,y) \mathrm{d}y.$

解　(1) 先写出积分区域 $D = \{(x,y) \mid x \leqslant y \leqslant 2x, 0 \leqslant x \leqslant 2\}$,然后画图如下页图(a)所示,再把积分区域改写成 Y 型区域,$D = D_1 \bigcup D_2, D_1 = \left\{ (x,y) \mid \dfrac{y}{2} \leqslant x \leqslant y, 0 \leqslant y \leqslant 2 \right\}$,$D_2 = \left\{ (x,y) \mid \dfrac{y}{2} \leqslant x \leqslant 2, 2 \leqslant y \leqslant 4 \right\}$,则

$$\text{原式} = \int_0^2 \mathrm{d}y \int_{\frac{y}{2}}^y f(x,y) \mathrm{d}x + \int_2^4 \mathrm{d}y \int_{\frac{y}{2}}^2 f(x,y) \mathrm{d}x;$$

(2) 先写出积分区域 $D = D_1 \bigcup D_2, D_1 = \{(x,y) \mid 0 \leqslant y \leqslant x, 0 \leqslant x \leqslant 1\}, D_2 = \{(x,y) \mid 0 \leqslant y \leqslant 2-x, 1 \leqslant x \leqslant 2\}$,然后画图如下页图(b)所示,再把积分区域改写成 Y 型区域,$D = \{(x,y) \mid y \leqslant x \leqslant 2-y, 0 \leqslant y \leqslant 1\}$,则

$$原式 = \int_0^1 \mathrm{d}y \int_y^{2-y} f(x,y)\mathrm{d}x.$$

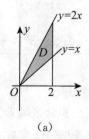

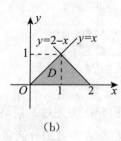

(a)   (b)

例 3 计算二次积分 $\int_0^1 \mathrm{d}x \int_x^1 \mathrm{e}^{-y^2}\mathrm{d}y$.

解 由于 e^{-y^2} 的原函数不可由初等函数表示,因此积分 $\int_x^1 \mathrm{e}^{-y^2}\mathrm{d}y$ 不便计算. 首先将二次

积分 $\int_0^1 \mathrm{d}x \int_x^1 \mathrm{e}^{-y^2}\mathrm{d}y$ 转化为二重积分 $\iint\limits_D \mathrm{e}^{-y^2}\mathrm{d}x\mathrm{d}y$,其中 $D = \{(x,y) \mid x \leqslant y \leqslant 1, 0 \leqslant x \leqslant 1\}$.

再将 D 表示为 Y 型区域

$$D = \{(x,y) \mid 0 \leqslant x \leqslant y, 0 \leqslant y \leqslant 1\}.$$

因此,

$$\int_0^1 \mathrm{d}x \int_x^1 \mathrm{e}^{-y^2}\mathrm{d}y = \iint\limits_D \mathrm{e}^{-y^2}\mathrm{d}x\mathrm{d}y = \int_0^1 \mathrm{d}y \int_0^y \mathrm{e}^{-y^2}\mathrm{d}x$$

$$= \int_0^1 y\mathrm{e}^{-y^2}\mathrm{d}y = -\frac{1}{2}\mathrm{e}^{-y^2}\Big|_0^1 = \frac{1}{2}(1-\mathrm{e}^{-1}).$$

例 4 设 D 是由圆周 $x^2+y^2=1$,直线 $y=x$ 与 x 轴所围成的在第一象限部分的有界

闭区域,计算二重积分 $\iint\limits_D \sqrt{x^2+y^2}\,\mathrm{d}x\mathrm{d}y$.

解 区域 D 如下图所示,D 的极坐标表示为

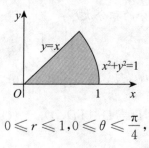

$$0 \leqslant r \leqslant 1, 0 \leqslant \theta \leqslant \frac{\pi}{4},$$

所以由(7.3)式得

$$\iint\limits_D \sqrt{x^2+y^2}\,\mathrm{d}x\mathrm{d}y = \int_0^{\frac{\pi}{4}} \mathrm{d}\theta \int_0^1 r^2 \mathrm{d}r = \frac{1}{12}\pi.$$

例 5 分别把下列二次积分化为极坐标形式,并计算积分值:

(1) $\int_0^{2a} \mathrm{d}x \int_0^{\sqrt{2ax-x^2}} (x^2+y^2)\,\mathrm{d}y$;   (2) $\int_0^a \mathrm{d}x \int_0^x \sqrt{x^2+y^2}\,\mathrm{d}y$.

解 (1) 原式 $= \int_0^{\frac{\pi}{2}} \mathrm{d}\theta \int_0^{2a\cos\theta} r^2 \cdot r\,\mathrm{d}r = 4a^4 \int_0^{\frac{\pi}{2}} \cos^4\theta\,\mathrm{d}\theta = 4a^4 \cdot \frac{3}{4} \cdot \frac{1}{2} \cdot \frac{\pi}{2} = \frac{3}{4}\pi a^4$；

(2) 原式 $= \int_0^{\frac{\pi}{4}} \mathrm{d}\theta \int_0^{\frac{a}{\cos\theta}} r \cdot r\,\mathrm{d}r = \frac{1}{3}a^3 \int_0^{\frac{\pi}{4}} \sec^3\theta\,\mathrm{d}\theta = \frac{a^3}{6}\left[\sqrt{2} + \ln(1+\sqrt{2})\right]$.

例 6 设区域 $D = \{(x,y) \mid x^2 + y^2 \geqslant 1, 0 \leqslant x \leqslant 1, 0 \leqslant y \leqslant 1\}$，计算二重积分

$$\iint\limits_D (x^2 + y^2)\,\mathrm{d}x\,\mathrm{d}y.$$

解 如下图所示，令 $D_1 = \{(x,y) \mid x^2 + y^2 \leqslant 1, x \geqslant 0, y \geqslant 0\}$，则 $D \bigcup D_1 = \{(x,y) \mid 0 \leqslant x \leqslant 1, 0 \leqslant y \leqslant 1\}$，且 D_1 的极坐标表示为 $0 \leqslant r \leqslant 1, 0 \leqslant \theta \leqslant \frac{\pi}{2}$，故

$$\iint\limits_D (x^2 + y^2)\,\mathrm{d}x\,\mathrm{d}y = \iint\limits_{D \bigcup D_1} (x^2 + y^2)\,\mathrm{d}x\,\mathrm{d}y - \iint\limits_{D_1} (x^2 + y^2)\,\mathrm{d}x\,\mathrm{d}y$$

$$= \int_0^1 \mathrm{d}x \int_0^1 (x^2 + y^2)\,\mathrm{d}y - \int_0^{\frac{\pi}{2}} \mathrm{d}\theta \int_0^1 r^3\,\mathrm{d}r = \frac{2}{3} - \frac{\pi}{8}.$$

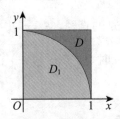

例 7 求以矩形区域 $D: 0 \leqslant x \leqslant 1, 0 \leqslant y \leqslant 1$ 为底，曲顶为 $z = \max\{x^2, y^2\}$ 的曲顶柱体体积 V.

解 如下页图所示，由二重积分的几何意义，$V = \iint\limits_D \max\{x^2, y^2\}\,\mathrm{d}x\,\mathrm{d}y$.

将 D 分成 D_1, D_2 两部分，其中

$$D_1: 0 \leqslant y \leqslant x, 0 \leqslant x \leqslant 1; \quad D_2: 0 \leqslant x \leqslant y, 0 \leqslant y \leqslant 1,$$

在 D_1 上，$z = x^2$；在 D_2 上，$z = y^2$，因此，

$$V = \iint\limits_{D_1} x^2\,\mathrm{d}x\,\mathrm{d}y + \iint\limits_{D_2} y^2\,\mathrm{d}x\,\mathrm{d}y.$$

由于 D_1 与 D_2 关于直线 $y = x$ 对称，由轮换对称性可知 $\iint\limits_{D_1} x^2\,\mathrm{d}x\,\mathrm{d}y = \iint\limits_{D_2} y^2\,\mathrm{d}x\,\mathrm{d}y$.

所以 $V = 2\iint\limits_{D_1} x^2\,\mathrm{d}x\,\mathrm{d}y = 2\int_0^1 \mathrm{d}x \int_0^x x^2\,\mathrm{d}y = 2\int_0^1 x^3\,\mathrm{d}x = 2 \times \frac{1}{4} = \frac{1}{2}$.

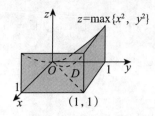

3 （仅限数学一）理解三重积分的概念，了解三重积分的性质．

知识点 **1** 三重积分的定义

空间中有界闭区域 Ω 上的三元函数 $u = f(x, y, z)$ 的三重积分

$$\iiint\limits_{\Omega} f(x, y, z) \mathrm{d}v = \lim_{\lambda \to 0} \sum_{i=1}^{n} f(\xi_i, \eta_i, \zeta_i) \Delta v_i,$$

其中 $\lambda = \max_{i} |d_i|$，d_i 为小区域 Δv_i 的直径，(ξ_i, η_i, ζ_i) 是 Δv_i 上的任意一点．

当三重积分 $\iiint\limits_{\Omega} f(x, y, z) \mathrm{d}v$ 存在时，称 $f(x, y, z)$ 在区域 Ω 上可积分．

知识点 **2** 三重积分的性质

三重积分的性质与二重积分类似，不再重述，下面主要介绍三重积分的对称性．

设 Ω 为空间有界闭区域，$f(x, y, z)$ 在 Ω 上连续．

（1）如果 Ω 关于 xOy（或 xOz 或 yOz）坐标面对称，且 $f(x, y, z)$ 关于 z（或 y 或 x）为奇函数，则 $\iiint\limits_{\Omega} f(x, y, z) \mathrm{d}v = 0$；

（2）如果 Ω 关于 xOy（或 xOz 或 yOz）坐标面对称，Ω' 为 Ω 在相应的坐标面某一侧部分，且 $f(x, y, z)$ 关于 z（或 y 或 x）为偶函数，则 $\iiint\limits_{\Omega} f(x, y, z) \mathrm{d}v = 2\iiint\limits_{\Omega'} f(x, y, z) \mathrm{d}v$；

（3）如果 Ω 关于平面 $y = x$ 对称，则 $\iiint\limits_{\Omega} f(x, y, z) \mathrm{d}v = \iiint\limits_{\Omega} f(y, x, z) \mathrm{d}v$；

（4）如果 Ω 关于平面 $x = z$ 对称，则 $\iiint\limits_{\Omega} f(x, y, z) \mathrm{d}v = \iiint\limits_{\Omega} f(z, y, x) \mathrm{d}v$；

（5）如果 Ω 关于平面 $z = y$ 对称，则 $\iiint\limits_{\Omega} f(x, y, z) \mathrm{d}v = \iiint\limits_{\Omega} f(x, z, y) \mathrm{d}v$．

例如，设 Ω 为椭球体 $x^2 + y^2 + 4z^2 \leqslant 1$．由于在 $x^2 + y^2 + 4z^2 \leqslant 1$ 中，将变量 x 与 y 互换后，Ω 的表示没有发生变化；而将变量 x 与 z 互换后，变为 $4x^2 + y^2 + z^2 \leqslant 1$，发生了变化，

因此由三重积分轮换对称性可得

$$\iiint\limits_{\Omega} x^2 \mathrm{d}v = \iiint\limits_{\Omega} y^2 \mathrm{d}v,$$

而 $\iiint\limits_{\Omega} x^2 \mathrm{d}v$ 与 $\iiint\limits_{\Omega} z^2 \mathrm{d}v$ 未必相等.

例 1 求 $\iiint\limits_{\Omega} \dfrac{z\ln(1+x^2+y^2+z^2)}{1+x^2+y^2+z^2} \mathrm{d}v$，其中 $\Omega: x^2+y^2+z^2 \leqslant R^2$.

解 由于被积函数 $\dfrac{z\ln(1+x^2+y^2+z^2)}{1+x^2+y^2+z^2}$ 关于 z 为奇函数，积分区域 Ω 关于 xOy 坐标面对称，由对称性，故原式 $=0$.

对标考试要求

④（仅限数学一）会计算三重积分（直角坐标、柱面坐标、球面坐标）.

知识点　三重积分的基本计算方法

三重积分的基本计算方法有三种，分别是直角坐标、柱面坐标和球面坐标.

计算三重积分总的原则是把三重积分化为三次积分或一个二重积分与一个定积分进行计算.

一、利用直角坐标计算三重积分

首先画出空间立体 Ω 的图形，如果空间有界闭区域 Ω 具有下述特点：穿过 Ω 的内部，且平行于 z 轴的直线与 Ω 的边界曲面 Σ 的交点不超过两个，则可将 Ω 投影到 xOy 坐标面上，得投影区域 D_{xy}，再以 D_{xy} 的边界曲线为准线，作母线平行于 z 轴的柱面，此柱面将曲面 Σ 分成下底、上顶和侧面三个部分，设下底和上顶的方程分别为 $\Sigma_1: z=z_1(x,y)$，$\Sigma_2: z=z_2(x,y)$，其中 $z_1(x,y), z_2(x,y)$ 均为 D_{xy} 上的连续函数，且 $z_1(x,y) \leqslant z_2(x,y)$.

于是 Ω 可表示为 $\Omega = \{(x,y,z) \mid z_1(x,y) \leqslant z \leqslant z_2(x,y), (x,y) \in D_{xy}\}$，则

$$\iiint\limits_{\Omega} f(x,y,z)\mathrm{d}x\,\mathrm{d}y\,\mathrm{d}z = \iint\limits_{D_{xy}} \mathrm{d}x\,\mathrm{d}y \int_{z_1(x,y)}^{z_2(x,y)} f(x,y,z)\mathrm{d}z. \tag{7.4}$$

在式 (7.4) 中，如果 D_{xy} 为 X 型区域，即 D_{xy} 可表示为

$$y_1(x) \leqslant y \leqslant y_2(x), a \leqslant x \leqslant b,$$

此时，$\Omega = \{(x,y,z) \mid z_1(x,y) \leqslant z \leqslant z_2(x,y), y_1(x) \leqslant y \leqslant y_2(x), a \leqslant x \leqslant b\}$，则有

$$\iiint\limits_{\Omega} f(x,y,z)\mathrm{d}x\,\mathrm{d}y\,\mathrm{d}z = \int_a^b \mathrm{d}x \int_{y_1(x)}^{y_2(x)} \mathrm{d}y \int_{z_1(x,y)}^{z_2(x,y)} f(x,y,z)\mathrm{d}z. \tag{7.5}$$

同理，如果 D_{xy} 为 Y 型区域：$x_1(y) \leqslant x \leqslant x_2(y), c \leqslant y \leqslant d$，则有

$$\iiint\limits_{\Omega} f(x,y,z)\mathrm{d}x\,\mathrm{d}y\,\mathrm{d}z = \int_c^d \mathrm{d}y \int_{x_1(y)}^{x_2(y)} \mathrm{d}x \int_{z_1(x,y)}^{z_2(x,y)} f(x,y,z)\mathrm{d}z. \qquad (7.6)$$

需要指出的是,如果平行于 z 轴且穿过区域 Ω 的直线与边界曲面的交点多于两个,则将 Ω 分成若干个子区域,使得平行于 z 轴且穿过每个子区域的直线与其边界曲面的交点不超过两个,再计算每个子区域上的三重积分,最后,Ω 上的三重积分即为各子区域上的三重积分之和.

如果空间有界闭区域 Ω 介于平面 $z=c$,$z=d(c<d)$ 之间,且对每一 $z\in[c,d]$,用过点 $(0,0,z)$ 且平行于 xOy 坐标面的平面截 Ω 得平面区域 D_z(见下图),则 Ω 可表示为 $\Omega=\{(x,y,z)\mid(x,y)\in D_z,c\leqslant z\leqslant d\}$.

可以证明,$\iiint\limits_{\Omega} f(x,y,z)\mathrm{d}x\,\mathrm{d}y\,\mathrm{d}z = \int_c^d \mathrm{d}z \iint\limits_{D_z} f(x,y,z)\mathrm{d}x\,\mathrm{d}y$,其中 $\iint\limits_{D_z} f(x,y,z)\mathrm{d}x\,\mathrm{d}y$ 是对于任意固定的 $z\in[c,d]$,$f(x,y,z)$ 在平面区域 D_z 上的二重积分.需注意的是,当 z 在 $[c,d]$ 上变化时,平面区域 D_z 也随之变化,即 D_z 与 z 有关.

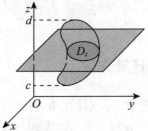

这就是三重积分的先二后一法.也还有其他两种形式.三重积分的先二后一法适用类型:

如果被积函数仅为 z 的函数 $f(z)$,且每个 D_z 的面积易计算,则采用先二后一法可很快将三重积分化为下列定积分计算,

$$\iiint\limits_{\Omega} f(z)\mathrm{d}x\,\mathrm{d}y\,\mathrm{d}z = \int_c^d (f(z)\cdot D_z\ \text{的面积})\mathrm{d}z.$$

例 1 计算三重积分 $\iiint\limits_{\Omega} x\,\mathrm{d}x\,\mathrm{d}y\,\mathrm{d}z$,其中 Ω 是由三个坐标面与平面 $x+y+z=1$ 所围成的闭区域.

解 Ω 如下页图所示,Ω 在 xOy 坐标面上的投影区域 D_{xy} 为 $x=0$,$y=0$ 和 $x+y=1$ 所围成的三角形区域:$D=\{(x,y)\mid 0\leqslant y\leqslant 1-x,0\leqslant x\leqslant 1\}$,且 Ω 的下底为 $\Sigma_1:z=0$,上顶为 $\Sigma_2:z=1-x-y$,则

$$\Omega=\{(x,y,z)\mid 0\leqslant z\leqslant 1-x-y,0\leqslant y\leqslant 1-x,0\leqslant x\leqslant 1\}.$$

所以由式(7.5),可得

$$\iiint\limits_{\Omega} x\,\mathrm{d}x\,\mathrm{d}y\,\mathrm{d}z = \int_0^1 \mathrm{d}x \int_0^{1-x} \mathrm{d}y \int_0^{1-x-y} x\,\mathrm{d}z = \int_0^1 \mathrm{d}x \int_0^{1-x} x(1-x-y)\mathrm{d}y = \frac{1}{2}\int_0^1 x(1-x)^2\mathrm{d}x = \frac{1}{24}.$$

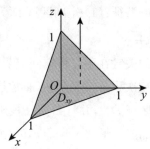

例 2 计算三重积分 $\iiint\limits_{\Omega} z\,\mathrm{d}x\,\mathrm{d}y\,\mathrm{d}z$,其中 Ω 是由抛物面 $z = \dfrac{1}{2}(x^2 + y^2)$ 与平面 $z = 4$ 所围成的空间区域.

解 Ω 的图形如下图所示,

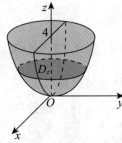

注意到被积函数仅是 z 的函数,且用过点 $(0,0,z)$ 平行于 xOy 坐标面的平面截 Ω,所得的平面区域 D_z 为闭圆盘 $x^2 + y^2 \leqslant 2z$,其面积为 $2\pi z\,(0 \leqslant z \leqslant 4)$.

故采用先二后一法可得

$$\iiint\limits_{\Omega} z\,\mathrm{d}x\,\mathrm{d}y\,\mathrm{d}z = \int_0^4 \mathrm{d}z \iint\limits_{D_z} z\,\mathrm{d}x\,\mathrm{d}y = \int_0^4 z \cdot 2\pi z\,\mathrm{d}z = 2\pi \int_0^4 z^2\,\mathrm{d}z = \frac{128}{3}\pi.$$

二、利用柱面坐标计算三重积分

设 $M(x,y,z)$ 为空间内一点,并设 M 在 xOy 面上的投影 P 的极坐标为 (r,θ),则这样的三个数 (r,θ,z) 就叫作点 M 的柱面坐标(见下图),规定 r,θ,z 的变化范围为

$$0 \leqslant r < +\infty,\ 0 \leqslant \theta \leqslant 2\pi,\ -\infty < z < +\infty.$$

显然,点 M 的直角坐标和柱面坐标的关系为

$$\begin{cases} x = r\cos\theta, \\ y = r\sin\theta, \\ z = z. \end{cases}$$

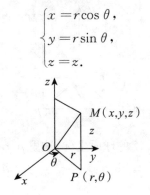

利用柱面坐标计算三重积分的特征：(1) 空间区域 Ω 为圆柱体、锥体和旋转抛物体等或其部分；(2) 被积函数中含有 $\sqrt{x^2+y^2}$.

利用柱面坐标计算三重积分的关键在于先将空间有界闭区域 Ω 表示成柱面坐标形式. 再将三重积分化为柱面坐标下的三次积分，积分顺序通常是先 z 再 r 后 θ. 具体做法：首先将 Ω 向 xOy 坐标面作投影，得投影区域 D_{xy}，并将 D_{xy} 在极坐标系中用不等式表示；再将 Ω 的下底和上顶的方程分别表示为柱面坐标形式 $z=z_1(r,\theta)$ 和 $z=z_2(r,\theta)$；最后即可得到 Ω 的柱面坐标表示形式.

如果空间有界闭区域 Ω 表示为

$$z_1(r,\theta) \leqslant z \leqslant z_2(r,\theta), r_1(\theta) \leqslant r \leqslant r_2(\theta), \alpha \leqslant \theta \leqslant \beta,$$

则

$$\iiint\limits_{\Omega} f(x,y,z)\mathrm{d}x\,\mathrm{d}y\,\mathrm{d}z = \int_{\alpha}^{\beta}\mathrm{d}\theta\int_{r_1(\theta)}^{r_2(\theta)}\mathrm{d}r\int_{z_1(r,\theta)}^{z_2(r,\theta)} f(r\cos\theta, r\sin\theta, z)r\mathrm{d}z. \tag{7.7}$$

例 3 计算三重积分 $\iiint\limits_{\Omega}\sqrt{x^2+y^2}\,\mathrm{d}x\,\mathrm{d}y\,\mathrm{d}z$，其中 Ω 是上半圆锥面 $z=\sqrt{x^2+y^2}$，圆柱面 $x^2+y^2=1$ 以及 xOy 坐标面所围成的空间闭区域.

解 Ω 如右图所示，将 Ω 投影到 xOy 坐标面得投影区域 $D_{xy}: x^2+y^2 \leqslant 1$，且 Ω 的下底和上顶分别为

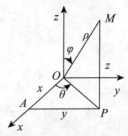

$$\Sigma_1: z=0, \Sigma_2: z=\sqrt{x^2+y^2},$$

于是在柱面坐标系下，Ω 可表示为

$$0 \leqslant z \leqslant r, 0 \leqslant r \leqslant 1, 0 \leqslant \theta \leqslant 2\pi,$$

所以由式(7.7)可得

$$\iiint\limits_{\Omega}\sqrt{x^2+y^2}\,\mathrm{d}x\,\mathrm{d}y\,\mathrm{d}z = \int_0^{2\pi}\mathrm{d}\theta\int_0^1\mathrm{d}r\int_0^r r^2\mathrm{d}z = \int_0^{2\pi}\mathrm{d}\theta\int_0^1 r^3\mathrm{d}r = \frac{\pi}{2}.$$

三、利用球面坐标计算三重积分

设 $M(x,y,z)$ 为空间内一点，点 M 到原点的距离为 ρ，φ 为有向线段 $\overrightarrow{OM}$ 与 z 轴正向所夹的角，θ 为从正 z 轴来看自 x 轴按逆时针方向转到有向线段 $\overrightarrow{OP}$ 的角，这里 P 点为点 M 在 xOy 面上的投影（见下图）.

这样的三个数 ρ,φ,θ 叫作点 M 的球面坐标，这里 ρ,φ,θ 的变化范围为

$$0 \leqslant \rho < +\infty, 0 \leqslant \varphi \leqslant \pi, 0 \leqslant \theta \leqslant 2\pi.$$

显然,点 M 的直角坐标和球面坐标的关系为

$$\begin{cases} x = \rho \sin \varphi \cos \theta, \\ y = \rho \sin \varphi \sin \theta, \\ z = \rho \cos \varphi. \end{cases}$$

利用球面坐标计算三重积分的特征:(1) 空间区域 Ω 为球体、锥体等或其部分;(2) 被积函数中含有 $\sqrt{x^2 + y^2 + z^2}$.

利用球面坐标计算三重积分的关键在于先将空间区域 Ω 表示成球面坐标形式,再将三重积分化为球面坐标下的三次积分,积分顺序通常是先 ρ 再 φ 后 θ. 其积分限可根据 ρ, φ, θ 在区域 Ω 中的变化范围确定.

如果空间区域 Ω 表示为

$$\rho_1(\theta, \varphi) \leqslant \rho \leqslant \rho_2(\theta, \varphi), \varphi_1(\theta) \leqslant \varphi \leqslant \varphi_2(\theta), \alpha \leqslant \theta \leqslant \beta,$$

则有
$$\iiint\limits_{\Omega} f(x, y, z) \mathrm{d}x \, \mathrm{d}y \, \mathrm{d}z$$
$$= \int_{\alpha}^{\beta} \mathrm{d}\theta \int_{\varphi_1(\theta)}^{\varphi_2(\theta)} \mathrm{d}\varphi \int_{\rho_1(\theta, \varphi)}^{\rho_2(\theta, \varphi)} f(\rho \sin \varphi \cos \theta, \rho \sin \varphi \sin \theta, \rho \cos \varphi) \rho^2 \sin \varphi \mathrm{d}\rho. \tag{7.8}$$

例 4 计算三重积分 $\iiint\limits_{\Omega} z \mathrm{d}x \, \mathrm{d}y \, \mathrm{d}z$,其中 Ω 是球体 $x^2 + y^2 + z^2 \leqslant 1$ 及上半锥体 $z \geqslant \sqrt{x^2 + y^2}$ 的公共部分.

解 球面 $x^2 + y^2 + z^2 = 1$ 的球面坐标方程为 $\rho = 1$.

过 z 轴作 $\theta =$ 常数的半平面,截 Ω 得圆心角为 $\dfrac{\pi}{4}$ 的扇形区域(见下图),该扇形区域的球面坐标表示为 $0 \leqslant \rho \leqslant 1, 0 \leqslant \varphi \leqslant \dfrac{\pi}{4}$,将其绕 z 轴旋转一周便得到 Ω,故 Ω 的球面坐标表示为

$$\Omega = \left\{ (\rho, \varphi, \theta) \mid 0 \leqslant \rho \leqslant 1, 0 \leqslant \varphi \leqslant \frac{\pi}{4}, 0 \leqslant \theta \leqslant 2\pi \right\},$$

所以由式(7.8)可得

$$\iiint\limits_{\Omega} z \mathrm{d}x \, \mathrm{d}y \, \mathrm{d}z = \int_0^{2\pi} \mathrm{d}\theta \int_0^{\frac{\pi}{4}} \mathrm{d}\varphi \int_0^1 \rho^3 \sin \varphi \cos \varphi \mathrm{d}\rho = \frac{1}{2}\pi \int_0^{\frac{\pi}{4}} \sin \varphi \cos \varphi \mathrm{d}\varphi = \frac{1}{8}\pi.$$

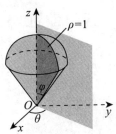

例 5 求 $\iiint\limits_{\Omega} | \sqrt{x^2+y^2+z^2}-1 |\,\mathrm{d}v$,其中 Ω 是由锥面 $x^2+y^2=z^2$ 及平面 $z=1$ 所围成的区域.

解 令 $\sqrt{x^2+y^2+z^2}-1=0$,得球面 $x^2+y^2+z^2=1$ 需将 Ω 分成两部分 Ω_1、Ω_2,其中

$$\Omega_1:0\leqslant\theta\leqslant 2\pi,0\leqslant\varphi\leqslant\frac{\pi}{4},0\leqslant\rho\leqslant 1,$$

$$\Omega_2:0\leqslant\theta\leqslant 2\pi,0\leqslant\varphi\leqslant\frac{\pi}{4},1\leqslant\rho\leqslant\frac{1}{\cos\varphi},$$

而

$$\iiint\limits_{\Omega_1} | \sqrt{x^2+y^2+z^2}-1 |\,\mathrm{d}v=\int_0^{2\pi}\mathrm{d}\theta\int_0^{\frac{\pi}{4}}\mathrm{d}\varphi\int_0^1(1-\rho)\cdot\rho^2\sin\varphi\,\mathrm{d}\rho$$

$$=2\pi\int_0^{\frac{\pi}{4}}\sin\varphi\,\mathrm{d}\varphi\int_0^1(\rho^2-\rho^3)\mathrm{d}\rho=\frac{\pi}{12}(2-\sqrt{2}).$$

$$\iiint\limits_{\Omega_2} | \sqrt{x^2+y^2+z^2}-1 |\,\mathrm{d}v=\int_0^{2\pi}\mathrm{d}\theta\int_0^{\frac{\pi}{4}}\mathrm{d}\varphi\int_1^{\frac{1}{\cos\varphi}}(\rho-1)\cdot\rho^2\sin\varphi\,\mathrm{d}\rho$$

$$=2\pi\int_0^{\frac{\pi}{4}}\left(\frac{1}{12}+\frac{1}{4\cos^4\varphi}-\frac{1}{3\cos^3\varphi}\right)\sin\varphi\,\mathrm{d}\varphi$$

$$=2\pi\left(-\frac{1}{12}\cos\varphi+\frac{1}{12\cos^3\varphi}-\frac{1}{6\cos^2\varphi}\right)\Big|_0^{\frac{\pi}{4}}$$

$$=\frac{\pi}{12}(3\sqrt{2}-4).$$

所以

$$\iiint\limits_{\Omega} | \sqrt{x^2+y^2+z^2}-1 |\,\mathrm{d}v$$

$$=\iiint\limits_{\Omega_1} | \sqrt{x^2+y^2+z^2}-1 |\,\mathrm{d}v+\iiint\limits_{\Omega_2} | \sqrt{x^2+y^2+z^2}-1 |\,\mathrm{d}v$$

$$=\frac{\pi}{6}(\sqrt{2}-1).$$

例 6 设有三重积分 $I=\iiint\limits_{\Omega}(x^2+y^2)\mathrm{d}v$,其中 Ω 由曲面 $x^2+y^2=2z$ 及平面 $z=2$ 所围成,分别在直角坐标、柱面坐标、球面坐标下化 I 为三次积分,并选择其一计算之.

解 $I=\int_{-2}^2\mathrm{d}x\int_{-\sqrt{4-x^2}}^{\sqrt{4-x^2}}\mathrm{d}y\int_{\frac{x^2+y^2}{2}}^2(x^2+y^2)\mathrm{d}z$(直角坐标)

$$=\int_0^{2\pi}\mathrm{d}\theta\int_0^{\frac{\pi}{4}}\mathrm{d}\varphi\int_0^{2\sec\varphi}\rho^4\sin^3\varphi\,\mathrm{d}\rho+\int_0^{2\pi}\mathrm{d}\theta\int_{\frac{\pi}{4}}^{\frac{\pi}{2}}\mathrm{d}\varphi\int_0^{\frac{2\cos\varphi}{\sin^2\varphi}}\rho^4\sin^3\varphi\,\mathrm{d}\rho$$(球面坐标)

$$=\int_0^{2\pi}\mathrm{d}\theta\int_0^2\mathrm{d}r\int_{\frac{1}{2}r^2}^2 r^3\,\mathrm{d}z$$(柱面坐标)

$$=2\pi\int_0^2\left(2r^3-\frac{r^5}{2}\right)\mathrm{d}r=\frac{16}{3}\pi.$$

注 如何计算三重积分?

(1)画出区域的草图;

(2)选择适当的坐标系把积分区域表示出来.注意柱面坐标系及球面坐标系的适用场合;

(3)化为三次积分.

对标考试要求

⑤(仅限数学一)会用重积分求一些几何量和物理量(平面图形的面积、体积、曲面面积、质量、质心、形心、转动惯量及引力).

知识点 1 曲顶柱体的体积

以 D 为底,以 $z = f(x, y), (x, y) \in D$ 为曲顶的曲顶柱体的体积

$$V = \iint\limits_{D} f(x, y) \mathrm{d}\sigma.$$

占有空间有界区域 Ω 的立体的体积为 $V = \iiint\limits_{\Omega} \mathrm{d}x \, \mathrm{d}y \, \mathrm{d}z.$

知识点 2 空间曲面的面积

设曲面 Σ 的方程为 $z = f(x, y), (x, y) \in D_{xy}$,其中 $f(x, y)$ 在 D_{xy} 上为单值函数且具有一阶连续偏导数,D_{xy} 为曲面 Σ 在 xOy 面上的投影区域,则 Σ 的面积

$$A = \iint\limits_{D_{xy}} \sqrt{1 + [f'_x(x, y)]^2 + [f'_y(x, y)]^2} \, \mathrm{d}x \, \mathrm{d}y.$$

类似地,设曲面 Σ 的方程为 $x = g(y, z), (y, z) \in D_{yz}$,其中 $g(y, z)$ 在 D_{yz} 上为单值函数且具有一阶连续偏导数,D_{yz} 为曲面 Σ 在 yOz 面上的投影区域,则 Σ 的面积

$$A = \iint\limits_{D_{yz}} \sqrt{1 + [g'_y(y, z)]^2 + [g'_z(y, z)]^2} \, \mathrm{d}y \, \mathrm{d}z.$$

设曲面 Σ 的方程为 $y = h(z, x), (z, x) \in D_{zx}$,其中 $h(z, x)$ 在 D_{zx} 上为单值函数且具有一阶连续偏导数,D_{zx} 是曲面 Σ 在 xOz 面上的投影区域,则 Σ 的面积

$$A = \iint\limits_{D_{zx}} \sqrt{1 + [h'_z(z, x)]^2 + [h'_x(z, x)]^2} \, \mathrm{d}z \, \mathrm{d}x.$$

知识点 3 转动惯量

设质点 P 的质量为 m,质点 P 绕直线 L 转动时,转动半径为 r,则转动惯量(此处不考虑转动惯量的方向) 为 $I = mr^2$.

设集合 E 的密度为 $\rho(P)$,在 E 上任取微元 $\mathrm{d}E$,则 $\mathrm{d}E$ 的质量为 $\rho(P)\mathrm{d}E$. 如果 $\mathrm{d}E$ 绕直线 L 转动的转动半径为 r,则 $\mathrm{d}E$ 绕直线 L 转动的转动惯量为 $\mathrm{d}I = r^2\rho(x,y)\mathrm{d}E$,从而 E 绕直线 L 转动的转动惯量为

$$I = \int_E r^2\rho(x,y)\mathrm{d}E(\text{这个积分仅仅看作一个积分记号,它可以是后面的各种积分}).$$

如果 E 是平面区域 D,密度为 $\rho(x,y)$,相应的 $\mathrm{d}E = \mathrm{d}\sigma$,$(x,y) \in \mathrm{d}\sigma$,$D$ 绕 x 轴、y 轴和原点的转动惯量分别为

$$I_x = \iint_D y^2\rho(x,y)\mathrm{d}\sigma, I_y = \iint_D x^2\rho(x,y)\mathrm{d}\sigma, I_O = \iint_D (x^2+y^2)\rho(x,y)\mathrm{d}\sigma.$$

如果 E 是空间区域 Ω,密度为 $\rho(x,y,z)$,相应的 $\mathrm{d}E = \mathrm{d}v$,$(x,y,z) \in \mathrm{d}v$,$\Omega$ 绕 x 轴、y 轴、z 轴和原点的转动惯量分别为

$$I_x = \iiint_\Omega (y^2+z^2)\rho(x,y,z)\mathrm{d}v, I_y = \iiint_\Omega (x^2+z^2)\rho(x,y,z)\mathrm{d}v,$$

$$I_z = \iiint_\Omega (x^2+y^2)\rho(x,y,z)\mathrm{d}v, I_O = \iiint_\Omega (x^2+y^2+z^2)\rho(x,y,z)\mathrm{d}v.$$

知识点 4 质心

设质点系 $P_1, P_2, \cdots, P_n$ 位于某坐标系中相应于 u 轴的坐标分别为 $u_1, u_2, \cdots, u_n$,质量分别为 $m_1, m_2, \cdots, m_n$,则该质点系的质心相应于 u 轴的坐标为

$$\bar{u} = \frac{m_1u_1 + m_2u_2 + \cdots + m_nu_n}{m_1 + m_2 + \cdots + m_n}.$$

设集合 E 的密度为 $\rho(P)$,在 E 上任取微元 $\mathrm{d}E$,$\mathrm{d}E$ 相应的坐标为 u,$\mathrm{d}E$ 的质量为 $\rho(P)\mathrm{d}E$,集合 E 的总质量为 $\int_E \rho(P)\mathrm{d}E$,则集合 E 的质心相应于 u 轴的坐标为

$$\bar{u} = \frac{\int_E u\rho(P)\mathrm{d}E}{\int_E \rho(P)\mathrm{d}E}(\text{这个积分仅仅看作一个积分记号,它可以是后面的各种积分}).$$

如果 E 是平面区域 D,密度为 $\rho(x,y)$,相应的 $\mathrm{d}E = \mathrm{d}\sigma$,则 D 的质心相应于 x 轴和 y 轴的坐标分别为

$$\overline{x} = \dfrac{\displaystyle\iint_D x\rho(x,y)\mathrm{d}\sigma}{\displaystyle\iint_D \rho(x,y)\mathrm{d}\sigma}, \quad \overline{y} = \dfrac{\displaystyle\iint_D y\rho(x,y)\mathrm{d}\sigma}{\displaystyle\iint_D \rho(x,y)\mathrm{d}\sigma}.$$

特别地,当 $\rho(x,y) =$ 常数时,上式成为平面区域 D 的形心坐标:

$$\overline{x} = \dfrac{\displaystyle\iint_D x\,\mathrm{d}\sigma}{\displaystyle\iint_D \mathrm{d}\sigma}, \quad \overline{y} = \dfrac{\displaystyle\iint_D y\,\mathrm{d}\sigma}{\displaystyle\iint_D \mathrm{d}\sigma}.$$

如果 E 是空间区域 Ω,密度为 $\rho(x,y,z)$,相应的 $\mathrm{d}E = \mathrm{d}v$,则 Ω 的质心相应于 x 轴、y 轴和 z 轴的坐标分别为

$$\overline{x} = \dfrac{\displaystyle\iiint_\Omega x\rho(x,y,z)\mathrm{d}v}{\displaystyle\iiint_\Omega \rho(x,y,z)\mathrm{d}v}, \quad \overline{y} = \dfrac{\displaystyle\iiint_\Omega y\rho(x,y,z)\mathrm{d}v}{\displaystyle\iiint_\Omega \rho(x,y,z)\mathrm{d}v}, \quad \overline{z} = \dfrac{\displaystyle\iiint_\Omega z\rho(x,y,z)\mathrm{d}v}{\displaystyle\iiint_\Omega \rho(x,y,z)\mathrm{d}v}.$$

当 $\rho(x,y,z) =$ 常数时,则得形心坐标:

$$\overline{x} = \dfrac{\displaystyle\iiint_\Omega x\,\mathrm{d}v}{\displaystyle\iiint_\Omega \mathrm{d}v}, \quad \overline{y} = \dfrac{\displaystyle\iiint_\Omega y\,\mathrm{d}v}{\displaystyle\iiint_\Omega \mathrm{d}v}, \quad \overline{z} = \dfrac{\displaystyle\iiint_\Omega z\,\mathrm{d}v}{\displaystyle\iiint_\Omega \mathrm{d}v}.$$

知识点 5 引力

万有引力定律 —— 设有两个质点 p, P,其质量分别为 m, M,p 与 P 的距离为 r,则 p 与 P 之间的引力大小为 $F = \dfrac{kmM}{r^2}$,其中 k 是引力常数.

设质点 P_0 位于某坐标系中相应于 u 轴的坐标为 u_0,其质量为 M. 设集合 E 的密度为 $\rho(P)$,在 E 上任取微元 $\mathrm{d}E$,$\mathrm{d}E$ 相应的坐标为 u,$\mathrm{d}E$ 的质量为 $\rho(P)\mathrm{d}E$,$\mathrm{d}E$ 与 P_0 的距离为 r,则 $\mathrm{d}E$ 与 P_0 之间的引力为 $\dfrac{kM\rho(P)\mathrm{d}E}{r^2}$,其中 k 是引力常数,该引力在 u 轴上的分力为 $\dfrac{u - u_0}{r} \cdot \dfrac{kM\rho(P)\mathrm{d}E}{r^2}$,从而集合 E 与 P_0 之间的引力在 u 轴上的分力大小为

$$F_u = \int_E \frac{kM(u - u_0)\rho(P)\mathrm{d}E}{r^3}.$$

如果质点 P_0 位于 xOy 平面内,其坐标为 (x_0, y_0),而 E 是平面区域 D,密度为 $\rho(x,y)$,相应的 $\mathrm{d}E = \mathrm{d}\sigma, (x,y) \in \mathrm{d}\sigma$,则 D 与 P_0 之间的引力在 x 轴和 y 轴上的分力分别为

$$F_x = \iint_D \frac{kM(x - x_0)\rho(x,y)}{[(x - x_0)^2 + (y - y_0)^2]^{3/2}}\mathrm{d}\sigma, \quad F_y = \iint_D \frac{kM(y - y_0)\rho(x,y)}{[(x - x_0)^2 + (y - y_0)^2]^{3/2}}\mathrm{d}\sigma.$$

例 1 求锥面 $z=\sqrt{x^2+y^2}$ 被柱面 $z^2=2x$ 所割下部分的曲面面积.

解 曲面在 xOy 面上的投影区域 $D_{xy}:x^2+y^2\leqslant 2x$,

$$S=\iint\limits_{D_{xy}}\sqrt{1+\left(\frac{\partial z}{\partial x}\right)^2+\left(\frac{\partial z}{\partial y}\right)^2}\,\mathrm{d}x\,\mathrm{d}y$$

$$=\iint\limits_{D_{xy}}\sqrt{2}\,\mathrm{d}x\,\mathrm{d}y.$$

又 D_{xy} 的面积为 π,所以 $S=\sqrt{2}\,\pi$.

例 2 求在极坐标系中曲线 $r=a\cos\theta$ 与 $r=b\cos\theta(0<a<b)$ 围成图形的形心.

解 该所求平面图形的形心为 $(\bar{x},\bar{y})$,由对称性可得 $\bar{y}=0$,平面图形的面积为

$$A=\pi\cdot\left(\frac{b}{2}\right)^2-\pi\cdot\left(\frac{a}{2}\right)^2=\frac{\pi}{4}(b^2-a^2).$$

又

$$\iint\limits_{D}x\,\mathrm{d}\sigma=\int_{-\frac{\pi}{2}}^{\frac{\pi}{2}}\mathrm{d}\theta\int_{a\cos\theta}^{b\cos\theta}r\cos\theta\cdot r\,\mathrm{d}r=\frac{2}{3}(b^3-a^3)\int_{0}^{\frac{\pi}{2}}\cos^4\theta\,\mathrm{d}\theta$$

$$=\frac{2}{3}(b^3-a^3)\cdot\frac{3}{4}\cdot\frac{1}{2}\cdot\frac{\pi}{2}=\frac{\pi}{8}(b^3-a^3),$$

因此 $\bar{x}=\dfrac{1}{A}\iint\limits_{D}x\,\mathrm{d}\sigma=\dfrac{\dfrac{\pi}{8}(b^3-a^3)}{\dfrac{\pi}{4}(b^2-a^2)}=\dfrac{a^2+ab+b^2}{2(a+b)}$,即形心坐标为 $\left(\dfrac{a^2+ab+b^2}{2(a+b)},0\right)$.

第 **8** 章 常微分方程

考 试 要 求

1. 了解微分方程及其阶、解、通解、初始条件和特解等概念.

2. 掌握变量可分离的微分方程、齐次微分方程和一阶线性微分方程的求解方法.

3. (仅限数学一) 会解齐次微分方程、贝努利方程和全微分方程,会用简单的变量代换解某些微分方程.

4. (仅限数学一、数学二) 会用降阶法解下列形式的微分方程 $y^{(n)} = f(x), y'' = f(x, y'), y'' = f(y, y')$.

5. 理解线性微分方程解的性质及解的结构.

6. 掌握二阶常系数齐次线性微分方程的解法,并会解某些高于二阶的常系数齐次线性微分方程.

7. 会解自由项为多项式、指数函数、正弦函数、余弦函数以及它们的和与积的二阶常系数非齐次线性微分方程.

8. (仅限数学一) 会解欧拉方程.

9. 会用微分方程解决一些简单的应用问题.

10. (仅限数学三) 了解差分与差分方程及其通解与特解等概念,了解一阶常系数线性差分方程的求解方法,会用微分方程求解简单的经济应用问题.

对标考试要求

1 了解微分方程及其阶、解、通解、初始条件和特解等概念.

知识点 微分方程的概念

一、微分方程

含有自变量、未知函数及未知函数的导数或微分的方程称为微分方程. 未知函数是一元函数的微分方程称为常微分方程(简称微分方程).

二、微分方程的阶

微分方程中出现的未知函数的最高阶导数的阶数称为微分方程的阶.

n 阶方程的一般形式是

$$F(x,y,y',\cdots,y^{(n)})=0,$$

方程中 $y^{(n)}$ 是必须出现的,而 $x,y,y',\cdots,y^{(n-1)}$ 等变量则可以不出现.

三、微分方程的解及通解与特解

如果某一函数代入微分方程后,该方程成为恒等式,则称该函数为微分方程的解.若微分方程的解中含任意常数,且独立的任意常数的个数与微分方程的阶数相同,则称此解为微分方程的通解.确定了通解中的任意常数的取值后得到的解称为微分方程的特解.

四、微分方程的初始条件

用来确定通解中任意常数的条件称为定解条件.定解条件通常有初始条件和边界条件.一般来说,n 阶方程的初始条件为

$$y(x_0)=y_0,y'(x_0)=y_1,\cdots,y^{(n-1)}(x_0)=y_{n-1}.$$

例 1 已知 $y=\dfrac{x}{\ln x}$ 是微分方程 $y'=\dfrac{y}{x}+\varphi\left(\dfrac{x}{y}\right)$ 的解,则 $\varphi\left(\dfrac{x}{y}\right)$ 的表达式为(   ).

(A) $-\dfrac{y^2}{x^2}$ (B) $\dfrac{y^2}{x^2}$ (C) $-\dfrac{x^2}{y^2}$ (D) $\dfrac{x^2}{y^2}$

答案 (A).

解 将 $y=\dfrac{x}{\ln x}$ 代入微分方程 $y'=\dfrac{y}{x}+\varphi\left(\dfrac{x}{y}\right)$,得 $\dfrac{\ln x-1}{\ln^2 x}=\dfrac{1}{\ln x}+\varphi(\ln x)$,得

$\varphi(\ln x)=-\dfrac{1}{\ln^2 x}$.令 $\ln x=u$,有 $\varphi(u)=-\dfrac{1}{u^2}$,故 $\varphi\left(\dfrac{x}{y}\right)=-\dfrac{y^2}{x^2}$.应选(A).

对标考试要求

② 掌握变量可分离的微分方程、齐次微分方程和一阶线性微分方程的求解方法.

知识点 1 变量可分离的微分方程

形如 $\dfrac{dy}{dx}=f(x)g(y)$ 的一阶微分方程称为**变量可分离的微分方程**.

解法：先分离变量 $\dfrac{\mathrm{d}y}{g(y)}=f(x)\mathrm{d}x$；再两边积分 $\displaystyle\int\dfrac{\mathrm{d}y}{g(y)}=\int f(x)\mathrm{d}x$，可得方程的通解为

$$G(y)=F(x)+C,$$

其中 $F(x),G(y)$ 分别为函数 $f(x),\dfrac{1}{g(y)}$ 的原函数.

知识点 2　齐次微分方程

形如 $\dfrac{\mathrm{d}y}{\mathrm{d}x}=\varphi\left(\dfrac{y}{x}\right)$ 的一阶微分方程称为齐次微分方程.

解法：令 $u=\dfrac{y}{x}$，则 $y=xu,\dfrac{\mathrm{d}y}{\mathrm{d}x}=u+x\dfrac{\mathrm{d}u}{\mathrm{d}x}$，从而原方程转化为变量可分离的微分方程

$x\dfrac{\mathrm{d}u}{\mathrm{d}x}=\varphi(u)-u$，若其通解为 $F(x,u,C)=0$，则原方程的通解为 $F\left(x,\dfrac{y}{x},C\right)=0.$

知识点 3　一阶线性微分方程

形如 $y'+P(x)y=Q(x)$ 的一阶微分方程称为一阶线性微分方程.

(1) 若 $Q(x)=0$，$y'+P(x)y=0$ 称为一阶齐次线性微分方程，通解为 $y=Ce^{-\int P(x)\mathrm{d}x}$.

(2) 若 $Q(x)\neq 0$，$y'+P(x)y=Q(x)$ 称为一阶非齐次线性微分方程，通解为

$$y=e^{-\int P(x)\mathrm{d}x}\left(\int Q(x)e^{\int P(x)\mathrm{d}x}\mathrm{d}x+C\right).$$

例 1　微分方程 $y'=\dfrac{y(1-x)}{x}$ 的通解为 _____.

答案 $y=Cxe^{-x}$，

解 该方程为变量可分离的微分方程，分离变量得 $\dfrac{\mathrm{d}y}{y}=\dfrac{(1-x)}{x}\mathrm{d}x$，两边积分，得通解为

$y=Cxe^{-x}.$

例 2　微分方程 $\dfrac{\mathrm{d}y}{\mathrm{d}x}=\dfrac{y}{x}-\dfrac{1}{2}\left(\dfrac{y}{x}\right)^3$ 满足 $y\big|_{x=1}=1$ 的特解为 _____.

答案 $y=\dfrac{x}{\sqrt{1+\ln x}}.$

解 该方程为齐次方程，作变量代换 $\dfrac{y}{x}=u$，则 $\dfrac{\mathrm{d}y}{\mathrm{d}x}=u+x\dfrac{\mathrm{d}u}{\mathrm{d}x}$，代入原方程得

$$u+x\dfrac{\mathrm{d}u}{\mathrm{d}x}=u-\dfrac{1}{2}u^3,\ 即\ \dfrac{-2\mathrm{d}u}{u^3}=\dfrac{1}{x}\mathrm{d}x,$$

两边积分得 $\dfrac{1}{u^2} = \ln x + C$，即 $\dfrac{x^2}{y^2} = \ln x + C$，由 $y\Big|_{x=1} = 1$ 得 $C = 1$，所以 $\dfrac{x^2}{y^2} = \ln x + 1$，由此

得特解 $y = \dfrac{x}{\sqrt{1 + \ln x}}$.

例 3 微分方程 $(y + x^2 \mathrm{e}^{-x})\mathrm{d}x - x\,\mathrm{d}y = 0$ 的通解为_____.

答案 $y = x(C - \mathrm{e}^{-x})$.

解 原方程可化为 $y' - \dfrac{1}{x}y = x\mathrm{e}^{-x}$，为一阶非齐次线性微分方程，其通解为

$$y = \mathrm{e}^{\int \frac{1}{x}\mathrm{d}x}\left(\int x\mathrm{e}^{-x}\mathrm{e}^{\int -\frac{1}{x}\mathrm{d}x}\mathrm{d}x + C\right),$$

计算得 $y = x(C - \mathrm{e}^{-x})$.

对标考试要求

3 (仅限数学一) 会解齐次微分方程、贝努利方程和全微分方程，会用简单的变量代换解某些微分方程.

知识点 1 贝努利方程

形如 $y' + P(x)y = Q(x)y^{\alpha}$（其中 $\alpha \neq 0, 1, Q(x) \neq 0$）的一阶微分方程称为贝努利方程.

解法：令 $z = y^{1-\alpha}$，将其化为关于 z 的一阶非齐次线性微分方程 $z' + (1-\alpha)P(x)z = (1-\alpha)Q(x)$. 若其通解为 $F(x, z, C) = 0$，则原微分方程的通解为 $F(x, y^{1-\alpha}, C) = 0$.

知识点 2 全微分方程

设 $P = P(x, y)$，$Q = Q(x, y)$ 具有一阶连续偏导数，若 $\dfrac{\partial Q}{\partial x} = \dfrac{\partial P}{\partial y}$，就称 $P\mathrm{d}x + Q\mathrm{d}y = 0$ 为全微分方程. 通解为

$$\int_{y_0}^{y} Q(x_0, t)\mathrm{d}t + \int_{x_0}^{x} P(s, y)\mathrm{d}s = C \ \text{或} \int_{x_0}^{x} P(s, y_0)\mathrm{d}s + \int_{y_0}^{y} Q(x, t)\mathrm{d}t = C.$$

（参见曲线积分与路径无关等内容）

例 1 解微分方程 $xy' - 4y = x^2\sqrt{y}$.

解 原方程可化为 $y' - \dfrac{4}{x}y = x\sqrt{y}$，该方程为 $\alpha = \dfrac{1}{2}$ 的贝努利方程. 作变换 $z = y^{1-\frac{1}{2}} = \sqrt{y}$，则有 $z' - \dfrac{2}{x}z = \dfrac{1}{2}x$，解得 $z = x^2\left(C + \dfrac{1}{2}\ln x\right)$，故原方程的通解为 $\sqrt{y} = x^2\left(C + \dfrac{1}{2}\ln x\right)$.

例 2 求微分方程 $(2x\sin y + 3x^2 y)\mathrm{d}x + (x^3 + x^2\cos y + y^2)\mathrm{d}y = 0$ 的通解.

解 这不是前面一阶方程的四种类型，考查一下是否是全微分方程. 因为

$$\frac{\partial P}{\partial y} = 2x\cos y + 3x^2 = \frac{\partial Q}{\partial x},$$

所以原方程是全微分方程.

方法一　$u(x, y) = \displaystyle\int_{(0,0)}^{(x,y)}(2x\sin y + 3x^2 y)\mathrm{d}x + (x^3 + x^2\cos y + y^2)\mathrm{d}y$

$$= \int_0^y (x^3 + x^2\cos y + y^2)\mathrm{d}y = x^3 y + x^2\sin y + \frac{1}{3}y^3,$$

故原方程的通解为 $x^3 y + x^2\sin y + \dfrac{1}{3}y^3 = C$.

方法二　用凑微分法.

$$(2x\sin y + 3x^2 y)\mathrm{d}x + (x^3 + x^2\cos y + y^2)\mathrm{d}y$$
$$= [\sin y\,\mathrm{d}x^2 + x^2\mathrm{d}(\sin y)] + [y\,\mathrm{d}(x^3) + x^3\mathrm{d}y] + y^2\mathrm{d}y$$
$$= \mathrm{d}\left(x^2\sin y + x^3 y + \frac{1}{3}y^3\right),$$

因此得方程的通解为 $x^2\sin y + x^3 y + \dfrac{1}{3}y^3 = C$.

方法三　由全微分可知 $\dfrac{\partial u}{\partial x} = 2x\sin y + 3x^2 y, \dfrac{\partial u}{\partial y} = x^3 + x^2\cos y + y^2$. 前一个式子两边对 x 积分得

$$u = x^2\sin y + x^3 y + C(y),$$

故 $\dfrac{\partial u}{\partial y} = x^2\cos y + x^3 + C'(y) = x^3 + x^2\cos y + y^2$.

由此得 $C'(y) = y^2, C(y) = \dfrac{1}{3}y^3 + C_1$. 因此原方程的通解为

$$x^2\sin y + x^3 y + \frac{1}{3}y^3 = C.$$

对标考试要求

4 （仅限数学一、数学二）会用降阶法解下列形式的微分方程：
$$y^{(n)} = f(x), y'' = f(x, y'), y'' = f(y, y').$$

知识点 1 $y^{(n)}=f(x)$ 型

一、特点

右边只含 x.

二、解法

连续积分 n 次,得其通解为 $y=F(x,C_1,C_2,\cdots,C_n)$.

知识点 2 $y''=f(x,y')$ 型

一、特点

不显含未知函数 y.

二、解法

令 $p=y'$,则 $y''=\dfrac{\mathrm{d}p}{\mathrm{d}x}$,原微分方程降为 p 和 x 的一阶微分方程 $\dfrac{\mathrm{d}p}{\mathrm{d}x}=f(x,p)$.若其通解为 $F(x,p,C_1)=0$,即 $F(x,y',C_1)=0$,再从中求出 $y''=f(x,y')$ 的通解 $G(x,y,C_1,C_2)=0$.

知识点 3 $y''=f(y,y')$ 型

一、特点

不显含自变量 x.

二、解法

令 $p=y'$,则 $y''=\dfrac{\mathrm{d}p}{\mathrm{d}x}=\dfrac{\mathrm{d}p}{\mathrm{d}y}\dfrac{\mathrm{d}y}{\mathrm{d}x}=p\dfrac{\mathrm{d}p}{\mathrm{d}y}$,原微分方程降为 p 和 y 的一阶微分方程 $p\dfrac{\mathrm{d}p}{\mathrm{d}y}=f(y,p)$.若其通解为 $F(y,p,C_1)=0$,即 $F(y,y',C_1)=0$,再从中求出 $y''=f(x,y')$ 的通解 $G(x,y,C_1,C_2)=0$.

例 1 试求 $y''=x$ 的经过点 $M(0,1)$ 且在此点与直线 $y=\dfrac{x}{2}+1$ 相切的积分曲线.

解 由题设知 $y(0)=1,y'(0)=\dfrac{1}{2}$. 由 $y''=x$,得 $y'=\dfrac{x^2}{2}+C_1$,再由 $y'(0)=\dfrac{1}{2}$ 得 $C_1=$

$\dfrac{1}{2}$,所以 $y'=\dfrac{x^2}{2}+\dfrac{1}{2}$,从而 $y=\dfrac{x^3}{6}+\dfrac{1}{2}x+C_2$,又由 $y(0)=1$ 可得 $C_2=1$,因此所求积分曲线为

$$y=\dfrac{x^3}{6}+\dfrac{1}{2}x+1.$$

例 2 微分方程 $xy''+3y'=0$ 的通解为_____.

答案 $y=-\dfrac{C_1}{2x^2}+C_2$.

解（不显含 y）令 $p=y'$,则 $y''=\dfrac{\mathrm{d}p}{\mathrm{d}x}$,原微分方程可化为 $x\dfrac{\mathrm{d}p}{\mathrm{d}x}+3p=0$.

分离变量可得 $\dfrac{\mathrm{d}p}{p}=-3\dfrac{\mathrm{d}x}{x}$,积分得 $\ln p=-3\ln x+\ln C_1$,得 $p=\dfrac{C_1}{x^3}$.

由 $\dfrac{\mathrm{d}y}{\mathrm{d}x}=\dfrac{C_1}{x^3}$,再积分可得原方程的通解为 $y=-\dfrac{C_1}{2x^2}+C_2$.

注 此处 $\ln$ 只是作为一个解方程的中介桥梁,最后去掉了 $\ln$,可以不需要加绝对值.

例 3 微分方程 $yy''+y'^2=0$ 满足初始条件 $y\big|_{x=0}=1,y'\big|_{x=0}=\dfrac{1}{2}$ 的特解为_____.

答案 $y=\sqrt{x+1}$.

解（不显含 x）令 $y'=p$,则 $y''=\dfrac{\mathrm{d}p}{\mathrm{d}x}=\dfrac{\mathrm{d}p}{\mathrm{d}y}\cdot\dfrac{\mathrm{d}y}{\mathrm{d}x}=p\dfrac{\mathrm{d}p}{\mathrm{d}y}$.

原微分方程化为 $yp\dfrac{\mathrm{d}p}{\mathrm{d}y}+p^2=0$,可得 $\dfrac{\mathrm{d}p}{p}=-\dfrac{\mathrm{d}y}{y}$,积分得 $py=C_1$,即 $yy'=C_1$.

由 $y\big|_{x=0}=1,y'\big|_{x=0}=\dfrac{1}{2}$ 得 $C_1=\dfrac{1}{2}$,故有 $yy'=\dfrac{1}{2}$,从而有 $2y\mathrm{d}y=\mathrm{d}x$,积分得 $y^2=x+C_2$,再由 $y\big|_{x=0}=1$ 得 $C_2=1$,所以 $y^2=x+1$,即 $y=\sqrt{x+1}$.

注 如果是求可降阶的二阶微分方程的特解,通常求出第一个一阶微分方程的解时,先代入初始条件确定常数 C_1,然后再解后一个一阶微分方程较为方便.

对标考试要求

5 理解线性微分方程解的性质及解的结构.

知识点 **1** 二阶线性微分方程的概念

一、二阶齐次线性微分方程

$$y'' + P(x)y' + Q(x)y = 0.$$

二、二阶非齐次线性微分方程

$$y'' + P(x)y' + Q(x)y = f(x)(f(x) \not\equiv 0).$$

知识点 **2** 二阶线性微分方程解的性质及解的结构

一、定理 1

若 $y_1(x), y_2(x)$ 为二阶齐次线性微分方程 $y'' + P(x)y' + Q(x)y = 0$ 的两个特解,则对任意常数 C_1, C_2,

(1) $y = C_1 y_1(x) + C_2 y_2(x)$ 都是该方程的解.

(2) 当且仅当 $y_1(x), y_2(x)$ 线性无关(即 $\dfrac{y_2(x)}{y_1(x)} \not\equiv C, C$ 为常数)时,$y = C_1 y_1(x) + C_2 y_2(x)$ 是该方程的通解.

二、定理 2

若 $y_1(x), y_2(x), y^*(x)$ 为二阶非齐次线性微分方程 $y'' + P(x)y' + Q(x)y = f(x)$ 的解,$Y(x)$ 为对应齐次线性微分方程 $y'' + P(x)y' + Q(x)y = 0$ 的解,则

(1) $y_2(x) - y_1(x)$ 为对应齐次线性微分方程 $y'' + P(x)y' + Q(x)y = 0$ 的解.

(2) $Y(x) + y^*(x)$ 为原非齐次线性微分方程 $y'' + P(x)y' + Q(x)y = f(x)$ 的解.

(3) 当 $Y(x)$ 为对应齐次线性微分方程 $y'' + P(x)y' + Q(x)y = 0$ 的通解,$y^*(x)$ 为二阶非齐次线性微分方程 $y'' + P(x)y' + Q(x)y = f(x)$ 的特解时,$Y(x) + y^*(x)$ 为二阶非齐次线性微分方程的通解.

注 对一阶线性微分方程同样有定理 2 的结论.

三、定理 3

若 $y_k^*(x)$ 为二阶非齐次线性微分方程 $y'' + P(x)y' + Q(x)y = f_k(x)(k = 1,2)$ 的特解,则 $y^*(x) = y_1^*(x) + y_2^*(x)$ 为 $y'' + P(x)y' + Q(x)y = f_1(x) + f_2(x)$ 的特解.

例 1　设线性无关的函数 y_1,y_2,y_3（指 $k_1y_1+k_2y_2+k_3y_3=0$ 一定是 $k_1=k_2=k_3=0$）都是二阶非齐次线性微分方程 $y''+p(x)y'+q(x)y=f(x)$ 的解，C_1,C_2 是任意常数，则该非齐次线性微分方程的通解是（　　　）.

(A)$C_1y_1+C_2y_2+y_3$　　　　　　　(B)$C_1y_1+C_2y_2-(C_1+C_2)y_3$
(C)$C_1y_1+C_2y_2+(1-C_1-C_2)y_3$　(D)$C_1y_1+C_2y_2-(1-C_1-C_2)y_3$

答案 (C).

解　因为 y_1,y_2,y_3 都是二阶非齐次线性微分方程 $y''+p(x)y'+q(x)y=f(x)$ 的解，则 y_1-y_3,y_2-y_3 是对应齐次线性微分方程 $y''+p(x)y'+q(x)y=0$ 的两个线性无关的解，故原方程的通解为

$$y=C_1(y_1-y_3)+C_2(y_2-y_3)+y_3=C_1y_1+C_2y_2+(1-C_1-C_2)y_3,$$

应选(C).

对标考试要求

6　掌握二阶常系数齐次线性微分方程的解法，并会解某些高于二阶的常系数齐次线性微分方程.

知识点 1 　二阶常系数齐次线性微分方程的解法

一、二阶常系数齐次线性微分方程

$y''+py'+qy=0$（其中 p,q 均为实数）.

二、特征方程

$r^2+pr+q=0$.

三、特征根与通解的对应关系

	特征方程 $r^2+pr+q=0$ 的根（特征根）	微分方程 $y''+py'+qy=0$ 的通解
情形 1	两个不同的实根 r_1,r_2	$y=C_1e^{r_1x}+C_2e^{r_2x}$
情形 2	两个相同的实根 $r_1=r_2$	$y=e^{r_1x}(C_1+C_2x)$
情形 3	一对共轭复根 $\alpha\pm\beta i$（α,β 均为实数）	$y=e^{\alpha x}(C_1\cos\beta x+C_2\sin\beta x)$

知识点 2 　n 阶常系数齐次线性微分方程的解法

n 阶常系数齐次线性微分方程 $y^{(n)}+p_1y^{(n-1)}+\cdots+p_{n-1}y'+p_ny=0$（$p_1,p_2,\cdots,p_n$ 均

为常数),此时特征方程是一元 n 次代数方程 $r^n + p_1 r^{n-1} + \cdots + p_{n-1} r + p_n = 0$,先求出其特征根,若 r 为该代数方程的 k 重根,则原微分方程有特解 $\mathrm{e}^{rx}, x\mathrm{e}^{rx}, \cdots, x^{k-1}\mathrm{e}^{rx}$. 若 $\alpha \pm \beta\mathrm{i}$ 为该代数方程的 k 重根,则原微分方程有特解 $\mathrm{e}^{\alpha x}\cos \beta x, \mathrm{e}^{\alpha x}\sin \beta x, \cdots, x^{k-1}\mathrm{e}^{\alpha x}\cos \beta x$, $x^{k-1}\mathrm{e}^{\alpha x}\sin \beta x$,由此可得原微分方程的 n 个线性无关的解 $y_1, y_2, \cdots, y_n$,进而可得所求微分方程的通解 $y = C_1 y_1 + C_2 y_2 + \cdots + C_n y_n$.

例 1 微分方程 $y'' - y' + \dfrac{1}{4}y = 0$ 的通解 $y = $ _____.

答案 $(C_1 + C_2 x)\mathrm{e}^{\frac{1}{2}x}$.

解 特征方程为 $r^2 - r + \dfrac{1}{4} = 0$,解得 $r_1 = r_2 = \dfrac{1}{2}$,所以通解为 $y = (C_1 + C_2 x)\mathrm{e}^{\frac{1}{2}x}$.

例 2 设函数 $y = y(x)$ 是微分方程 $y'' + y' - 2y = 0$ 的解,且在 $x = 0$ 处 $y(x)$ 取得极值 3,则 $y(x) = $ _____.

答案 $\mathrm{e}^{-2x} + 2\mathrm{e}^x$.

解 特征方程为 $r^2 + r - 2 = 0$,解得 $r_1 = -2, r_2 = 1$,所以 $y'' + y' - 2y = 0$ 的通解为 $y(x) = C_1 \mathrm{e}^{-2x} + C_2 \mathrm{e}^x$,且 $y'(x) = -2C_1 \mathrm{e}^{-2x} + C_2 \mathrm{e}^x$.

由于 $y(x)$ 在 $x = 0$ 处取得极值 3,因此有 $y'(0) = 0, y(0) = 3$,可得 $-2C_1 + C_2 = 0, C_1 + C_2 = 3$,故 $C_1 = 1, C_2 = 2$,所以 $y(x) = \mathrm{e}^{-2x} + 2\mathrm{e}^x$.

例 3 设函数 $y = f(x)$ 满足 $y'' + 2y' + 5y = 0$,且有 $f(0) = 1, f'(0) = -1$,则 $f(x) = $ _____.

答案 $\mathrm{e}^{-x}\cos 2x$.

解 特征方程为 $r^2 + 2r + 5 = 0$,解得 $r_{1,2} = -1 \pm 2\mathrm{i}$,所以
$$f(x) = \mathrm{e}^{-x}(C_1 \cos 2x + C_2 \sin 2x),$$
由 $f(0) = 1$ 得 $C_1 = 1$.
$$f'(x) = -\mathrm{e}^{-x}(C_1 \cos 2x + C_2 \sin 2x) + \mathrm{e}^{-x}(-2C_1 \sin 2x + 2C_2 \cos 2x),$$
由 $f'(0) = -1$,即 $-C_1 + 2C_2 = -1$,得 $C_2 = 0$. 故 $f(x) = \mathrm{e}^{-x}\cos 2x$.

例 4 微分方程 $y^{(4)} - 2y''' + 5y'' = 0$ 的通解为 _____.

答案 $y = C_1 + C_2 x + \mathrm{e}^x(C_3 \cos 2x + C_4 \sin 2x)$.

解 特征方程为 $r^4 - 2r^3 + 5r^2 = 0$,解得 $r_{1,2} = 0, r_{3,4} = 1 \pm 2\mathrm{i}$,所以通解为
$$y = C_1 + C_2 x + \mathrm{e}^x(C_3 \cos 2x + C_4 \sin 2x).$$

7 会解自由项为多项式、指数函数、正弦函数、余弦函数以及它们的和与积的二阶常系数非齐次线性微分方程.

知识点 **二阶常系数非齐次线性微分方程的解法**

二阶常系数非齐次线性微分方程 $y'' + py' + qy = f(x)(f(x) \not\equiv 0)$,   ①

对应齐次线性微分方程为 $y'' + py' + qy = 0$,   ②

若求得 ② 的通解 $Y(x)$ 和 ① 的特解 $y^*(x)$,则 ① 的通解为 $y = Y(x) + y^*(x)$.

求特解 $y^* = y^*(x)$ 的步骤:

第一步:写出对应齐次线性微分方程的特征方程,并求出特征根.

第二步:依据右端项 $f(x)$ 的两种函数类型,正确写出 y^* 的形式,其中 y^* 中含有待定系数.

(1) 对 $f(x) = e^{\lambda x} P_m(x)$,应设

$$y^* = x^k e^{\lambda x} Q_m(x),$$

其中 $k = \begin{cases} 0, & \lambda \text{ 不是特征根}, \\ 1, & \lambda \text{ 是单特征根}, Q_m(x) \text{ 为与 } P_m(x) \text{ 次数相同的多项式,其系数为待定系数}. \\ 2, & \lambda \text{ 是重特征根}, \end{cases}$

(2) 对 $f(x) = e^{\lambda x}[P_m(x)\cos \omega x + Q_n(x)\sin \omega x]$,应设

$$y^* = x^k e^{\lambda x}[R_l(x)\cos \omega x + T_l(x)\sin \omega x],$$

其中 $k = \begin{cases} 0, & \lambda \pm \omega i \text{ 不是特征根}, \\ 1, & \lambda \pm \omega i \text{ 是特征根}, \end{cases}$ $l = \max\{m, n\}$,其中 $R_l(x), T_l(x)$ 均为次数不超过 l 的多项式,其系数均为待定系数.

第三步:将所设 y^* 代入原非齐次线性微分方程 ①,经整理合并同类项,比较系数解方程组确定各待定系数的值,从而求得 y^*.

例 1 微分方程 $y'' - 2y' = xe^{2x}$ 的特解形式为(   ),其中 A, B 为待定系数.

(A) $y^* = Axe^{2x}$ (B) $y^* = (Ax + B)e^{2x}$

(C) $y^* = x(Ax + B)e^{2x}$ (D) $y^* = x^2(Ax + B)e^{2x}$

答案 (C).

解 对应齐次方程的特征方程为 $r^2 - 2r = 0$,解得 $r_1 = 0, r_2 = 2$. 因 2 是特征方程的单根,故其特解形式为 $y^* = x(Ax + B)e^{2x}$. 选 (C)

例 2 微分方程 $y'' + y = x^2 + 1 + \sin x$ 的特解形式为(   ),其中 a, b, c, A, B 为待定系数.

(A)$y^* = ax^2 + bx + c + x(A\sin x + B\cos x)$

(B)$y^* = x(ax^2 + bx + c + A\sin x + B\cos x)$

(C)$y^* = ax^2 + bx + c + A\sin x$

(D)$y^* = ax^2 + bx + c + A\cos x$

答案 (A).

解 对应齐次方程 $y'' + y = 0$ 的特征方程为 $r^2 + 1 = 0$,特征根为 $r = \pm i$.

对方程 $y'' + y = x^2 + 1$,因 0 不是特征根,故其特解形式为 $y_1^* = ax^2 + bx + c$;

对方程 $y'' + y = \sin x$,因 $\pm i$ 是特征根,故其特解形式为 $y_2^* = x(A\sin x + B\cos x)$,从而由叠加原理知方程 $y'' + y = x^2 + 1 + \sin x$ 的特解形式为

$$y^* = ax^2 + bx + c + x(A\sin x + B\cos x).$$

应选(A).

例 3 微分方程 $y'' - 4y = e^{2x}$ 的通解为_____.

答案 $y = C_1 e^{-2x} + \left(C_2 + \dfrac{1}{4}x\right)e^{2x}$.

解 原方程对应的齐次方程 $y'' - 4y = 0$ 的特征方程为 $r^2 - 4 = 0$,解得 $r_1 = 2, r_2 = -2$,故 $y'' - 4y = 0$ 的通解为 $Y = C_1 e^{-2x} + C_2 e^{2x}$.

由于自由项为 $f(x) = e^{2x}$,因此原方程的特解可设为 $y^* = Ax e^{2x}$,代入原微分方程可求得 $A = \dfrac{1}{4}$,所以 $y^* = \dfrac{1}{4}x e^{2x}$,故所求通解为 $y = Y + y^* = C_1 e^{-2x} + \left(C_2 + \dfrac{1}{4}x\right)e^{2x}$.

例 4 求微分方程 $y'' + 4y' + 5y = 8\cos x$ 当 $x \longrightarrow -\infty$ 时为有界函数的特解.

解 对应齐次方程的特征方程是 $r^2 + 4r + 5 = 0$,解得 $r = -2 \pm i$,于是对应齐次方程的通解为 $Y = e^{-2x}(C_1\cos x + C_2\sin x)$.

由右端项 $8\cos x$ 可知 $\pm i$ 不是特征根,故可设原微分方程的一个特解为 $y^* = A\sin x + B\cos x$,代入原微分方程并比较系数得 $A = B = 1$,于是 $y^* = \sin x + \cos x$.

因此原微分方程的通解为

$$y = e^{-2x}(C_1\cos x + C_2\sin x) + \sin x + \cos x.$$

为使 $x \longrightarrow -\infty$ 时特解有界,必有 $C_1 = C_2 = 0$,故所求特解为 $y = \sin x + \cos x$.

注 此题的右端项 $f(x) = 8\cos x$ 中,只有 $\cos x$,没有 $\sin x$,但设特解时,应同时含有 $\sin x$ 与 $\cos x$ 两项.

对标考试要求

8 (仅限数学一) 会解欧拉方程.

知识点　**二阶欧拉方程的解法**

形如 $x^2 y'' + pxy' + qy = f(x)(p,q$ 均为常数$)$ 的方程称为二阶欧拉方程.

解法：作变换 $x = \mathrm{e}^t$，则 $t = \ln x$，$\dfrac{\mathrm{d}t}{\mathrm{d}x} = \dfrac{1}{x}$，从而得 $\dfrac{\mathrm{d}y}{\mathrm{d}x} = \dfrac{\mathrm{d}y}{\mathrm{d}t} \cdot \dfrac{\mathrm{d}t}{\mathrm{d}x} = \dfrac{1}{x} \cdot \dfrac{\mathrm{d}y}{\mathrm{d}t}$；

$$\frac{\mathrm{d}^2 y}{\mathrm{d}x^2} = \frac{\mathrm{d}}{\mathrm{d}x}\left(\frac{\mathrm{d}y}{\mathrm{d}x}\right) = \frac{\mathrm{d}}{\mathrm{d}x}\left(\frac{1}{x}\frac{\mathrm{d}y}{\mathrm{d}t}\right) = -\frac{1}{x^2}\frac{\mathrm{d}y}{\mathrm{d}t} + \frac{1}{x}\frac{\mathrm{d}}{\mathrm{d}x}\left(\frac{\mathrm{d}y}{\mathrm{d}t}\right)$$

$$= -\frac{1}{x^2}\frac{\mathrm{d}y}{\mathrm{d}t} + \frac{1}{x} \cdot \frac{\mathrm{d}^2 y}{\mathrm{d}t^2} \cdot \frac{\mathrm{d}t}{\mathrm{d}x} = \frac{1}{x^2} \cdot \left(\frac{\mathrm{d}^2 y}{\mathrm{d}t^2} - \frac{\mathrm{d}y}{\mathrm{d}t}\right),$$

因此

$$x\,\frac{\mathrm{d}y}{\mathrm{d}x} = \frac{\mathrm{d}y}{\mathrm{d}t}, x^2\,\frac{\mathrm{d}^2 y}{\mathrm{d}x^2} = \frac{\mathrm{d}^2 y}{\mathrm{d}t^2} - \frac{\mathrm{d}y}{\mathrm{d}t},$$

从而将 $x^2 y'' + pxy' + qy = f(x)$ 转化为 $\dfrac{\mathrm{d}^2 y}{\mathrm{d}t^2} + (p-1)\dfrac{\mathrm{d}y}{\mathrm{d}t} + qy = f(\mathrm{e}^t)$. 若其通解为 $y = F(t, C_1, C_2)$，则 $x^2 y'' + pxy' + qy = f(x)$ 的通解为 $y = F(\ln x, C_1, C_2)$.

例 1 解微分方程 $x^2 \dfrac{\mathrm{d}^2 y}{\mathrm{d}x^2} + 4x \dfrac{\mathrm{d}y}{\mathrm{d}x} + 2y = 0 (x > 0)$.

解 令 $x = \mathrm{e}^t$，则有 $x\dfrac{\mathrm{d}y}{\mathrm{d}x} = \dfrac{\mathrm{d}y}{\mathrm{d}t}$，$x^2\dfrac{\mathrm{d}^2 y}{\mathrm{d}x^2} = \dfrac{\mathrm{d}^2 y}{\mathrm{d}t^2} - \dfrac{\mathrm{d}y}{\mathrm{d}t}$.

原微分方程可化为 $\dfrac{\mathrm{d}^2 y}{\mathrm{d}t^2} + 3\dfrac{\mathrm{d}y}{\mathrm{d}t} + 2y = 0$，其通解为 $y = C_1 \mathrm{e}^{-t} + C_2 \mathrm{e}^{-2t}$，故原微分方程的通解为

$$y = \frac{C_1}{x} + \frac{C_2}{x^2}.$$

对标考试要求

⑨会用微分方程解决一些简单的应用问题.

知识点　**一元函数微积分常用的知识点**

一、切线和法线

在曲线 $y = y(x)$ 上任意一点 $P(x, y)$ 处，切线方程为 $Y - y = y'(X - x)$，则切线与 y

轴的交点为 $(0, y - xy')$；切线与 x 轴的交点为 $\left(x - \dfrac{y}{y'}, 0\right)$ $(y' \neq 0)$.

法线方程为 $Y - y = -\dfrac{1}{y'}(X - x)$ $(y' \neq 0)$，则法线与 y 轴的交点为 $\left(0, y + \dfrac{x}{y'}\right)$；法线与 x 轴的交点为 $(x + yy', 0)$.

二、有关几何量

曲边梯形的面积 $A = \displaystyle\int_a^b f(x)\,\mathrm{d}x$.

旋转体的体积 $V_x = \pi\displaystyle\int_a^b f^2(x)\,\mathrm{d}x$；$V_y = 2\pi\displaystyle\int_a^b xf(x)\,\mathrm{d}x$.

曲线的弧长 $s = \displaystyle\int_a^b \sqrt{1 + f'^2(x)}\,\mathrm{d}x$.

曲率 $K = \dfrac{|f''(x)|}{[1 + f'^2(x)]^{3/2}}$.

三、变化率

导数 $\dfrac{\mathrm{d}y}{\mathrm{d}x}$ 也称为 y 关于 x 的变化率. 如直线运动中，若物体运动路程 s 是关于时间 t 的函数关系，则 $v = \dfrac{\mathrm{d}s}{\mathrm{d}t}$ 为物体运动的速度，$a = \dfrac{\mathrm{d}v}{\mathrm{d}t} = \dfrac{\mathrm{d}^2 s}{\mathrm{d}t^2}$ 为物体运动的加速度.

四、相关变化率

设 $x = x(t)$ 和 $y = y(t)$ 都是可导函数，而变量 x 与 y 之间存在某种关系，从而变化率 $\dfrac{\mathrm{d}x}{\mathrm{d}t}$ 与 $\dfrac{\mathrm{d}y}{\mathrm{d}t}$ 之间也存在一定关系. 这两个相互依赖的变化率称为相关变化率. 相关变化率问题就是研究这两个变化率之间的关系，以便从其中一个变化率求出另一个变化率. 一般地，t 为时间.

例如，圆面积变化率与半径变化率：$A = \pi r^2$，$\dfrac{\mathrm{d}A}{\mathrm{d}t} = 2\pi r\dfrac{\mathrm{d}r}{\mathrm{d}t}$.

例 1 设一凸的光滑曲线 $y = y(x)$ 连接了 $O(0,0)$，$A(1,4)$，而 $P(x,y)$ 为曲线上任意一点，已知曲线 $y = y(x)$ 与线段 $\overline{OP}$ 所围区域的面积为 $x^{\frac{4}{3}}$，求该曲线方程.

解 依题意知 $\displaystyle\int_0^x y(t)\,\mathrm{d}t - \dfrac{1}{2}xy = x^{\frac{4}{3}}$，方程两边对 x 求导并整理后可得 $y' - \dfrac{1}{x}y = -\dfrac{8}{3}x^{-\frac{2}{3}}$，该方程为一阶非齐次线性微分方程，通解为

$$y=\mathrm{e}^{\int\frac{1}{x}\mathrm{d}x}\left(\int-\frac{8}{3}x^{-\frac{2}{3}}\,\mathrm{e}^{\int-\frac{1}{x}\mathrm{d}x}\,\mathrm{d}x+C\right)=x\left(4x^{-\frac{2}{3}}+C\right)=4x^{\frac{1}{3}}+Cx,$$

又 $y\big|_{x=1}=4$，得 $C=0$，故曲线方程为 $y=4x^{\frac{1}{3}}(0\leqslant x\leqslant1)$.

例 2（仅限数学一、数学二）在某一人群中推广新技术是通过其中已掌握新技术的人进行的，设该人群的总人数为 N，在 $t=0$ 时刻已掌握新技术的人数为 x_0，在任意时刻 t 已掌握新技术的人数为 $x(t)$（将 $x(t)$ 视为连续可微变量），其变化率与已掌握新技术人数和未掌握新技术人数之积成正比，比例常数 $k>0$，求 $x(t)$.

解 因为 $x(t)$ 的变化率 $x'(t)$ 与 $x(t)$ 及 $N-x(t)$ 成正比，故有 $\dfrac{\mathrm{d}x}{\mathrm{d}t}=kx(N-x)$，分离变量并两边积分 $\displaystyle\int\frac{\mathrm{d}x}{x(N-x)}=\int k\,\mathrm{d}t$ 得 $\ln\dfrac{x}{N-x}=kNt+\ln C$，故 $x=\dfrac{NCe^{kNt}}{1+Ce^{kNt}}$.

因为 $x(0)=x_0$，可得 $C=\dfrac{x_0}{N-x_0}$，所以 $x(t)=\dfrac{Nx_0e^{kNt}}{N-x_0+x_0e^{kNt}}$.

对标考试要求

10（仅限数学三）了解差分与差分方程及其通解与特解等概念，了解一阶常系数线性差分方程的求解方法，会用微分方程求解简单的经济应用问题.

知识点（见强化篇第 11 章）

考 试 要 求

1. 理解常数项级数收敛、发散及收敛级数和的概念,掌握级数的基本性质及收敛的必要条件.

2. 掌握几何级数与 p 级数的收敛与发散的条件.

3. 掌握正项级数收敛性的比较判别法、比值判别法、根值判别法,会用积分判别法.

4. 掌握交错级数的莱布尼茨判别法.

5. 了解任意项级数绝对收敛与条件收敛的概念以及绝对收敛与收敛的关系.

6. 理解幂级数收敛半径、收敛域及和函数的概念,掌握幂级数的收敛半径、收敛区间及收敛域的求法.

7. 了解幂级数在其收敛区间内的基本性质(和函数的连续性、逐项求导和逐项积分),会求一些幂级数在收敛区间内的和函数,并会由此求出某些常数项级数的和.

8. 了解函数展开为泰勒级数的充分必要条件. 掌握 e^x,$\sin x$,$\cos x$,$\ln(1+x)$ 及 $(1+x)^a$ 的麦克劳林展开式,会用它们将一些简单函数间接展开成幂级数.

9. (仅限数学一)了解傅里叶级数的概念和狄利克雷收敛定理,会将定义在$[-l,l]$ 上的函数展开成傅里叶级数,会将定义在$[0,l]$上的函数展开成正弦与余弦级数. 会写出傅里叶级数的和函数的表达式.

对标考试要求

1 理解常数项级数收敛、发散及收敛级数和的概念,掌握级数的基本性质及收敛的必要条件.

知识点 1 级数收敛、发散与级数和的概念

对于级数 $\sum\limits_{n=1}^{\infty} u_n = u_1 + u_2 + \cdots + u_n + \cdots (u_n$ 为通项$)$，其前 n 项和（或称部分和）记为 $S_n = u_1 + u_2 + \cdots + u_n, n = 1, 2, \cdots$.

若 $\lim\limits_{n \to \infty} S_n = S$，则称级数 $\sum\limits_{n=1}^{\infty} u_n$ 收敛，且其和为 S，即 $\sum\limits_{n=1}^{\infty} u_n = S$；若 $\lim\limits_{n \to \infty} S_n$ 不存在，则称级数 $\sum\limits_{n=1}^{\infty} u_n$ 发散.

知识点 2 级数的性质

(1) 若 $k \neq 0$，则 $\sum\limits_{n=1}^{\infty} k u_n$ 与 $\sum\limits_{n=1}^{\infty} u_n$ 的敛散性相同.

(2) 若 $\sum\limits_{n=1}^{\infty} u_n$ 与 $\sum\limits_{n=1}^{\infty} v_n$ 均收敛，则 $\sum\limits_{n=1}^{\infty} (u_n \pm v_n)$ 也收敛.

注 若 $\sum\limits_{n=1}^{\infty} u_n$ 收敛，$\sum\limits_{n=1}^{\infty} v_n$ 发散，则 $\sum\limits_{n=1}^{\infty} (u_n \pm v_n)$ 发散.

(3) 在级数中增加、去掉或改变前有限项所得到的级数敛散性不变.

如：若 $\sum\limits_{n=1}^{\infty} u_n$ 收敛（或发散），则 $\sum\limits_{n=1}^{\infty} u_{n+1} = \sum\limits_{n=2}^{\infty} u_n$ 也收敛（或发散）.

(4) 收敛级数任意加括号后所得到的级数仍然收敛，且其和不变.

注 若级数加括号后发散，则原级数一定发散.

(5)（级数收敛的必要条件）若级数 $\sum\limits_{n=1}^{\infty} u_n$ 收敛，则必有 $\lim\limits_{n \to \infty} u_n = 0$.

事实上，$\lim\limits_{n \to \infty} u_n = \lim\limits_{n \to \infty} (S_n - S_{n-1}) = S - S = 0$.

注 若 $\lim\limits_{n \to \infty} u_n = 0$，则级数 $\sum\limits_{n=1}^{\infty} u_n$ 未必收敛；若 $\lim\limits_{n \to \infty} u_n \neq 0$，则级数 $\sum\limits_{n=1}^{\infty} u_n$ 一定发散.

例 1 判别级数

$$\sum_{n=1}^{\infty} \frac{1}{(2n-1)(2n+1)} = \frac{1}{1 \times 3} + \frac{1}{3 \times 5} + \frac{1}{5 \times 7} + \cdots$$

的敛散性，若收敛，求该级数的和.

解 $\lim\limits_{n \to \infty} S_n = \lim\limits_{n \to \infty} \left[\frac{1}{1 \times 3} + \frac{1}{3 \times 5} + \frac{1}{5 \times 7} + \cdots + \frac{1}{(2n-1)(2n+1)} \right]$

$$=\lim_{n\to\infty}\frac{1}{2}\left[1-\frac{1}{3}+\frac{1}{3}-\frac{1}{5}+\cdots+\frac{1}{2n-1}-\frac{1}{(2n+1)}\right]$$

$$=\lim_{n\to\infty}\frac{1}{2}\left[1-\frac{1}{(2n+1)}\right]=\frac{1}{2},$$

所以该级数收敛,且和为 $\frac{1}{2}$.

例 2 判别级数 $\displaystyle\sum_{n=3}^{\infty}n\tan\frac{\pi}{n}$ 的敛散性.

解 由于 $\displaystyle\lim_{n\to\infty}n\tan\frac{\pi}{n}=\pi\neq0$,因此该级数发散.

对标考试要求

2 掌握几何级数与 p 级数的收敛与发散的条件.

知识点 1 几何级数(等比级数)

$$\sum_{n=0}^{\infty}aq^n\text{(首项为 }a\neq0\text{,公比为 }q\text{)}\begin{cases}\text{当 }|q|<1\text{ 时,}\quad\text{收敛于}\dfrac{a}{1-q};\\[2mm]\text{当 }|q|\geqslant1\text{ 时,}\quad\text{发散.}\end{cases}$$

知识点 2 p 级数

$$\sum_{n=1}^{\infty}\frac{1}{n^p}\begin{cases}\text{当常数 }p>1\text{ 时,}\quad\text{收敛,}\\[2mm]\text{当常数 }p\leqslant1\text{ 时,}\quad\text{发散.}\end{cases}$$

注 用积分判别法很容易得到 p 级数的敛散性. p 级数与几何级数常用来作为比较的对象.

例 1 判别级数 $\displaystyle\sum_{n=1}^{\infty}\frac{n^3+2\cdot3^n}{n^3\cdot3^n}$ 的敛散性.

解 原式 $=\displaystyle\sum_{n=1}^{\infty}\left(\frac{1}{3^n}+\frac{2}{n^3}\right)$,由于 p 级数 $\displaystyle\sum_{n=1}^{\infty}\frac{1}{n^3}$ 与等比级数 $\displaystyle\sum_{n=1}^{\infty}\frac{1}{3^n}$ 均收敛,因此原级数收敛.

3 掌握正项级数收敛性的比较判别法、比值判别法、根值判别法,会用积分判别法.

知识点 1 正项级数收敛的充分必要条件

定理　正项级数收敛的充分必要条件是其部分和数列 $\{S_n\}$ 有界.

知识点 2 比较判别法

对于正项级数 $\sum\limits_{n=1}^{\infty} u_n$ 与 $\sum\limits_{n=1}^{\infty} v_n$,当 $u_n \leqslant v_n$ 时,若 $\sum\limits_{n=1}^{\infty} v_n$ 收敛,则 $\sum\limits_{n=1}^{\infty} u_n$ 收敛;若 $\sum\limits_{n=1}^{\infty} u_n$ 发散,则 $\sum\limits_{n=1}^{\infty} v_n$ 发散.

比较法的极限形式:对于正项级数 $\sum\limits_{n=1}^{\infty} u_n$ 与 $\sum\limits_{n=1}^{\infty} v_n$,若 $\lim\limits_{n\to\infty}\dfrac{u_n}{v_n}=l\,(l\neq 0$ 且 $l\neq+\infty)$,即当 $n\to\infty$ 时,u_n 与 v_n 为同阶无穷小,则 $\sum\limits_{n=1}^{\infty} u_n$ 与 $\sum\limits_{n=1}^{\infty} v_n$ 的敛散性相同;

(特别地,若 u_n 与 v_n 是 $n\to\infty$ 时的等价无穷小,则 $\sum\limits_{n=1}^{\infty} u_n$ 与 $\sum\limits_{n=1}^{\infty} v_n$ 的敛散性相同.)

若 $\lim\limits_{n\to\infty}\dfrac{u_n}{v_n}=0$,则当 $\sum\limits_{n=1}^{\infty} v_n$ 收敛时,$\sum\limits_{n=1}^{\infty} u_n$ 收敛;

若 $\lim\limits_{n\to\infty}\dfrac{u_n}{v_n}=+\infty$,则当 $\sum\limits_{n=1}^{\infty} v_n$ 发散时,$\sum\limits_{n=1}^{\infty} u_n$ 发散.

知识点 3 比值判别法

对于正项级数 $\sum\limits_{n=1}^{\infty} u_n$,当 $\lim\limits_{n\to\infty}\dfrac{u_{n+1}}{u_n}=\rho$
$$\begin{cases} \text{当 } \rho<1 \text{ 时,} & \text{正项级数 } \sum\limits_{n=1}^{\infty} u_n \text{ 收敛;} \\[2mm] \text{当 } \rho>1 \text{ 时,} & \text{正项级数 } \sum\limits_{n=1}^{\infty} u_n \text{ 发散;} \\[2mm] \text{当 } \rho=1 \text{ 时,} & \text{此方法失效.} \end{cases}$$

知识点 4 根值判别法

对于正项级数 $\sum\limits_{n=1}^{\infty} u_n$，当 $\lim\limits_{n\to\infty} \sqrt[n]{u_n} = \rho$
$\begin{cases} \text{当 } \rho < 1 \text{ 时，} & \text{正项级数 } \sum\limits_{n=1}^{\infty} u_n \text{ 收敛;} \\ \text{当 } \rho > 1 \text{ 时，} & \text{正项级数 } \sum\limits_{n=1}^{\infty} u_n \text{ 发散;} \\ \text{当 } \rho = 1 \text{ 时，} & \text{此方法失效.} \end{cases}$

知识点 5 积分判别法

设在区间 $[1, +\infty)$ 上的连续函数 $f(x) > 0$，且单调递减，则级数 $\sum\limits_{n=1}^{\infty} f(n)$ 与反常积分 $\int_1^{+\infty} f(x)\,dx$ 的敛散性相同.

例 1 判别下列级数的敛散性.

(1) $\sum\limits_{n=1}^{\infty} \sin\dfrac{1}{n^2}$; (2) $\sum\limits_{n=1}^{\infty} \dfrac{1}{\sqrt[3]{(n+1)n^3}}$; (3) $\sum\limits_{n=1}^{\infty} \dfrac{n!}{n^n}$; (4) $\sum\limits_{n=2}^{\infty} \dfrac{1}{(\ln n)^n}$; (5) $\sum\limits_{n=2}^{\infty} \dfrac{1}{n\ln n}$.

解 (1) 由于 $\sin\dfrac{1}{n^2} > 0$，且 $\sin\dfrac{1}{n^2} \sim \dfrac{1}{n^2}(n\to\infty)$，而级数 $\sum\limits_{n=1}^{\infty} \dfrac{1}{n^2}$ 收敛，因此 $\sum\limits_{n=1}^{\infty} \sin\dfrac{1}{n^2}$ 收敛.

(2) 由于 $\dfrac{1}{\sqrt[3]{(n+1)n^3}} \leqslant \dfrac{1}{n^{\frac{4}{3}}}$，而级数 $\sum\limits_{n=1}^{\infty} \dfrac{1}{n^{\frac{4}{3}}}$ 收敛，因此原级数收敛.

(3) 由于 $\lim\limits_{n\to\infty} \dfrac{\frac{(n+1)!}{(n+1)^{n+1}}}{\frac{n!}{n^n}} = \lim\limits_{n\to\infty}\left(\dfrac{n}{n+1}\right)^n = \dfrac{1}{e} < 1$，由比值判别法知该级数收敛.

(4) 由于 $\lim\limits_{n\to\infty} \sqrt[n]{\dfrac{1}{(\ln n)^n}} = \lim\limits_{n\to\infty} \dfrac{1}{\ln n} = 0$，由根值判别法可知，该级数收敛.

(5) 令 $f(x) = \dfrac{1}{x\ln x}$，显然当 $x \geqslant 2$ 时，$f(x)$ 是正的单调递减函数，又

$$\int_2^{+\infty} f(x)\,dx = \int_2^{+\infty} \dfrac{1}{x\ln x}\,dx = +\infty,$$

由积分判别法可知，级数 $\sum\limits_{n=2}^{\infty} \dfrac{1}{n\ln n}$ 发散.

注　(1) 如果容易求得 $\lim\limits_{n\to\infty}\dfrac{u_{n+1}}{u_n}$（例如通项中含有 a^n，$n!$，n^n 等），可考虑使用比值判别法；如果容易求得 $\lim\limits_{n\to\infty}\sqrt[n]{u_n}$（例如通项中含有 a^n，n^n 等），可考虑使用根值判别法；比较法的极限形式关键是找等价无穷小或同阶无穷小.

(2) 如果 $\lim\limits_{n\to\infty}\dfrac{u_{n+1}}{u_n}=\rho$ 存在，则 $\lim\limits_{n\to\infty}\sqrt[n]{u_n}=\rho$（证明略），所以当根值法失效时，比值法同样失效.

对标考试要求

④ 掌握交错级数的莱布尼茨判别法.

知识点　**交错级数的莱布尼茨判别法**

定理　如果交错级数 $\sum\limits_{n=1}^{\infty}(-1)^{n-1}u_n\,(u_n>0)$ 满足条件：

① $u_n\geqslant u_{n+1}$，$n=1,2,\cdots$；② $\lim\limits_{n\to\infty}u_n=0$，则交错级数收敛，且其和 $s\leqslant u_1$.

例 1　判别级数 $\sum\limits_{n=1}^{\infty}(-1)^{n+1}(e^{\frac{1}{n}}-1)$ 是否收敛？

解　该级数是交错级数，且满足 $\lim\limits_{n\to\infty}(e^{\frac{1}{n}}-1)=0$，$e^{\frac{1}{n}}-1>e^{\frac{1}{n+1}}-1$，由莱布尼茨判别法可知该级数收敛.

对标考试要求

⑤ 了解任意项级数绝对收敛与条件收敛的概念以及绝对收敛与收敛的关系.

知识点　**绝对收敛与条件收敛的概念**

若 $\sum\limits_{n=1}^{\infty}|u_n|$ 收敛，则 $\sum\limits_{n=1}^{\infty}u_n$ 必收敛，称 $\sum\limits_{n=1}^{\infty}u_n$ 绝对收敛；

若 $\sum\limits_{n=1}^{\infty}|u_n|$ 发散，而 $\sum\limits_{n=1}^{\infty}u_n$ 收敛，则称 $\sum\limits_{n=1}^{\infty}u_n$ 条件收敛.

例如，交错级数 $\sum\limits_{n=1}^{\infty}(-1)^{n-1}\dfrac{1}{n^p}$ 当常数 $p>1$ 时绝对收敛，当 $0<p\leqslant 1$ 时条件收敛，当

$p \leqslant 0$ 时发散.

例 1 判别下列级数是绝对收敛、条件收敛还是发散.

(1) $\displaystyle\sum_{n=1}^{\infty} \frac{(-1)^n}{\sqrt[3]{n}}$;   (2) $\displaystyle\sum_{n=1}^{\infty}(-1)^n \frac{2^n \cdot n!}{n^n}$.

解 (1) 数列 $u_n = \dfrac{1}{\sqrt[3]{n}}$ 是单调递减的,且 $\lim\limits_{n\to\infty}\dfrac{1}{\sqrt[3]{n}}=0$,由莱布尼茨判别法可知,该级数收敛.

又级数 $\displaystyle\sum_{n=1}^{\infty}\left|\frac{(-1)^n}{\sqrt[3]{n}}\right| = \sum_{n=1}^{\infty}\frac{1}{\sqrt[3]{n}}$ 发散,因此原级数 $\displaystyle\sum_{n=1}^{\infty}\frac{(-1)^n}{\sqrt[3]{n}}$ 条件收敛.

(2) 因为 $\lim\limits_{n\to\infty}\dfrac{\dfrac{2^{n+1}(n+1)!}{(n+1)^{n+1}}}{\dfrac{2^n n!}{n^n}}=\dfrac{2}{e}<1$,所以级数 $\displaystyle\sum_{n=1}^{\infty}\frac{2^n \cdot n!}{n^n}$ 收敛,因此级数

$\displaystyle\sum_{n=1}^{\infty}(-1)^n \frac{2^n \cdot n!}{n^n}$ 绝对收敛.

注 涉及判别绝对收敛与条件收敛的问题,可以先讨论加绝对值所成的级数,若收敛,则为绝对收敛;若发散,再用莱布尼茨判别法讨论.

例 2 设 $p_n=\dfrac{a_n+|a_n|}{2}, q_n=\dfrac{a_n-|a_n|}{2}, n=1,2,\cdots$,则下列命题正确的是(　　).

(A) 若 $\displaystyle\sum_{n=1}^{\infty}a_n$ 条件收敛,则 $\displaystyle\sum_{n=1}^{\infty}p_n$ 与 $\displaystyle\sum_{n=1}^{\infty}q_n$ 都收敛

(B) 若 $\displaystyle\sum_{n=1}^{\infty}a_n$ 绝对收敛,则 $\displaystyle\sum_{n=1}^{\infty}p_n$ 与 $\displaystyle\sum_{n=1}^{\infty}q_n$ 都收敛

(C) 若 $\displaystyle\sum_{n=1}^{\infty}a_n$ 条件收敛,则 $\displaystyle\sum_{n=1}^{\infty}p_n$ 与 $\displaystyle\sum_{n=1}^{\infty}q_n$ 的敛散性都不定

(D) 若 $\displaystyle\sum_{n=1}^{\infty}a_n$ 绝对收敛,则 $\displaystyle\sum_{n=1}^{\infty}p_n$ 与 $\displaystyle\sum_{n=1}^{\infty}q_n$ 的敛散性都不定

答案 (B).

解 $\displaystyle\sum_{n=1}^{\infty}a_n$ 条件收敛时, $\displaystyle\sum_{n=1}^{\infty}|a_n|$ 发散,所以 $\displaystyle\sum_{n=1}^{\infty}p_n$ 与 $\displaystyle\sum_{n=1}^{\infty}q_n$ 都发散,(A) 不选. 若 $\displaystyle\sum_{n=1}^{\infty}a_n$

绝对收敛,即 $\displaystyle\sum_{n=1}^{\infty}|a_n|$ 收敛,当然也有级数 $\displaystyle\sum_{n=1}^{\infty}a_n$ 收敛,再根据 $p_n=\dfrac{a_n+|a_n|}{2}, q_n=$

$\dfrac{a_n-|a_n|}{2}$ 及收敛级数的性质知, $\displaystyle\sum_{n=1}^{\infty}p_n$ 与 $\displaystyle\sum_{n=1}^{\infty}q_n$ 都收敛,应选(B).

例 3 级数 $\displaystyle\sum_{n=1}^{\infty}\left(\frac{1}{\sqrt{n}}-\frac{1}{\sqrt{n+1}}\right)\sin(n+k)$($k$ 为常数) 为(　　).

(A) 绝对收敛 　　　　　　　　(B) 条件收敛

(C) 发散 　　　　　　　　　　(D) 收敛性与 k 有关

答案(A).

解 由于 $\left|\left(\dfrac{1}{\sqrt{n}}-\dfrac{1}{\sqrt{n+1}}\right)\sin(n+k)\right|\leqslant\dfrac{1}{\sqrt{n}}-\dfrac{1}{\sqrt{n+1}}$，考虑正项级数 $\displaystyle\sum_{n=1}^{\infty}\left(\dfrac{1}{\sqrt{n}}-\dfrac{1}{\sqrt{n+1}}\right)$，

因为

$$S_n=\sum_{k=1}^{n}\left(\frac{1}{\sqrt{k}}-\frac{1}{\sqrt{k+1}}\right)=1-\frac{1}{\sqrt{n+1}},$$

故 $\displaystyle\lim_{n\to\infty}S_n=1$，所以 $\displaystyle\sum_{n=1}^{\infty}\left(\dfrac{1}{\sqrt{n}}-\dfrac{1}{\sqrt{n+1}}\right)$ 收敛. 故原级数绝对收敛. 应选(A).

对标考试要求

⑥ 理解幂级数收敛半径、收敛域及和函数的概念，掌握幂级数的收敛半径、收敛区间及收敛域的求法.

知识点 1　收敛域与和函数的概念

若级数 $\displaystyle\sum_{n=0}^{\infty}u_n(x_0)$ 收敛（发散），则称点 x_0 为级数 $\displaystyle\sum_{n=0}^{\infty}u_n(x)$ 的收敛点（发散点）. 所有收敛点构成的集合称为收敛域，在收敛域上，$\displaystyle\sum_{n=0}^{\infty}u_n(x)=S(x)$ 称为和函数.

知识点 2　幂级数的概念

级数 $\displaystyle\sum_{n=0}^{\infty}a_nx^n$ 称为关于 x 的幂级数. $\displaystyle\sum_{n=0}^{\infty}a_n(x-x_0)^n$ 称为关于 $x-x_0$ 的幂级数.

注 $\displaystyle\sum_{n=0}^{\infty}a_nx^n$ 在点 $x=0$ 处总收敛，$\displaystyle\sum_{n=0}^{\infty}a_n(x-x_0)^n$ 在点 $x=x_0$ 处总收敛.

知识点 3　阿贝尔定理

定理 1　(1) 若幂级数 $\displaystyle\sum_{n=0}^{\infty}a_nx^n$ 在点 $x=x_0(x_0\neq0)$ 处收敛，则该幂级数在

$(-|x_0|,|x_0|)$ 内均绝对收敛.

（2）若幂级数 $\sum\limits_{n=0}^{\infty}a_nx^n$ 在点 $x=x_0$ 处发散,则该幂级数在 $(-\infty,-|x_0|)\bigcup(|x_0|,+\infty)$ 内均发散.

证明：（1）设 x_0 为 $\sum\limits_{n=0}^{\infty}a_nx^n$ 的收敛点,即 $\sum\limits_{n=0}^{\infty}a_nx_0^n$ 收敛,根据级数收敛的必要条件有 $\lim\limits_{n\to\infty}a_nx_0^n=0$,于是存在一个正数 M,使得 $|a_nx_0^n|\leqslant M$. 由于 $|a_nx^n|=\left|a_nx_0^n\cdot\left(\dfrac{x}{x_0}\right)^n\right|\leqslant M\cdot\left|\dfrac{x}{x_0}\right|^n$,当 $|x|<|x_0|$ 时,$\left|\dfrac{x}{x_0}\right|<1$,等比级数 $\sum\limits_{n=0}^{\infty}M\left|\dfrac{x}{x_0}\right|^n$ 收敛,因此级数 $\sum\limits_{n=0}^{\infty}|a_nx^n|$ 在 $(-|x_0|,|x_0|)$ 内收敛,即 $\sum\limits_{n=0}^{\infty}a_nx^n$ 在 $(-|x_0|,|x_0|)$ 内绝对收敛.

（2）若 x_0 为发散点,则用反证法证明.

假设存在点 x_1 满足 $|x_1|>|x_0|$,且使得 $\sum\limits_{n=0}^{\infty}a_nx_1^n$ 收敛,则由本定理的（1）知级数 $\sum\limits_{n=0}^{\infty}a_nx_0^n$ 绝对收敛,与题设 x_0 为发散点矛盾,定理得证.

知识点 4 幂级数的收敛半径与收敛区间

（1）对幂级数 $\sum\limits_{n=0}^{\infty}a_nx^n$,若存在正数 R,当 $|x|<R$ 时该级数收敛,当 $|x|>R$ 时该级数发散,当 $x=\pm R$ 时敛散性不定,称 R 为收敛半径,$(-R,R)$ 为收敛区间. 需要注意的是,收敛区间未必是收敛域,此时应根据幂级数 $\sum\limits_{n=0}^{\infty}a_nx^n$ 在 $x=\pm R$ 处的具体收敛情况,进一步确定幂级数 $\sum\limits_{n=0}^{\infty}a_nx^n$ 的收敛域,因此收敛域应为 $(-R,R),(-R,R],[-R,R)$ 及 $[-R,R]$ 四个区间之一.

除上述情形外,幂级数 $\sum\limits_{n=0}^{\infty}a_nx^n$ 还有下列两种特殊情形：

① 幂级数 $\sum\limits_{n=0}^{\infty}a_nx^n$ 仅在点 $x=0$ 处收敛,此时规定收敛半径为 $R=0$;

② 幂级数 $\sum\limits_{n=0}^{\infty}a_nx^n$ 在 $(-\infty,+\infty)$ 内处处收敛,此时规定收敛半径为 $R=+\infty$.

（2）求幂级数的收敛半径：

定理 2 对于幂级数 $\sum\limits_{n=0}^{\infty}a_nx^n$,如果 $\lim\limits_{n\to\infty}\left|\dfrac{a_{n+1}}{a_n}\right|=\rho$,其中 a_{n+1} 和 a_n 是幂级数 $\sum\limits_{n=0}^{\infty}a_nx^n$ 的

相邻两项的系数,那么这幂级数的收敛半径 $R = \begin{cases} \dfrac{1}{\rho}, & \rho \neq 0, \\ +\infty, & \rho = 0, \\ 0, & \rho = +\infty. \end{cases}$

证明：当 $x = 0$ 时级数必收敛.下面考查 $x \neq 0$ 的情形,对幂级数 $\sum\limits_{n=0}^{\infty} a_n x^n$ 各项取绝对值,组成级数

$$\sum_{n=0}^{\infty} |a_n x^n| = |a_0| + |a_1 x| + |a_2 x^2| + \cdots + |a_n x^n| + \cdots$$

根据比值审敛法,得 $\lim\limits_{n \to \infty} \left| \dfrac{a_{n+1} x^{n+1}}{a_n x^n} \right| = |x| \lim\limits_{n \to \infty} \left| \dfrac{a_{n+1}}{a_n} \right| = \rho |x|$.

① 若 $0 < \rho < +\infty$,则当 $\rho |x| < 1$,即 $|x| < \dfrac{1}{\rho}$ 时,级数 $\sum\limits_{n=0}^{\infty} |a_n x^n|$ 收敛,即 $\sum\limits_{n=0}^{\infty} a_n x^n$ 绝对收敛;当 $\rho |x| > 1$,即 $|x| > \dfrac{1}{\rho}$ 时,从某一个 n 开始,有 $|a_{n+1} x^{n+1}| > |a_n x^n|$,因此,当 $n \to \infty$ 时,级数的通项 $|a_n x^n|$ 不趋于零.所以当 $n \to \infty$ 时,$a_n x^n$ 也不趋于零,从而级数 $\sum\limits_{n=0}^{\infty} a_n x^n$ 发散.于是得收敛半径 $R = \dfrac{1}{\rho} = \lim\limits_{n \to \infty} \left| \dfrac{a_n}{a_{n+1}} \right|$.

② 当 $\rho = 0$ 时,则对任一 x,都有 $\rho |x| = 0 < 1$,因此对任一 x（包括 $x = 0$）,级数 $\sum\limits_{n=0}^{\infty} |a_n x^n|$ 收敛,从而级数 $\sum\limits_{n=0}^{\infty} a_n x^n$ 绝对收敛,于是收敛半径 $R = +\infty$.

③ 当 $\rho = +\infty$ 时,对一切 $x \neq 0$ 及充分大的 n,都有 $\left| \dfrac{a_{n+1}}{a_n} x \right| > 1$,此时

$$|a_{n+1} x^{n+1}| = |a_n x^n| \cdot \left| \dfrac{a_{n+1}}{a_n} x \right| > |a_n x^n|,$$

则当 $n \to \infty$ 时,幂级数 $\sum\limits_{n=0}^{\infty} a_n x^n$ 的一般项不趋于零,从而级数 $\sum\limits_{n=0}^{\infty} a_n x^n$ 也必发散,于是得 $R = 0$.

例 1 设正数 R 为幂级数 $\sum\limits_{n=1}^{\infty} a_n x^n$ 的收敛半径,r 为实数,则（　　）.

(A) 若 $\sum\limits_{n=1}^{\infty} a_n r^n$ 发散,则 $|r| \geqslant R$　　　　(B) 若 $\sum\limits_{n=1}^{\infty} a_n r^n$ 发散,则 $|r| \leqslant R$

(C) 若 $|r| \geqslant R$,则 $\sum\limits_{n=1}^{\infty} a_n r^n$ 发散　　　　(D) 若 $|r| \leqslant R$,则 $\sum\limits_{n=1}^{\infty} a_n r^n$ 收敛

答案(A).

解 由于 R 为幂级数 $\sum\limits_{n=1}^{\infty} a_n x^n$ 的收敛半径,当 $|r| < R$ 时,$\sum\limits_{n=1}^{\infty} a_n r^n$ 必收敛,若 $\sum\limits_{n=1}^{\infty} a_n r^n$ 发散,则必有 $|r| \geqslant R$,应选(A).

例 2 若级数 $\sum\limits_{n=1}^{\infty} a_n(x-1)^n$ 在点 $x=-1$ 处收敛,则此级数在点 $x=2$ 处(   ).

(A) 发散

(B) 绝对收敛

(C) 条件收敛

(D) 收敛性不确定

答案 (B).

解 因为点 $x=-1$ 为级数的收敛点,由阿贝尔定理知,级数在 $|x-1|<2$ 内,即在 $-1<x<3$ 内绝对收敛,点 $x=2$ 在 $(-1,3)$ 内,应选(B).

例 3 求幂级数

$$\sum_{n=1}^{\infty}(-1)^{n-1}\frac{x^n}{n}=x-\frac{x^2}{2}+\frac{x^3}{3}-\cdots+(-1)^{n-1}\frac{x^n}{n}+\cdots$$

的收敛半径、收敛区间与收敛域.

解 因为 $\rho=\lim\limits_{n\to\infty}\left|\dfrac{a_{n+1}}{a_n}\right|=\lim\limits_{n\to\infty}\dfrac{\frac{1}{n+1}}{\frac{1}{n}}=1$,所以收敛半径 $R=\dfrac{1}{\rho}=1$.

对于端点 $x=-1$,级数成为

$$-1-\frac{1}{2}-\frac{1}{3}-\cdots-\frac{1}{n}-\cdots,$$

此级数发散;

对于端点 $x=1$,级数成为交错级数

$$1-\frac{1}{2}+\frac{1}{3}-\cdots+(-1)^{n-1}\frac{1}{n}+\cdots,$$

此级数收敛. 因此收敛区间为 $(-1,1)$,收敛域是 $(-1,1]$.

对标考试要求

7 了解幂级数在其收敛区间内的基本性质(和函数的连续性、逐项求导和逐项积分),会求一些幂级数在收敛区间内的和函数,并会由此求出某些常数项级数的和.

知识点 幂级数和函数的性质

一、四则运算

设两个幂级数 $\sum\limits_{n=0}^{\infty} a_n x^n$ 与 $\sum\limits_{n=0}^{\infty} b_n x^n$ 的收敛半径分别为 R_1,R_2,则在它们的公共收敛域内

可进行如下的四则运算：

①$\sum\limits_{n=0}^{\infty}a_nx^n \pm \sum\limits_{n=0}^{\infty}b_nx^n = \sum\limits_{n=0}^{\infty}(a_n\pm b_n)x^n$；

当 $R_1 \neq R_2$ 时，其收敛半径 $R = \min\{R_1,R_2\}$.

当 $R_1 = R_2$ 时，其收敛半径 $R \geqslant R_1 = R_2$.

②$\left(\sum\limits_{n=0}^{\infty}a_nx^n\right)\left(\sum\limits_{n=0}^{\infty}b_nx^n\right) = \sum\limits_{n=0}^{\infty}(a_0b_n+a_1b_{n-1}+\cdots+a_nb_0)x^n$.

二、幂级数的和函数的主要性质

（1）幂级数 $\sum\limits_{n=0}^{\infty}a_nx^n$ 的和函数 $S(x)$ 在其收敛域 I 上连续.

（2）幂级数 $\sum\limits_{n=0}^{\infty}a_nx^n$ 的和函数 $S(x)$ 在其收敛域 I 上可积，并且可以逐项积分，即有

$$\int_0^x S(x)\mathrm{d}x = \int_0^x \left(\sum\limits_{n=0}^{\infty}a_nx^n\right)\mathrm{d}x = \sum\limits_{n=0}^{\infty}\int_0^x a_nx^n\mathrm{d}x = \sum\limits_{n=0}^{\infty}\frac{a_n}{n+1}x^{n+1},$$

逐项积分后得到的幂级数和原幂级数有相同的收敛半径.

（3）幂级数 $\sum\limits_{n=0}^{\infty}a_nx^n$ 的和函数 $S(x)$ 在其收敛区间 $(-R,R)$ 内可导，并且可以逐项求导，即有

$$S'(x) = \left(\sum\limits_{n=0}^{\infty}a_nx^n\right)' = \sum\limits_{n=0}^{\infty}(a_nx^n)' = \sum\limits_{n=1}^{\infty}na_nx^{n-1},$$

逐项求导后得到的幂级数和原幂级数有相同的收敛半径.

注 逐项求导或逐项积分后的幂级数在收敛区间端点处的敛散性可能会变化.

例 1 求幂级数

$$\sum\limits_{n=1}^{\infty}(-1)^{n-1}\frac{x^n}{n} = x - \frac{x^2}{2} + \frac{x^3}{3} - \frac{x^4}{4} + \cdots + (-1)^{n-1}\frac{x^n}{n} + \cdots$$

的和函数.

解 174 页例 3 中已经求得收敛半径 $R=1$，收敛区间为 $(-1,1)$，收敛域是 $(-1,1]$.

设 $S(x) = \sum\limits_{n=1}^{\infty}(-1)^{n-1}\frac{x^n}{n},x\in(-1,1)$，则

$$S'(x) = \sum\limits_{n=1}^{\infty}\left[(-1)^{n-1}\frac{x^n}{n}\right]' = \sum\limits_{n=1}^{\infty}(-1)^{n-1}x^{n-1} = \frac{1}{1+x},x\in(-1,1).$$

对任意的 $x\in(-1,1)$，在上式两端取定积分，

$$\int_0^x S'(t)\mathrm{d}t = \int_0^x \frac{1}{1+t}\mathrm{d}t = \ln(1+x),$$

即 $S(x) - S(0) = \ln(1+x),x\in(-1,1)$，当 $x=1$ 时，原级数是收敛的，当 $x=-1$ 时，原

级数是发散的,从而

$$\sum_{n=1}^{\infty}(-1)^{n-1}\frac{x^n}{n}=x-\frac{x^2}{2}+\frac{x^3}{3}-\frac{x^4}{4}+\cdots+(-1)^{n-1}\frac{x^n}{n}+\cdots=\ln(1+x),x\in(-1,1].$$

注 (1) 特别地,取 $x=1$,得级数

$$\sum_{n=1}^{\infty}(-1)^{n-1}\frac{1}{n}=1-\frac{1}{2}+\frac{1}{3}-\frac{1}{4}+\cdots+(-1)^{n-1}\frac{1}{n}+\cdots=\ln 2.$$

(2) $\sum_{n=1}^{\infty}(-1)^{n-1}\frac{x^n}{n}$ 在 $(-1,1]$ 内收敛,但是逐项求导后的级数 $\sum_{n=1}^{\infty}(-1)^{n-1}x^{n-1}$ 在 $(-1,1)$ 内收敛.

例 2 求幂级数 $\sum_{n=1}^{\infty}\frac{x^{2n-1}}{n\cdot 4^n}$ 的收敛域.

解 这是缺项幂级数,由 $\lim\limits_{n\to\infty}\left|\frac{u_{n+1}(x)}{u_n(x)}\right|=\lim\limits_{n\to\infty}\left|\dfrac{\dfrac{x^{2n+1}}{(n+1)\cdot 4^{n+1}}}{\dfrac{x^{2n-1}}{n\cdot 4^n}}\right|=\frac{x^2}{4}<1$,解得收敛区间为 $(-2,2)$.

当 $x=-2$ 时,级数 $\sum_{n=1}^{\infty}\frac{(-2)^{2n-1}}{n\cdot 4^n}=-\frac{1}{2}\sum_{n=1}^{\infty}\frac{1}{n}$ 发散,当 $x=2$ 时,级数 $\sum_{n=1}^{\infty}\frac{2^{2n-1}}{n\cdot 4^n}=\frac{1}{2}\sum_{n=1}^{\infty}\frac{1}{n}$ 发散,从而幂级数的收敛域为 $(-2,2)$.

注 为求幂级数的收敛域,应先求收敛半径得到收敛区间,再讨论两个端点处的敛散性. 这是缺项级数,不能用前面的求收敛半径的定理 2 直接求解.

求缺项幂级数收敛半径的方法:

先用比值法(或根值法)求 $\rho(x)$,即 $\lim\limits_{n\to\infty}\left|\frac{u_{n+1}(x)}{u_n(x)}\right|=|\rho(x)|$(或 $\lim\limits_{n\to\infty}\sqrt[n]{u_n(x)}=|\rho(x)|$),再从不等式 $|\rho(x)|<1$ 中解出 $|x|<R$ 或 $|x-x_0|<R$,则 R 即为收敛半径.

例 3 求幂级数 $\sum_{n=1}^{\infty}(-1)^{n-1}\frac{x^{2n}}{2n}$,$|x|<1$ 的和函数 $S(x)$.

解 令 $S(x)=\sum_{n=1}^{\infty}(-1)^{n-1}\frac{x^{2n}}{2n}$,逐项求导得 $S'(x)=\sum_{n=1}^{\infty}(-1)^{n-1}x^{2n-1}=\frac{x}{1+x^2}$,则

$$S(x)=\int_0^x S'(t)\,\mathrm{d}t=\int_0^x\frac{t}{1+t^2}\,\mathrm{d}t=\frac{1}{2}\ln(1+x^2),\ |x|<1.$$

例 4 求幂级数 $\sum\limits_{n=1}^{\infty} \dfrac{2n-1}{2^n} x^{2n-2}$ 的收敛域及和函数.

解 因为 $\lim\limits_{n\to\infty}\left|\dfrac{u_{n+1}}{u_n}\right|=\lim\limits_{n\to\infty}\left|\dfrac{\dfrac{2n+1}{2^{n+1}}x^{2n}}{\dfrac{2n-1}{2^n}x^{2n-2}}\right|=\dfrac{1}{2}x^2$，所以当 $\dfrac{1}{2}x^2<1$，即 $|x|<\sqrt{2}$ 时，原级

数绝对收敛；当 $\dfrac{1}{2}x^2>1$，即 $|x|>\sqrt{2}$ 时，原级数发散，且当 $x=\pm\sqrt{2}$ 时，原级数发散，故其

收敛域为 $x\in(-\sqrt{2},\sqrt{2})$，则

$$\sum_{n=1}^{\infty}\frac{2n-1}{2^n}x^{2n-2}=\sum_{n=1}^{\infty}\left(\frac{1}{2^n}x^{2n-1}\right)'=\left(\sum_{n=1}^{\infty}\frac{1}{2^n}x^{2n-1}\right)'$$

$$=\left(\frac{\dfrac{1}{2}x}{1-\dfrac{1}{2}x^2}\right)'=\frac{2+x^2}{(2-x^2)^2},x\in(-\sqrt{2},\sqrt{2}).$$

注 在求幂级数的和函数时，无论题目是否需要求收敛域，都应该指明收敛域.

例 5 求幂级数 $\sum\limits_{n=1}^{\infty}\dfrac{(x-1)^{n-1}}{n\cdot 3^n}$ 的收敛域及和函数.

解 令 $t=x-1$，上述级数变为 $\sum\limits_{n=1}^{\infty}\dfrac{t^{n-1}}{n\cdot 3^n}$.

$$\rho=\lim_{n\to\infty}\left|\frac{a_{n+1}}{a_n}\right|=\lim_{n\to\infty}\left|\frac{n\cdot 3^n}{(n+1)\cdot 3^{n+1}}\right|=\frac{1}{3},$$

故收敛半径 $R=3$. 收敛区间为 $|t|<3$，即 $x\in(-2,4)$.

当 $x=-2$ 时，级数成为 $\sum\limits_{n=1}^{\infty}\dfrac{(-1)^{n-1}}{3n}$，这级数收敛；当 $x=4$ 时，级数成为 $\sum\limits_{n=1}^{\infty}\dfrac{1}{3n}$，这级数

发散，故原级数的收敛域为 $[-2,4)$. 令

$$S(x)=\sum_{n=1}^{\infty}\frac{(x-1)^{n-1}}{n\cdot 3^n}=\frac{1}{x-1}\sum_{n=1}^{\infty}\frac{(x-1)^n}{n\cdot 3^n}=\frac{1}{x-1}S_1(x)(x\neq 1),$$

而 $S_1(x)=\sum\limits_{n=1}^{\infty}\dfrac{(x-1)^n}{n\cdot 3^n}\ (-2<x<4)$，因为 $S_1'(x)=\sum\limits_{n=1}^{\infty}\dfrac{(x-1)^{n-1}}{3^n}=\dfrac{\dfrac{1}{3}}{1-\dfrac{x-1}{3}}=\dfrac{1}{4-x}$，

所以

$$S_1(x)=\int_1^x\frac{1}{4-t}\mathrm{d}t=-\ln(4-t)\Big|_1^x=\ln\frac{3}{4-x},$$

因此当 $x\neq 1$ 时，有 $S(x)=\dfrac{1}{x-1}\ln\dfrac{3}{4-x}$. 由于

$$\sum_{n=1}^{\infty} \frac{(x-1)^{n-1}}{n \cdot 3^n} = \frac{1}{3} + \frac{x-1}{2 \cdot 3^2} + \frac{(x-1)^2}{3 \cdot 3^3} + \cdots,$$

则有 $S(1) = \frac{1}{3}$，或者由和函数的连续性得到

$$S(1) = \lim_{x \to 1} \frac{1}{x-1} \ln \frac{3}{4-x} = \lim_{x \to 1} \frac{1}{x-1} \ln(1 + \frac{x-1}{4-x}) = \lim_{x \to 1} \frac{1}{x-1} \cdot \frac{x-1}{4-x} = \frac{1}{3}.$$

故

$$S(x) = \begin{cases} \dfrac{1}{x-1} \ln \dfrac{3}{4-x}, & x \in [-2,1) \cup (1,4), \\ \dfrac{1}{3}, & x = 1. \end{cases}$$

对标考试要求

⑧ 了解函数展开为泰勒级数的充分必要条件. 掌握 e^x, $\sin x$, $\cos x$, $\ln(1+x)$ 及 $(1+x)^\alpha$ 的麦克劳林展开式, 会用它们将一些简单函数间接展开成幂级数.

知识点 1 泰勒级数与麦克劳林级数

设函数 $f(x)$ 在点 x_0 处任意阶可导, 则称幂级数 $\displaystyle\sum_{n=0}^{\infty} \frac{f^{(n)}(x_0)}{n!}(x-x_0)^n$ 为 $f(x)$ 的**泰勒级数**.

特别地, 若 $x_0 = 0$, 称幂级数 $\displaystyle\sum_{n=0}^{\infty} \frac{f^{(n)}(0)}{n!} x^n$ 为 $f(x)$ 的**麦克劳林级数**.

知识点 2 泰勒级数的收敛定理

设函数 $f(x)$ 在点 x_0 处任意阶可导, $R_n(x)$ 为其泰勒公式中的余项, 若对于任意 $x \in (x_0 - R, x_0 + R)$, 则

$$f(x) = \sum_{n=0}^{\infty} \frac{f^{(n)}(x_0)}{n!}(x-x_0)^n, x \in (x_0 - R, x_0 + R)$$

的充分必要条件为 $\lim_{n \to \infty} R_n(x) = 0$, 其中 R 为幂级数 $\displaystyle\sum_{n=0}^{\infty} \frac{f^{(n)}(x_0)}{n!}(x-x_0)^n$ 的收敛半径.

知识点 3 几个常见函数的幂级数展开式

$(1) e^x = \displaystyle\sum_{n=0}^{\infty} \frac{1}{n!} x^n, x \in (-\infty, +\infty).$

$(2)\cos x = 1 - \dfrac{1}{2!}x^2 + \dfrac{1}{4!}x^4 - \dfrac{1}{6!}x^6 + \cdots = \sum\limits_{n=0}^{\infty} \dfrac{(-1)^n}{(2n)!}x^{2n}, x \in (-\infty, +\infty).$

$(3)\sin x = x - \dfrac{1}{3!}x^3 + \dfrac{1}{5!}x^5 - \dfrac{1}{7!}x^7 + \cdots = \sum\limits_{n=0}^{\infty} \dfrac{(-1)^n}{(2n+1)!}x^{2n+1}, x \in (-\infty, +\infty).$

$(4)\ln(1+x) = x - \dfrac{1}{2}x^2 + \dfrac{1}{3}x^3 - \dfrac{1}{4}x^4 + \cdots = \sum\limits_{n=1}^{\infty} \dfrac{(-1)^{n-1}}{n}x^n, x \in (-1,1].$

$(5)(1+x)^\alpha = 1 + \alpha x + \dfrac{\alpha(\alpha-1)}{2!}x^2 + \cdots + \dfrac{\alpha(\alpha-1)\cdots(\alpha-n+1)}{n!}x^n + \cdots, x \in (-1,1).$

特例：$\dfrac{1}{1+x} = \sum\limits_{n=0}^{\infty}(-1)^n x^n, x \in (-1,1)$；$\dfrac{1}{1-x} = \sum\limits_{n=0}^{\infty} x^n, x \in (-1,1).$

例 1 将函数 $f(x) = \dfrac{x}{2+x-x^2}$ 展开成关于 x 的幂级数，并指出收敛区间.

解 $f(x) = \dfrac{x}{2+x-x^2} = \dfrac{x}{(1+x)(2-x)} = \dfrac{1}{3}\left(\dfrac{2}{2-x} - \dfrac{1}{1+x}\right),$

$\dfrac{2}{2-x} = \dfrac{1}{1-\dfrac{x}{2}} = \sum\limits_{n=0}^{\infty}\left(\dfrac{x}{2}\right)^n, x \in (-2,2), \dfrac{1}{1+x} = \sum\limits_{n=0}^{\infty}(-x)^n, x \in (-1,1),$

$f(x) = \dfrac{1}{3}\left[\sum\limits_{n=0}^{\infty}\left(\dfrac{x}{2}\right)^n - \sum\limits_{n=0}^{\infty}(-x)^n\right] = \dfrac{1}{3}\sum\limits_{n=0}^{\infty}\left[\dfrac{1}{2^n} - (-1)^n\right]x^n, x \in (-1,1).$

例 2 将函数 $f(x) = \dfrac{1}{4}\ln\dfrac{1+x}{1-x} + \dfrac{1}{2}\arctan x - x$ 展开成 x 的幂级数.

解 $f'(x) = \dfrac{1}{4}\left(\dfrac{1}{1+x} + \dfrac{1}{1-x}\right) + \dfrac{1}{2} \cdot \dfrac{1}{1+x^2} - 1 = \dfrac{x^4}{1-x^4} = \sum\limits_{n=1}^{\infty} x^{4n} (-1 < x < 1),$

则 $f(x) = f(0) + \displaystyle\int_0^x f'(t)\mathrm{d}t = \int_0^x \sum\limits_{n=1}^{\infty} t^{4n}\mathrm{d}t = \sum\limits_{n=1}^{\infty}\dfrac{1}{4n+1}x^{4n+1} (-1 < x < 1).$

例 3 将函数 $f(x) = \dfrac{1}{x^2+3x+2}$ 展开成 $x-1$ 的幂级数.

解 $f(x) = \dfrac{1}{(x+1)(x+2)} = \dfrac{1}{x+1} - \dfrac{1}{x+2}$

$= \dfrac{1}{2+(x-1)} - \dfrac{1}{3+(x-1)} = \dfrac{1}{2} \cdot \dfrac{1}{1+\dfrac{x-1}{2}} - \dfrac{1}{3} \cdot \dfrac{1}{1+\dfrac{x-1}{3}}$

$= \dfrac{1}{2}\sum\limits_{n=0}^{\infty}\left(-\dfrac{x-1}{2}\right)^n - \dfrac{1}{3}\sum\limits_{n=0}^{\infty}\left(-\dfrac{x-1}{3}\right)^n$

$= \sum\limits_{n=0}^{\infty}(-1)^n \dfrac{(x-1)^n}{2^{n+1}} - \sum\limits_{n=0}^{\infty}(-1)^n \dfrac{(x-1)^n}{3^{n+1}}$

$= \sum\limits_{n=0}^{\infty}(-1)^n\left(\dfrac{1}{2^{n+1}} - \dfrac{1}{3^{n+1}}\right)(x-1)^n (-1 < x < 3).$

⑨（仅限数学一）了解傅里叶级数的概念和狄利克雷收敛定理,会将定义在$[-l,l]$上的函数展开成傅里叶级数,会将定义在$[0,l]$上的函数展开成正弦与余弦级数. 会写出傅里叶级数的和函数的表达式.

知识点 傅里叶级数

一、周期函数的傅里叶级数

（1）若 $f(x)$ 是周期为 2π 的周期函数,且在$[-\pi,\pi]$上可积,则 $f(x)$ 的傅里叶级数为

$$\frac{a_0}{2} + \sum_{n=1}^{\infty}(a_n\cos nx + b_n\sin nx),$$

其中傅里叶系数

$$\begin{cases} a_n = \dfrac{1}{\pi}\displaystyle\int_{-\pi}^{\pi}f(x)\cos nx\,\mathrm{d}x, & n=0,1,\cdots, \\[3mm] b_n = \dfrac{1}{\pi}\displaystyle\int_{-\pi}^{\pi}f(x)\sin nx\,\mathrm{d}x, & n=1,2,\cdots. \end{cases}$$

注 定义在$[-\pi,\pi]$上的函数做周期延拓后的傅里叶级数同上.

（2）若 $f(x)$ 是周期为 $2l$ 的周期函数,且在$[-l,l]$上可积,则 $f(x)$ 的傅里叶级数为

$$\frac{a_0}{2} + \sum_{n=1}^{\infty}\left(a_n\cos\frac{n\pi x}{l} + b_n\sin\frac{n\pi x}{l}\right),$$

其中傅里叶系数

$$\begin{cases} a_n = \dfrac{1}{l}\displaystyle\int_{-l}^{l}f(x)\cos\frac{n\pi x}{l}\mathrm{d}x, & n=0,1,\cdots, \\[3mm] b_n = \dfrac{1}{l}\displaystyle\int_{-l}^{l}f(x)\sin\frac{n\pi x}{l}\mathrm{d}x, & n=1,2,\cdots. \end{cases}$$

注 定义在$[-l,l]$上的函数的傅里叶级数同上.

二、狄利克雷收敛定理

若 $f(x)$ 是以 2π 为周期的周期函数,且在$[-\pi,\pi]$上满足:① 连续或只有有限个第一类间断点;② 只有有限个极值点（即不做无限次震荡）,则函数 $f(x)$ 的傅里叶级数在定义域上收敛,且其和函数为

$$S(x) = \begin{cases} f(x), & x \text{ 为 } f(x) \text{ 的连续点}, \\ \dfrac{f(x-0)+f(x+0)}{2}, & x \text{ 为 } f(x) \text{ 的间断点}. \end{cases}$$

例 1 若 $f(x)$ 是周期为 2 的周期函数，且 $f(x) = \begin{cases} 2, & -1 < x \leqslant 0, \\ x^2, & 0 < x \leqslant 1, \end{cases}$ 则 $f(x)$ 的傅里叶级数在点 $x = 0$ 处收敛于 _____，点 $x = \dfrac{3}{4}$ 处收敛于 _____，点 $x = 1$ 处收敛于 _____，点 $x = 2$ 处收敛于 _____.

答案 $1; \dfrac{9}{16}; \dfrac{3}{2}; 1.$

解 $S(0) = \dfrac{2+0}{2} = 1, S\left(\dfrac{3}{4}\right) = \left(\dfrac{3}{4}\right)^2 = \dfrac{9}{16}, S(1) = \dfrac{1+2}{2} = \dfrac{3}{2}, S(2) = S(0) = 1.$

例 2 设 $f(x)$ 是以 2π 为周期的周期函数，且在一个周期内的表达式为

$$f(x) = \begin{cases} 0, & -\pi < x \leqslant 0, \\ x, & 0 < x \leqslant \pi, \end{cases}$$

将 $f(x)$ 展开成傅里叶级数.

解 由题意知 $f(x)$ 满足收敛定理的条件，当 $x \neq (2k+1)\pi(k = 0, \pm 1, \pm 2, \cdots)$ 时，$f(x)$ 连续，其傅里叶级数收敛于 $f(x)$；而 $x = (2k+1)\pi(k = 0, \pm 1, \pm 2, \cdots)$ 为 $f(x)$ 的跳跃间断点，此时其傅里叶级数收敛于 $\dfrac{\pi+0}{2} = \dfrac{\pi}{2}.$

$$a_0 = \dfrac{1}{\pi} \int_{-\pi}^{\pi} f(x) \, dx = \dfrac{1}{\pi} \int_0^{\pi} x \, dx = \dfrac{\pi}{2}.$$

$$a_n = \dfrac{1}{\pi} \int_{-\pi}^{\pi} f(x) \cos nx \, dx = \dfrac{1}{\pi} \int_0^{\pi} x \cos nx \, dx = \dfrac{(-1)^n - 1}{n^2 \pi}, \quad n = 1, 2, \cdots,$$

$$b_n = \dfrac{1}{\pi} \int_{-\pi}^{\pi} f(x) \sin nx \, dx = \dfrac{1}{\pi} \int_0^{\pi} x \sin nx \, dx = \dfrac{(-1)^{n-1}}{n}, \quad n = 1, 2, \cdots,$$

故 $f(x) = \dfrac{\pi}{4} + \sum\limits_{n=1}^{\infty} \left[\dfrac{(-1)^n - 1}{n^2 \pi} \cos nx + \dfrac{(-1)^{n-1}}{n} \sin nx \right]$，其中 $-\infty < x < +\infty$，且 $x \neq (2k+1)\pi(k = 0, \pm 1, \pm 2, \cdots).$

三、奇偶函数的傅里叶级数

(1) 若 $f(x)$ 是周期为 2π 的周期函数，且 $f(x)$ 在 $[-\pi, \pi]$ 上为奇函数，则其傅里叶级数为正弦级数 $\sum\limits_{n=1}^{\infty} b_n \sin nx$，其中

$$b_n = \dfrac{2}{\pi} \int_0^{\pi} f(x) \sin nx \, dx, \quad n = 1, 2, \cdots.$$

(2) 若 $f(x)$ 是周期为 2π 的周期函数,且 $f(x)$ 在 $[-\pi,\pi]$ 上为偶函数,则其傅里叶级数为余弦级数 $\dfrac{a_0}{2}+\sum\limits_{n=1}^{\infty}a_n\cos nx$,其中

$$a_n=\frac{2}{\pi}\int_0^{\pi}f(x)\cos nx\,\mathrm{d}x,n=0,1,2,\cdots.$$

(3) 若 $f(x)$ 是周期为 $2l$ 的周期函数,且 $f(x)$ 在 $[-l,l]$ 上为奇函数,则其傅里叶级数为正弦级数 $\sum\limits_{n=1}^{\infty}b_n\sin\dfrac{n\pi}{l}x$,其中

$$b_n=\frac{2}{l}\int_0^{l}f(x)\sin\frac{n\pi}{l}x\,\mathrm{d}x,n=1,2,\cdots.$$

(4) 若 $f(x)$ 是周期为 $2l$ 的周期函数,且 $f(x)$ 在 $[-l,l]$ 上为偶函数,则其傅里叶级数为余弦级数 $\dfrac{a_0}{2}+\sum\limits_{n=1}^{\infty}a_n\cos\dfrac{n\pi}{l}x$,其中

$$a_n=\frac{2}{l}\int_0^{l}f(x)\cos\frac{n\pi}{l}x\,\mathrm{d}x,n=0,1,2,\cdots.$$

四、$[0,\pi]$ 和 $[0,l]$ 上的函数的傅里叶级数

(1) 若 $f(x)$ 定义在 $[0,\pi]$ 上,并且满足收敛定理的条件,对 $f(x)$ 进行奇延拓,即令 $F(x)=\begin{cases}f(x), & 0\leqslant x\leqslant\pi,\\ -f(-x), & -\pi\leqslant x<0.\end{cases}$ 则 $f(x)$ 的正弦级数为 $\sum\limits_{n=1}^{\infty}b_n\sin nx$,其中 $b_n=\dfrac{2}{\pi}\int_0^{\pi}f(x)\sin nx\,\mathrm{d}x,n=1,2,\cdots.$

(2) 若 $f(x)$ 定义在 $[0,\pi]$ 上,并且满足收敛定理的条件,对 $f(x)$ 进行偶延拓,即 $F(x)=\begin{cases}f(x), & 0\leqslant x\leqslant\pi,\\ f(-x), & -\pi\leqslant x<0.\end{cases}$ 则 $f(x)$ 的余弦级数为 $\dfrac{a_0}{2}+\sum\limits_{n=1}^{\infty}a_n\cos nx$,其中 $a_n=\dfrac{2}{\pi}\int_0^{\pi}f(x)\cos nx\,\mathrm{d}x,n=0,1,2,\cdots.$

(3) 若 $f(x)$ 为 $[0,l]$ 上的函数,并且满足收敛定理的条件,对 $f(x)$ 进行奇延拓,即令 $F(x)=\begin{cases}f(x), & 0\leqslant x\leqslant l,\\ -f(-x), & -l\leqslant x<0.\end{cases}$ 则 $f(x)$ 的正弦级数为 $\sum\limits_{n=1}^{\infty}b_n\sin\dfrac{n\pi}{l}x$,其中 $b_n=\dfrac{2}{l}\int_0^{l}f(x)\sin\dfrac{n\pi}{l}x\,\mathrm{d}x,n=1,2,\cdots.$

(4) 若 $f(x)$ 为 $[0,l]$ 上的函数,并且满足收敛定理的条件,对 $f(x)$ 进行偶延拓,即令 $F(x)=\begin{cases}f(x), & 0\leqslant x\leqslant l,\\ f(-x), & -l\leqslant x<0.\end{cases}$ 则 $f(x)$ 的余弦级数为 $\dfrac{a_0}{2}+\sum\limits_{n=1}^{\infty}a_n\cos\dfrac{n\pi}{l}x$,其中 $a_n=\dfrac{2}{l}\int_0^{l}f(x)\cos\dfrac{n\pi}{l}x\,\mathrm{d}x,n=0,1,2,\cdots.$

第 10 章　曲线积分与曲面积分（仅限数学一）

考 试 要 求

　1. 理解两类曲线积分的概念,了解两类曲线积分的性质及两类曲线积分的关系.

　2. 掌握计算两类曲线积分的方法.

　3. 掌握格林公式,并会运用平面曲线积分与路径无关的条件,会求二元函数全微分的原函数.

　4. 了解两类曲面积分的概念、性质及两类曲面积分的关系,掌握计算两类曲面积分的方法,掌握用高斯公式计算曲面积分的方法,并会用斯托克斯公式计算曲线积分.

　5. 了解散度与旋度的概念,并会计算.

　6. 会用曲线积分和曲面积分求一些几何量和物理量(曲面面积、曲线弧长、质量、质心、形心、转动惯量、引力、功及流量等).

对标考试要求

1 理解两类曲线积分的概念,了解两类曲线积分的性质及两类曲线积分的关系.

知识点 1 对弧长的曲线积分的概念、性质

一、对弧长曲线积分的定义

设 L 为 xOy 坐标面上以 A,B 为端点的可求长度的连续曲线, $f(x,y)$ 为 L 上的有界函数. 在 L 上任取 $n-1$ 个点 $M_1,M_2,\cdots,M_{n-1}$,将 L 分为 n 个小曲线段 $\overparen{M_{i-1}M_i}$, $i=1,2,\cdots,n$, 其中 $M_0=A$, $M_n=B$, 并记 $\overparen{M_{i-1}M_i}$ 的弧长为 $\Delta s_i(i=1,2,\cdots,n)$, $\lambda=\max\limits_{1\leqslant i\leqslant n}\{\Delta s_i\}$. 在 $\overparen{M_{i-1}M_i}$ 上任取一点 $(\xi_i,\eta_i)(i=1,2,\cdots,n)$, 作和式 $\sum\limits_{i=1}^{n}f(\xi_i,\eta_i)\Delta s_i$, 如果极限 $\lim\limits_{\lambda\to 0}\sum\limits_{i=1}^{n}f(\xi_i,\eta_i)\Delta s_i$

存在,且此极限与 L 的分法及 $\overset{\frown}{M_{i-1}M_i}$ 上点 $(\xi_i,\eta_i)(i=1,2,\cdots,n)$ 取法无关,就称此极限值为 $f(x,y)$ 在曲线 L 上的第一型曲线积分或称为对弧长的曲线积分,记为 $\int_L f(x,y)\mathrm{d}s$,即

$$\int_L f(x,y)\mathrm{d}s = \lim_{\lambda\to 0}\sum_{i=1}^n f(\xi_i,\eta_i)\Delta s_i,$$ 其中 $f(x,y)$ 称为被积函数;L 称为积分曲线弧或积分路径;$\mathrm{d}s$ 称为弧长元素.

如果 L 是平面上的一条封闭曲线,就将 $\int_L f(x,y)\mathrm{d}s$ 记为 $\oint_L f(x,y)\mathrm{d}s$.

二、对弧长的曲线积分的性质

设 L 为 xOy 坐标面上弧长为 l 的连续曲线,且下列所涉及的对弧长的曲线积分均存在.

(1) 设 a,b 为常数,则 $\int_L [af(x,y)+bg(x,y)]\mathrm{d}s = a\int_L f(x,y)\mathrm{d}s + b\int_L g(x,y)\mathrm{d}s.$

(2) 设 $L=L_1\bigcup L_2$,且 $L_1\bigcap L_2=\varnothing$,则 $\int_L f(x,y)\mathrm{d}s = \int_{L_1} f(x,y)\mathrm{d}s + \int_{L_2} f(x,y)\mathrm{d}s.$

(3) $\int_L \mathrm{d}s = l.$

(4) 设在 L 上,$f(x,y)\geqslant g(x,y)$,则 $\int_L f(x,y)\mathrm{d}s \geqslant \int_L g(x,y)\mathrm{d}s.$

推论 1 设在 L 上,$f(x,y)\geqslant 0$,则 $\int_L f(x,y)\mathrm{d}s \geqslant 0.$

推论 2 $\left|\int_L f(x,y)\mathrm{d}s\right| \leqslant \int_L |f(x,y)|\mathrm{d}s.$

(5) 设函数 $f(x,y)$ 在 L 上的最大值和最小值分别为 M 和 m,则 $ml\leqslant \int_L f(x,y)\mathrm{d}s \leqslant Ml.$

(6) 设函数 $f(x,y)$ 在 L 上连续,则存在 $(\xi,\eta)\in L$,使得 $\int_L f(x,y)\mathrm{d}s = f(\xi,\eta)l.$

例 1 设函数 $f(x,y)$ 在 $D:x^2+y^2\leqslant 1$ 上连续,曲线 L_t 为 $x^2+y^2=t^2,0<t\leqslant 1$,求 $\lim\limits_{t\to 0^+}\dfrac{1}{t}\oint_{L_t} f(x,y)\mathrm{d}s.$

解 由于 $f(x,y)$ 在曲线 L_t 上连续,因此存在 $(\xi,\eta)\in L_t$,使得 $\oint_{L_t} f(x,y)\mathrm{d}s = f(\xi,\eta)\cdot L_t$ 的弧长 $=2\pi t f(\xi,\eta)$. 又 $\xi^2+\eta^2=t^2$,当 $t\to 0$ 时,$(\xi,\eta)\to(0,0)$,且 $f(x,y)$ 在点 $(0,0)$ 处连续,所以

$$\lim_{t\to 0^+}\frac{1}{t}\oint_{L_t} f(x,y)\mathrm{d}s = \lim_{t\to 0^+}\frac{1}{t}\cdot 2\pi t f(\xi,\eta) = 2\pi\lim_{(\xi,\eta)\to(0,0)} f(\xi,\eta) = 2\pi f(0,0).$$

例 2 设曲线 L 为 $y=x^2,0\leqslant x\leqslant 1$,$I_1=\int_L \sqrt{x^2+y^2}\,\mathrm{d}s$,$I_2=\int_L (x+\sqrt{y})\mathrm{d}s$,$I_3=\int_L \sqrt{xy}\,\mathrm{d}s$,则 I_1,I_2,I_3 的大小关系为(   ).

(A)$I_1 \leqslant I_2 \leqslant I_3$　　(B)$I_1 \leqslant I_3 \leqslant I_2$　　(C)$I_3 \leqslant I_1 \leqslant I_2$　　(D)$I_3 \leqslant I_2 \leqslant I_1$

答案 (C).

解 在 L 上，$x+\sqrt{y}=2x \geqslant \sqrt{x^2+y^2}=\sqrt{x^2+x^4} \geqslant \sqrt{xy}=x^{\frac{3}{2}}$，所以 $I_3 \leqslant I_1 \leqslant I_2$.

三、对弧长的曲线积分的奇偶对称性和轮换对称性

1. 对弧长的曲线积分的奇偶对称性

设 L 为 xOy 坐标面上的连续曲线段，如果 L 关于 x 轴对称，L_1 为 L 在 x 轴上方的部分区域，则

$$\int_L f(x,y)\mathrm{d}s=\begin{cases}0, & f(x,-y)=-f(x,y),\\ 2\int_{L_1}f(x,y)\mathrm{d}s, & f(x,-y)=f(x,y).\end{cases}$$

如果 L 关于 y 轴对称，L_1 为 L 在 y 轴右侧的部分区域，则

$$\int_L f(x,y)\mathrm{d}s=\begin{cases}0, & f(-x,y)=-f(x,y),\\ 2\int_{L_1}f(x,y)\mathrm{d}s, & f(-x,y)=f(x,y).\end{cases}$$

2. 对弧长的曲线积分的轮换对称性

设 L 为 xOy 坐标面上的连续曲线段，如果 L 关于直线 $y=x$ 对称，则

$$\int_L f(x,y)\mathrm{d}s=\int_L f(y,x)\mathrm{d}s.$$

同理可定义空间曲线 Γ 上的对弧长的曲线积分 $\int_\Gamma f(x,y,z)\mathrm{d}s$，并且 $\int_\Gamma f(x,y,z)\mathrm{d}s$ 也有类似的性质.

例 3 设 L 为圆周 $x^2+y^2=1$，求 $\oint_L (x-y)^2\mathrm{d}s$.

解 $\oint_L (x-y)^2\mathrm{d}s=\oint_L(x^2+y^2-2xy)\mathrm{d}s$. 由奇偶对称性知 $\oint_L 2xy\mathrm{d}s=0$，所以

$$\oint_L (x-y)^2\mathrm{d}s=\oint_L(x^2+y^2)\mathrm{d}s=\oint_L \mathrm{d}s=L \text{ 的弧长}=2\pi.$$

例 4 设 L 为圆周 $x^2+y^2=1$，求 $\oint_L (x+3y)^2\mathrm{d}s$.

解 $$\oint_L (x+3y)^2\mathrm{d}s=\oint_L(x^2+9y^2-6xy)\mathrm{d}s.$$

由奇偶对称性知 $\oint_L 6xy\mathrm{d}s=0$，由轮换对称性知 $\oint_L x^2\mathrm{d}s=\oint_L y^2\mathrm{d}s$，所以

$$\oint_L (x+3y)^2\mathrm{d}s=\oint_L(x^2+9y^2)\mathrm{d}s=5\oint_L(x^2+y^2)\mathrm{d}s=5\cdot(L \text{ 的弧长})=10\pi.$$

例 5 设 Γ 为球面 $x^2+y^2+z^2=1$ 与平面 $x+y+z=0$ 的交线,求 $\oint_{\Gamma}(z+y^2)\mathrm{d}s$.

解 由轮换对称性知 $\oint_{\Gamma}x^2\mathrm{d}s=\oint_{\Gamma}y^2\mathrm{d}s=\oint_{\Gamma}z^2\mathrm{d}s,\oint_{\Gamma}x\,\mathrm{d}s=\oint_{\Gamma}y\,\mathrm{d}s=\oint_{\Gamma}z\,\mathrm{d}s$,所以

$$\oint_{\Gamma}(z+y^2)\mathrm{d}s=\frac{1}{3}\oint_{\Gamma}(x+y+z)\mathrm{d}s+\frac{1}{3}\oint_{\Gamma}(x^2+y^2+z^2)\mathrm{d}s$$

$$=\frac{1}{3}\oint_{\Gamma}0\mathrm{d}s+\frac{1}{3}\oint_{\Gamma}\mathrm{d}s=\frac{1}{3}\cdot(\Gamma\text{ 的弧长})=\frac{2}{3}\pi.$$

知识点 2 对弧长的曲线积分的计算方法

一、对弧长的平面曲线积分的计算方法

设平面曲线 L 的参数方程为 $\begin{cases}x=x(t),\\y=y(t)\end{cases}(\alpha\leqslant t\leqslant\beta)$,其中 $x(t),y(t)$ 在 $[\alpha,\beta]$ 上具有一阶连续导数,函数 $f(x,y)$ 在 L 上连续,则

$$\int_L f(x,y)\mathrm{d}s=\int_a^\beta f(x(t),y(t))\sqrt{x'^2(t)+y'^2(t)}\,\mathrm{d}t.$$

如果曲线 L 的方程为 $y=y(x)(a\leqslant x\leqslant b)$,且 $y(x)$ 在 $[a,b]$ 上具有连续导数,则

$$\int_L f(x,y)\mathrm{d}s=\int_a^b f(x,y(x))\sqrt{1+y'^2(x)}\,\mathrm{d}x.$$

如果曲线 L 的方程为 $x=x(y)(c\leqslant y\leqslant d)$,且 $x(y)$ 在 $[c,d]$ 上具有连续导数,则

$$\int_L f(x,y)\mathrm{d}s=\int_c^d f(x(y),y)\sqrt{1+x'^2(y)}\,\mathrm{d}y.$$

如果曲线 L 的极坐标方程为 $L:r=r(\theta),\alpha\leqslant\theta\leqslant\beta$,且 $r(\theta)$ 在 $[\alpha,\beta]$ 上具有连续导数,则

$$\int_L f(x,y)\mathrm{d}s=\int_a^\beta f(r(\theta)\cos\theta,r(\theta)\sin\theta)\sqrt{r^2(\theta)+r'^2(\theta)}\,\mathrm{d}\theta.$$

二、对弧长的空间曲线积分的计算方法

设空间曲线 Γ 的参数方程为 $\begin{cases}x=x(t),\\y=y(t),(\alpha\leqslant t\leqslant\beta),\\z=z(t)\end{cases}$ 且 $x(t),y(t),z(t)$ 在 $[\alpha,\beta]$ 上具有一阶连续导数,函数 $f(x,y,z)$ 在 Γ 上连续,则

$$\int_\Gamma f(x,y,z)\mathrm{d}s=\int_a^\beta f(x(t),y(t),z(t))\sqrt{x'^2(t)+y'^2(t)+z'^2(t)}\,\mathrm{d}t.$$

例 6 设 L 为直线 $2x+y=2$ 与两个坐标轴所围的平面区域的边界曲线,计

算 $\oint_L e^{x+y} ds$.

解 L 由三条线段：$L_1: y=0, 0 \leqslant x \leqslant 1, L_2: x=0, 0 \leqslant y \leqslant 2$ 和 $L_3: y=2-2x$,
$0 \leqslant x \leqslant 1$ 组成.

$$\int_{L_1} e^{x+y} ds = \int_0^1 e^{x+0} \sqrt{1+0^2} dx = \int_0^1 e^x dx = e-1;$$

$$\int_{L_2} e^{x+y} ds = \int_0^2 e^{0+y} \sqrt{1+0^2} dy = \int_0^2 e^y dy = e^2-1;$$

$$\int_{L_3} e^{x+y} ds = \int_0^1 e^{x+(2-2x)} \sqrt{1+(-2)^2} dx = \sqrt{5} \int_0^1 e^{2-x} dx = \sqrt{5}(e^2-e),$$

所以

$$\oint_L e^{x+y} ds = \int_{L_1} e^{x+y} ds + \int_{L_2} e^{x+y} ds + \int_{L_3} e^{x+y} ds = (e-1)+(e^2-1)+\sqrt{5}(e^2-e)$$

$$= (\sqrt{5}+1)e^2 + (1-\sqrt{5})e - 2.$$

例 7 设 L 为圆周 $x^2+y^2=2x$, 计算 $\oint_L \sqrt{x^2+y^2} ds$.

解 方法一 L 的参数方程为 $x=1+\cos\theta, y=\sin\theta, 0 \leqslant \theta \leqslant 2\pi$, 由于 $ds = \sqrt{(-\sin\theta)^2+(\cos\theta)^2} d\theta = d\theta$, 因此

$$\oint_L \sqrt{x^2+y^2} ds = \oint_L \sqrt{2x} ds = \int_0^{2\pi} \sqrt{2(1+\cos\theta)} d\theta = 2\int_0^{2\pi} \left|\cos\frac{\theta}{2}\right| d\theta = 4\int_0^\pi \cos\frac{\theta}{2} d\theta = 8.$$

方法二 设 L_1 为上半圆周 $y=\sqrt{2x-x^2}, 0 \leqslant x \leqslant 2$, 由对称性, $\oint_L \sqrt{x^2+y^2} ds = 2\int_{L_1} \sqrt{x^2+y^2} ds$.

由于 $y' = \frac{1-x}{\sqrt{2x-x^2}}, ds = \sqrt{1+\left(\frac{1-x}{\sqrt{2x-x^2}}\right)^2} dx = \frac{1}{\sqrt{2x-x^2}} dx$, 因此

$$\oint_L \sqrt{x^2+y^2} ds = 2\int_{L_1} \sqrt{2x} ds = 2\int_0^2 \sqrt{2x} \frac{1}{\sqrt{2x-x^2}} dx = 2\sqrt{2}\int_0^2 \frac{1}{\sqrt{2-x}} dx = 8.$$

例 8 设 Γ 为曲线 $x=3t, y=3t^2, z=2t^3$ 上从 $(0,0,0)$ 到 $(3,3,2)$ 的一段, 计算 $\int_\Gamma (xy+z) ds$.

解 由于 $\frac{dx}{dt}=3, \frac{dy}{dt}=6t, \frac{dz}{dt}=6t^2$, 因此 $ds=\sqrt{3^2+(6t)^2+(6t^2)^2} dt = 3(1+2t^2) dt$, 又 $0 \leqslant t \leqslant 1$, 得

$$\int_\Gamma (xy+z) ds = \int_0^1 (3t \cdot 3t^2 + 2t^3) \cdot 3(1+2t^2) dt = 33\int_0^1 (t^3+2t^5) dt = \frac{77}{4}.$$

例 9 设 Γ 为球面 $x^2+y^2+z^2=1$ 与平面 $y+z=1$ 的交线,计算 $\oint_{\Gamma}y^2\mathrm{d}s$.

解 由 $y+z=1$ 得 $z=1-y$,代入 $x^2+y^2+z^2=1$ 得 $x^2+2\left(y-\dfrac{1}{2}\right)^2=\dfrac{1}{2}$,故 Γ 的参数方程为

$$x=\frac{1}{\sqrt{2}}\cos\theta,y=\frac{1}{2}+\frac{1}{2}\sin\theta,z=\frac{1}{2}-\frac{1}{2}\sin\theta,0\leqslant\theta\leqslant2\pi,$$

从而 $\mathrm{d}s=\sqrt{\left(-\dfrac{1}{\sqrt{2}}\sin\theta\right)^2+\left(\dfrac{1}{2}\cos\theta\right)^2+\left(-\dfrac{1}{2}\cos\theta\right)^2}\mathrm{d}\theta=\dfrac{1}{\sqrt{2}}\mathrm{d}\theta$,所以

$$\oint_{\Gamma}y^2\mathrm{d}s=\int_0^{2\pi}\left(\frac{1}{2}+\frac{1}{2}\sin\theta\right)^2\cdot\frac{1}{\sqrt{2}}\mathrm{d}\theta=\frac{1}{4\sqrt{2}}\int_0^{2\pi}(1+2\sin\theta+\sin^2\theta)\mathrm{d}\theta=\frac{3\pi}{4\sqrt{2}}.$$

对标考试要求

② 掌握计算两类曲线积分的方法.

知识点 ① 对坐标的曲线积分的定义和性质

一、对坐标的曲线积分的定义

设 L 是 xOy 坐标面上从点 A 到点 B 的有向光滑曲线,$P(x,y)$,$Q(x,y)$ 为 L 上的有界函数,用 L 上的点 $A=M_0,M_1,M_2,\cdots,M_{n-1},M_n=B$ 将 L 任意分割成 n 个小有向曲线段 $\overparen{M_0M_1},\overparen{M_1M_2},\cdots,\overparen{M_{n-1}M_n}$. 记点 M_i 为 $(x_i,y_i)(i=0,1,2,\cdots,n)$,$\Delta x_i=x_i-x_{i-1}$,$\Delta y_i=y_i-y_{i-1}$,$\Delta s_i$ 为 $\overparen{M_{i-1}M_i}$ 的弧长 $(i=1,2,\cdots,n)$,$\lambda=\max\limits_{1\leqslant i\leqslant n}\{\Delta s_i\}$. 在 $\overparen{M_{i-1}M_i}$ 上任取一点 $(\xi_i,\eta_i)(i=1,2,\cdots,n)$,作和式 $\sum\limits_{i=1}^{n}[P(\xi_i,\eta_i)\Delta x_i+Q(\xi_i,\eta_i)\Delta y_i]$,如果极限 $\lim\limits_{\lambda\to0}\sum\limits_{i=1}^{n}[P(\xi_i,\eta_i)\Delta x_i+Q(\xi_i,\eta_i)\Delta y_i]$ 存在,且其极限值与 L 的分法及点 (ξ_i,η_i) 在 $\overparen{M_{i-1}M_i}$ 上的取法无关,就称此极限值为 $P(x,y)$,$Q(x,y)$ 在有向曲线 L 上对坐标 x,y 的曲线积分,简称为对坐标的曲线积分,或称第二型曲线积分,记为 $\int_L P(x,y)\mathrm{d}x+Q(x,y)\mathrm{d}y$,即

$$\int_L P(x,y)\mathrm{d}x+Q(x,y)\mathrm{d}y=\lim\limits_{\lambda\to0}\sum\limits_{i=1}^{n}[P(\xi_i,\eta_i)\Delta x_i+Q(\xi_i,\eta_i)\Delta y_i],$$

其中 L 称为积分路径,$P(x,y)\mathrm{d}x+Q(x,y)\mathrm{d}y$ 称为被积表达式.

如果 L 是有向封闭曲线,就将 $\int_L P(x,y)\mathrm{d}x+Q(x,y)\mathrm{d}y$ 记为 $\oint_L P(x,y)\mathrm{d}x+$

$Q(x,y)\mathrm{d}y$.

$\displaystyle\int_L P(x,y)\mathrm{d}x + Q(x,y)\mathrm{d}y$ 和 $\displaystyle\oint_L P(x,y)\mathrm{d}x + Q(x,y)\mathrm{d}y$ 也简记为 $\displaystyle\int_L P\mathrm{d}x + Q\mathrm{d}y$ 和 $\displaystyle\oint_L P\mathrm{d}x + Q\mathrm{d}y$.

二、对坐标的曲线积分的性质

(1) 设 L 是平面光滑有向曲线，L^- 表示与 L 方向相反的有向曲线，则

$$\int_{L^-} P(x,y)\mathrm{d}x + Q(x,y)\mathrm{d}y = -\int_L P(x,y)\mathrm{d}x + Q(x,y)\mathrm{d}y.$$

(2) 如果有向曲线 L 由 L_1 和 L_2 组成，$L_1 \bigcap L_2 = \varnothing$，且 L_1 和 L_2 的方向与 L 的方向一致（这时记为 $L = L_1 + L_2$），则 $\displaystyle\int_L P(x,y)\mathrm{d}x + Q(x,y)\mathrm{d}y = \int_{L_1} P(x,y)\mathrm{d}x + Q(x,y)\mathrm{d}y + \int_{L_2} P(x,y)\mathrm{d}x + Q(x,y)\mathrm{d}y.$

知识点 2 对坐标的曲线积分的计算方法

一、对坐标的平面曲线积分的计算方法

设函数 $P(x,y),Q(x,y)$ 在有向光滑曲线 L 上连续，且 L 的参数方程为 $\begin{cases} x = x(t), \\ y = y(t), \end{cases}$ $t:\alpha \to \beta$，则

$$\int_L P(x,y)\mathrm{d}x + Q(x,y)\mathrm{d}y = \int_\alpha^\beta [P(x(t),y(t))x'(t) + Q(x(t),y(t))y'(t)]\mathrm{d}t.$$

如果有向光滑曲线 L 的方程为 $y = y(x)$，$x:a \to b$，函数 $P(x,y),Q(x,y)$ 在 L 上连续，则

$$\int_L P(x,y)\mathrm{d}x + Q(x,y)\mathrm{d}y = \int_a^b [P(x,y(x)) + Q(x,y(x))y'(x)]\mathrm{d}x.$$

如果有向光滑曲线 L 的方程为 $x = x(y)$，$y:c \to d$，函数 $P(x,y),Q(x,y)$ 在 L 上连续，则

$$\int_L P(x,y)\mathrm{d}x + Q(x,y)\mathrm{d}y = \int_c^d [P(x(y),y)x'(y) + Q(x(y),y)]\mathrm{d}y.$$

二、对坐标的空间曲线积分的计算方法

如果空间有向光滑曲线 Γ 的方程为 $\begin{cases} x = x(t), \\ y = y(t), \\ z = z(t), \end{cases}$ $t:\alpha \to \beta$，函数 $P(x,y,z),Q(x,y,z),$

$R(x,y,z)$ 在 Γ 上连续,则

$$\int_{\Gamma} P(x,y,z)\mathrm{d}x + Q(x,y,z)\mathrm{d}y + R(x,y,z)\mathrm{d}z$$

$$=\int_{\alpha}^{\beta}\big[P(x(t),y(t),z(t))x'(t) + Q(x(t),y(t),z(t))y'(t)$$

$$+ R(x(t),y(t),z(t))z'(t)\big]\mathrm{d}t.$$

例 1 计算 $\int_{L}(x^2-2xy)\mathrm{d}x + (y^2-2xy)\mathrm{d}y$,其中 L 为抛物线 $y=x^2$ 上从点 $(-1,1)$ 到 $(1,1)$ 的一段有向曲线.

解 $\int_{L}(x^2-2xy)\mathrm{d}x + (y^2-2xy)\mathrm{d}y = \int_{-1}^{1}\big[(x^2-2x^3) + 2x(x^4-2x^3)\big]\mathrm{d}x$

$$= \int_{-1}^{1}(x^2-4x^4)\mathrm{d}x = -\frac{14}{15}.$$

例 2 计算 $\int_{L} y\mathrm{d}x + 2x\mathrm{d}y$,其中 L 为曲线 $x^{\frac{2}{3}} + y^{\frac{2}{3}} = 1$ 上从点 $(1,0)$ 沿逆时针方向到 $(0,1)$ 的一段有向曲线.

解 L 的参数方程为 $x=\cos^3\theta, y=\sin^3\theta, \theta:0\to\frac{\pi}{2}$,所以

$$\int_{L} y\mathrm{d}x + 2x\mathrm{d}y = \int_{0}^{\frac{\pi}{2}}\big[\sin^3\theta\cdot 3\cos^2\theta(-\sin\theta) + 2\cos^3\theta\cdot 3\sin^2\theta\cos\theta\big]\mathrm{d}\theta$$

$$= 3\int_{0}^{\frac{\pi}{2}}(2\cos^4\theta - 2\cos^6\theta - \sin^4\theta + \sin^6\theta)\mathrm{d}\theta$$

$$= 3\left(2\cdot\frac{3\cdot 1}{4\cdot 2}\frac{\pi}{2} - 2\cdot\frac{5\cdot 3\cdot 1}{6\cdot 4\cdot 2}\frac{\pi}{2} - \frac{3\cdot 1}{4\cdot 2}\frac{\pi}{2} + \frac{5\cdot 3\cdot 1}{6\cdot 4\cdot 2}\frac{\pi}{2}\right)$$

$$= \frac{3}{32}\pi.$$

例 3 设 Γ 为圆柱面 $x^2+y^2=1$ 与平面 $z=y$ 的交线,从 z 轴正向向原点看,Γ 为顺时针方向,计算 $\oint_{\Gamma} z\mathrm{d}x - x\mathrm{d}y + y\mathrm{d}z$.

解 Γ 的参数方程为 $x=\cos\theta, y=\sin\theta, z=\sin\theta, \theta:2\pi\to 0$,所以

$$\oint_{\Gamma} z\mathrm{d}x - x\mathrm{d}y + y\mathrm{d}z = \int_{2\pi}^{0}\big[\sin\theta(-\sin\theta) - \cos\theta\cos\theta + \sin\theta\cos\theta\big]\mathrm{d}\theta = 2\pi.$$

知识点 3 **两类曲线积分的关系**

一、两类平面曲线积分的关系

设函数 $P(x,y), Q(x,y)$ 在平面有向光滑曲线 L 上连续,则

$$\int_L P(x,y)\mathrm{d}x + Q(x,y)\mathrm{d}y = \int_L [P(x,y)\cos\alpha + Q(x,y)\cos\beta]\mathrm{d}s,$$

其中$\{\cos\alpha,\cos\beta\}$为 L 上任一点处与 L 同向的单位切向量.

二、两类空间曲线积分的关系

设函数 $P(x,y,z),Q(x,y,z),R(x,y,z)$ 在空间有向光滑曲线 Γ 上连续,则

$$\int_\Gamma P(x,y,z)\mathrm{d}x + Q(x,y,z)\mathrm{d}y + R(x,y,z)\mathrm{d}z$$

$$= \int_\Gamma [P(x,y,z)\cos\alpha + Q(x,y,z)\cos\beta + R(x,y,z)\cos\gamma]\mathrm{d}s,$$

其中$\{\cos\alpha,\cos\beta,\cos\gamma\}$为 Γ 上任一点处与 Γ 同向的单位切向量.

例 4 将对坐标的曲线积分$\int_L P(x,y)\mathrm{d}x + Q(x,y)\mathrm{d}y$化为对弧长的曲线积分,其中 L 为沿抛物线 $y=x^2$ 从 $O(0,0)$ 到 $A(1,1)$ 的一段有向曲线.

解 L 的方程为$y=x^2,x:0\to1$,故 L 上任一点处与 L 同向的切向量为$\tau=\{1,y'(x)\}=\{1,2x\}$,所以 $\cos\alpha = \dfrac{1}{\sqrt{1+4x^2}},\cos\beta=\dfrac{2x}{\sqrt{1+4x^2}}$,因此

$$\int_L P(x,y)\mathrm{d}x + Q(x,y)\mathrm{d}y = \int_L \frac{P(x,y)+2xQ(x,y)}{\sqrt{1+4x^2}}\mathrm{d}s.$$

对标考试要求

3 掌握格林公式,并会运用平面曲线积分与路径无关的条件,会求二元函数全微分的原函数.

知识点 1 格林公式

一、单连通区域与复连通区域

设 D 为一平面区域,如果 D 内任何一条封闭曲线所围的区域均包含于 D,就称 D 为平面单连通区域,否则称为复连通区域或多连通区域.通俗地说,单连通区域内不含有"洞",而复连通区域含有"洞".

二、平面区域的正向边界曲线

设 xOy 坐标面上闭区域D的边界曲线为封闭曲线L,规定L的正向:当一个人沿L行走时,邻近处的 D 始终位于该人的左侧.

三、格林公式

设 D 是由平面上光滑或分段光滑的封闭曲线 L 所围成的闭区域，L 取正向. 函数 $P(x,y),Q(x,y)$ 在 D 上具有一阶连续偏导数，则

$$\oint_L P(x,y)\mathrm{d}x + Q(x,y)\mathrm{d}y = \iint_D \left[\frac{\partial Q(x,y)}{\partial x} - \frac{\partial P(x,y)}{\partial y} \right] \mathrm{d}x\,\mathrm{d}y,$$

简记为 $\oint_L P\mathrm{d}x + Q\mathrm{d}y = \iint_D \left(\frac{\partial Q}{\partial x} - \frac{\partial P}{\partial y} \right) \mathrm{d}x\,\mathrm{d}y.$

特别地，D 的面积 $= \dfrac{1}{2}\oint_L (-y)\mathrm{d}x + x\,\mathrm{d}y.$

例 1 计算 $\oint_L (y + \sin y)\mathrm{d}x + x\cos y\mathrm{d}y$，其中 L 为区域 $D: 0 \leqslant x \leqslant \pi, 0 \leqslant y \leqslant \sin x$ 的正向边界.

解 由格林公式可得

$$\oint_L (y + \sin y)\mathrm{d}x + x\cos y\mathrm{d}y = \iint_D (\cos y - 1 - \cos y)\mathrm{d}x\,\mathrm{d}y = -\iint_D \mathrm{d}x\,\mathrm{d}y$$

$$= -\int_0^\pi \mathrm{d}x \int_0^{\sin x} \mathrm{d}y = -\int_0^\pi \sin x\,\mathrm{d}x = -2.$$

例 2 计算 $\oint_L \dfrac{2y\mathrm{d}x + x^2\mathrm{d}y}{\sqrt{x^2 + y^2}}$，其中曲线 L 为圆周 $x^2 + y^2 = 1$，取逆时针方向.

解 由于 L 的方程为 $x^2 + y^2 = 1$，因此 $\oint_L \dfrac{2y\mathrm{d}x + x^2\mathrm{d}y}{\sqrt{x^2 + y^2}} = \oint_L 2y\mathrm{d}x + x^2\mathrm{d}y.$ 记 L 所围的区域为 D，由格林公式可得

$$\oint_L \frac{2y\mathrm{d}x + x^2\mathrm{d}y}{\sqrt{x^2 + y^2}} = \iint_D (2x - 2)\mathrm{d}x\,\mathrm{d}y = 2\iint_D x\,\mathrm{d}x\,\mathrm{d}y - 2\iint_D \mathrm{d}x\,\mathrm{d}y = 0 - 2\pi = -2\pi.$$

例 3 计算 $\int_L (e^x \sin y - 2)\mathrm{d}x + (e^x \cos y + 4x)\mathrm{d}y$，其中曲线 L 为从点 $(0,0)$ 沿上半圆周 $y = \sqrt{2x - x^2}$ 到点 $(2,0)$ 的有向曲线.

解 补充 $L_1: y = 0, x: 2 \to 0$，记 D 为 L 与 L_1 所围区域，由格林公式可得

$$\oint_{L+L_1} (e^x \sin y - 2)\mathrm{d}x + (e^x \cos y + 4x)\mathrm{d}y = -\iint_D (e^x \cos y + 4 - e^x \cos y)\mathrm{d}x\,\mathrm{d}y$$

$$= -4\iint_D \mathrm{d}x\,\mathrm{d}y = -2\pi,$$

所以

$$\int_L (e^x \sin y - 2)\mathrm{d}x + (e^x \cos y + 4x)\mathrm{d}y$$

$$=\left(\oint_{L+L_1}-\int_{L_1}\right)(e^x\sin y-2)\mathrm{d}x+(e^x\cos y+4x)\mathrm{d}y$$

$$=-2\pi-\int_2^0(-2)\mathrm{d}x=-2\pi-4.$$

知识点 2 平面曲线积分与路径无关的等价条件

一、平面曲线积分与积分路径无关的定义

设 D 为平面区域，函数 $P(x,y),Q(x,y)$ 在 D 上连续. 如果对于 D 中任意两点 A,B，并以 A 为起点，B 为终点，且含在 D 内的任意两条路径 L_1,L_2，均有

$$\int_{L_1}P(x,y)\mathrm{d}x+Q(x,y)\mathrm{d}y=\int_{L_2}P(x,y)\mathrm{d}x+Q(x,y)\mathrm{d}y,$$

就称曲线积分 $\int_L P(x,y)\mathrm{d}x+Q(x,y)\mathrm{d}y$ 在 D 内与积分路径无关，并记 $\int_L P(x,y)\mathrm{d}x+Q(x,y)\mathrm{d}y$ 为 $\int_A^B P(x,y)\mathrm{d}x+Q(x,y)\mathrm{d}y$. 否则称曲线积分 $\int_L P(x,y)\mathrm{d}x+Q(x,y)\mathrm{d}y$ 在 D 内与路径有关.

二、平面曲线积分与路径无关的等价条件

设 D 是平面单连通区域，$P(x,y),Q(x,y)$ 在 D 上具有一阶连续偏导数，则下面四个命题是等价的.

(1) 对于 D 内任意一条光滑或分段光滑的封闭曲线 L，有 $\oint_L P(x,y)\mathrm{d}x+Q(x,y)\mathrm{d}y=0$.

(2) 曲线积分 $\int_L P(x,y)\mathrm{d}x+Q(x,y)\mathrm{d}y$ 与积分路径无关.

(3) 存在 D 上的可微函数 $u(x,y)$，使 $\mathrm{d}u(x,y)=P(x,y)\mathrm{d}x+Q(x,y)\mathrm{d}y$，即 **grad** $u=\{P,Q\}$.

(4) 在 D 内，恒有 $\dfrac{\partial P}{\partial y}=\dfrac{\partial Q}{\partial x}$.

知识点 3 二元函数全微分的原函数

一、二元函数全微分的原函数

如果在区域 D 内有 $\mathrm{d}u(x,y)=P(x,y)\mathrm{d}x+Q(x,y)\mathrm{d}y$，就称在 D 内 $u(x,y)$ 为 $P(x,y)\mathrm{d}x+Q(x,y)\mathrm{d}y$ 的一个原函数.

如果 $u(x,y)$ 为 $P(x,y)\mathrm{d}x+Q(x,y)\mathrm{d}y$ 的一个原函数,则 $u(x,y)+C$(C 为任意常数) 为 $P(x,y)\mathrm{d}x+Q(x,y)\mathrm{d}y$ 的所有原函数.

如果 $u(x,y)$ 为 $P(x,y)\mathrm{d}x+Q(x,y)\mathrm{d}y$ 的一个原函数,则 $\displaystyle\int_A^B P(x,y)\mathrm{d}x+Q(x,y)\mathrm{d}y=$ $u(x,y)\Big|_A^B$.

二、原函数的计算

设 (x_0,y_0) 为 D 内任意给定一点,则

$$u(x,y)=\int_{y_0}^y Q(x_0,y)\mathrm{d}y+\int_{x_0}^x P(x,y)\mathrm{d}x,$$

或

$$u(x,y)=\int_{x_0}^x P(x,y_0)\mathrm{d}x+\int_{y_0}^y Q(x,y)\mathrm{d}y.$$

三、全微分方程

设函数 $P(x,y),Q(x,y)$ 具有一阶连续偏导数,如果 $\dfrac{\partial Q}{\partial x}=\dfrac{\partial P}{\partial y}$,就称微分方程 $P(x,y)\mathrm{d}x+Q(x,y)\mathrm{d}y=0$ 为全微分方程.

如果 $P(x,y)\mathrm{d}x+Q(x,y)\mathrm{d}y=0$ 为全微分方程,$u(x,y)$ 为 $P(x,y)\mathrm{d}x+Q(x,y)\mathrm{d}y$ 的一个原函数,则 $P(x,y)\mathrm{d}x+Q(x,y)\mathrm{d}y=0$ 的通解为 $u(x,y)=C$(C 为任意常数).

例 4 已知点 $O(0,0)$ 及 $A(1,1)$,若曲线积分

$$I=\int_{\widehat{OA}}(ax\cos y-y^2\sin x)\mathrm{d}x+(by\cos x-x^2\sin y)\mathrm{d}y$$

与路径无关,求常数 a,b 和 I.

解 记 $P=ax\cos y-y^2\sin x$,$Q=by\cos x-x^2\sin y$,由于上述曲线积分与路径无关,因此 $\dfrac{\partial P}{\partial y}=\dfrac{\partial Q}{\partial x}$,得 $-ax\sin y-2y\sin x=-by\sin x-2x\sin y$,解得 $a=b=2$.

由于积分与路径无关,故可取积分路径:自点 $O(0,0)$ 到点 $B(1,0)$,再到点 $A(1,1)$ 的有向折线,得

$$I=\int_{\widehat{OA}}(2x\cos y-y^2\sin x)\mathrm{d}x+(2y\cos x-x^2\sin y)\mathrm{d}y$$

$$=\int_0^1 2x\mathrm{d}x+\int_0^1(2y\cos 1-\sin y)\mathrm{d}y=2\cos 1.$$

例 5 计算 $I=\displaystyle\int_L(3x^2\mathrm{e}^y+y\mathrm{e}^{\sin x}\cos x)\mathrm{d}x+(x^3\mathrm{e}^y+xy^3+\mathrm{e}^{\sin x})\mathrm{d}y$,其中 L 是从点 $A(-a,0)$ 到点 $B(a,0)$ 的上半椭圆 $\dfrac{x^2}{a^2}+\dfrac{y^2}{b^2}=1(y\geqslant 0)$.

解 令 $I_1 = \int_L (3x^2 e^y + y e^{\sin x} \cos x) \mathrm{d}x + (x^3 e^y + e^{\sin x}) \mathrm{d}y, I_2 = \int_L xy^3 \mathrm{d}y$，则 $I = I_1 + I_2$.

记 $P = 3x^2 e^y + y e^{\sin x} \cos x, Q = x^3 e^y + e^{\sin x}$，因为 $\dfrac{\partial Q}{\partial x} = 3x^2 e^y + e^{\sin x} \cos x = \dfrac{\partial P}{\partial y}$，所以曲线积分 I_1 与路径无关，故取路径为从点 A 到 B 的直线段 $y = 0, x: -a \to a$，得 $I_1 = \int_{-a}^{a} 3x^2 \mathrm{d}x = 2a^3$.

又 L 的参数方程为 $x = a \cos t, y = b \sin t, t: \pi \to 0$，所以

$$I_2 = \int_{\pi}^{0} (a \cos t \cdot b^3 \sin^3 t \cdot b \cos t) \mathrm{d}t$$

$$= ab^4 \int_{0}^{\pi} [(\cos^2 t - \cos^4 t)] \mathrm{d}(\cos t) = -\frac{4}{15} ab^4.$$

综上，$I = I_1 + I_2 = 2a^3 - \dfrac{4}{15} ab^4$.

例 6 问 $e^x (1 + \sin y) \mathrm{d}x + (4y + e^x \cos y) \mathrm{d}y$ 是否存在原函数？若有，求其一个原函数 $u = u(x, y)$.

解 记 $P = e^x (1 + \sin y), Q = 4y + e^x \cos y$，由于 $\dfrac{\partial Q}{\partial x} = e^x \cos y = \dfrac{\partial P}{\partial y}$，因此 $e^x (1 + \sin y) \mathrm{d}x + (4y + e^x \cos y) \mathrm{d}y$ 存在原函数.

下面求其一个原函数 $u(x, y)$.

方法一　$u(x, y) = \int_0^x e^x \mathrm{d}x + \int_0^y (4y + e^x \cos y) \mathrm{d}y = e^x + e^x \sin y + 2y^2 - 1$.

方法二　由于 $\dfrac{\partial u}{\partial x} = P = e^x (1 + \sin y)$，因此 $u = e^x (1 + \sin y) + \varphi(y)$，进而 $\dfrac{\partial u}{\partial y} = e^x \cos y + \varphi'(y) = Q = 4y + e^x \cos y$，得 $\varphi'(y) = 4y$. 取 $\varphi(y) = 2y^2$，故

$$u(x, y) = e^x (1 + \sin y) + 2y^2.$$

方法三　$e^x (1 + \sin y) \mathrm{d}x + (4y + e^x \cos y) \mathrm{d}y = e^x \mathrm{d}x + e^x \sin y \mathrm{d}x + e^x \cos y \mathrm{d}y + 4y \mathrm{d}y$

$$= e^x \mathrm{d}x + [\sin y \mathrm{d}e^x + e^x \mathrm{d}(\sin y)] + 4y \mathrm{d}y = \mathrm{d}(e^x + e^x \sin y + 2y^2),$$

所以 $u(x, y) = e^x + e^x \sin y + 2y^2$.

例 7 已知曲线积分 $\int_L (x + y) \mathrm{d}x + [\varphi(x) - y] \mathrm{d}y$ 与路径无关，其中 $\varphi(x)$ 可导，且 $\varphi(0) = 0$，求 $\varphi(x)$ 及 $\int_{(0,0)}^{(1,1)} (x + y) \mathrm{d}x + [\varphi(x) - y] \mathrm{d}y$.

解 由 $\dfrac{\partial}{\partial x} [\varphi(x) - y] = \dfrac{\partial}{\partial y} (x + y)$，得 $\varphi'(x) = 1$，所以 $\varphi(x) = x + C$. 由 $\varphi(0) = 0$，得 $C = 0$，所以 $\varphi(x) = x$.

$$\int_{(0,0)}^{(1,1)} (x + y) \mathrm{d}x + [\varphi(x) - y] \mathrm{d}y = \int_{(0,0)}^{(1,1)} (x + y) \mathrm{d}x + (x - y) \mathrm{d}y$$

$$=\int_{(0,0)}^{(1,1)}\mathrm{d}(\frac{1}{2}x^2+xy-\frac{1}{2}y^2)$$

$$=\left(\frac{1}{2}x^2+xy-\frac{1}{2}y^2\right)\Big|_{(0,0)}^{(1,1)}=1.$$

例 8 问 $\left(2x-\dfrac{1}{y}\right)\mathrm{d}x+\left(\dfrac{x}{y^2}-\mathrm{e}^y\right)\mathrm{d}y=0$ 是否为全微分方程？若是，求其通解.

解 由于 $\dfrac{\partial}{\partial x}\left(\dfrac{x}{y^2}-\mathrm{e}^y\right)=\dfrac{\partial}{\partial y}\left(2x-\dfrac{1}{y}\right)=\dfrac{1}{y^2}$，因此 $\left(2x-\dfrac{1}{y}\right)\mathrm{d}x+\left(\dfrac{x}{y^2}-\mathrm{e}^y\right)\mathrm{d}y=0$ 是全微分方程.

由 $\left(2x-\dfrac{1}{y}\right)\mathrm{d}x+\left(\dfrac{x}{y^2}-\mathrm{e}^y\right)\mathrm{d}y=2x\,\mathrm{d}x-\dfrac{y\mathrm{d}x-x\mathrm{d}y}{y^2}-\mathrm{e}^y\mathrm{d}y=\mathrm{d}\left(x^2-\dfrac{x}{y}-\mathrm{e}^y\right)=0$，解得其通解为

$$x^2-\frac{x}{y}-\mathrm{e}^y=C，其中 C 为任意常数.$$

对标考试要求

4 了解两类曲面积分的概念、性质及两类曲面积分的关系，掌握计算两类曲面积分的方法，掌握用高斯公式计算曲面积分的方法，并会用斯托克斯公式计算曲线积分.

知识点 1 对面积的曲面积分

一、对面积的曲面积分的定义

设 Σ 为空间有界分片光滑曲面，函数 $f(x,y,z)$ 在 Σ 上有界.用 Σ 上的一个光滑曲线网将曲面 Σ 分成 n 个小块曲面 $\Delta\Sigma_1,\Delta\Sigma_2,\cdots,\Delta\Sigma_n$，以 ΔS_i 表示 $\Delta\Sigma_i$ 的面积，d_i 表示 $\Delta\Sigma_i$ 的直径，并在 $\Delta\Sigma_i$ 上任取一点 (ξ_i,η_i,ζ_i)，作和式 $\sum_{i=1}^{n}f(\xi_i,\eta_i,\zeta_i)\Delta S_i$.记 $\lambda=\max_{1\leqslant i\leqslant n}\{d_i\}$，如果极限 $\lim_{\lambda\to 0}\sum_{i=1}^{n}f(\xi_i,\eta_i,\zeta_i)\Delta S_i$ 存在，且此极限值与 Σ 的分法无关，与点 $(\xi_i,\eta_i,\zeta_i)(i=1,2,\cdots,n)$ 的取法无关，就称此极限值为 $f(x,y,z)$ 在曲面 Σ 上对面积的曲面积分或第一型曲面积分，记为 $\iint_{\Sigma}f(x,y,z)\mathrm{d}S$，即 $\iint_{\Sigma}f(x,y,z)\mathrm{d}S=\lim_{\lambda\to 0}\sum_{i=1}^{n}f(\xi_i,\eta_i,\zeta_i)\Delta S_i$，其中 $f(x,y,z)$ 称为被积函数，Σ 称为积分曲面，$\mathrm{d}S$ 称为面积元素.

如果 Σ 为封闭曲面，就将 $\iint_{\Sigma}f(x,y,z)\mathrm{d}S$ 记为 $\oiint_{\Sigma}f(x,y,z)\mathrm{d}S$.

二、对面积的曲面积分的性质

设光滑曲面 Σ 的面积为 σ，且下列所涉及的对面积的曲面积分均存在.

（1）设 a,b 为常数，则

$$\iint\limits_{\Sigma}[af(x,y,z)+bg(x,y,z)]\mathrm{d}S=a\iint\limits_{\Sigma}f(x,y,z)\mathrm{d}S+b\iint\limits_{\Sigma}g(x,y,z)\mathrm{d}S.$$

（2）设 $\Sigma=\Sigma_1\bigcup\Sigma_2$，且 $\Sigma_1\bigcap\Sigma_2=\varnothing$，则

$$\iint\limits_{\Sigma}f(x,y,z)\mathrm{d}S=\iint\limits_{\Sigma_1}f(x,y,z)\mathrm{d}S+\iint\limits_{\Sigma_2}f(x,y,z)\mathrm{d}S.$$

（3）$\iint\limits_{\Sigma}\mathrm{d}S=\sigma.$

（4）设在 Σ 上，$f(x,y,z)\geqslant g(x,y,z)$，则 $\iint\limits_{\Sigma}f(x,y,z)\mathrm{d}S\geqslant\iint\limits_{\Sigma}g(x,y,z)\mathrm{d}S.$

推论 1　设在 Σ 上，$f(x,y,z)\geqslant 0$，则 $\iint\limits_{\Sigma}f(x,y,z)\mathrm{d}S\geqslant 0.$

推论 2　$\left|\iint\limits_{\Sigma}f(x,y,z)\mathrm{d}S\right|\leqslant\iint\limits_{\Sigma}|f(x,y,z)|\mathrm{d}S.$

（5）设函数 $f(x,y,z)$ 在 Σ 上的最大值和最小值分别为 M 和 m，则 $m\sigma\leqslant\iint\limits_{\Sigma}f(x,y,z)\mathrm{d}S\leqslant M\sigma.$

（6）设函数 $f(x,y,z)$ 在 Σ 上连续，则存在 $(\xi,\eta,\zeta)\in\Sigma$，使得 $\iint\limits_{\Sigma}f(x,y,z)\mathrm{d}S=f(\xi,\eta,\zeta)\sigma.$

三、对面积的曲面积分的奇偶对称性和轮换对称性

1. 对面积的曲面积分的奇偶对称性

设 Σ 为空间有界曲面，如果 Σ 关于 xOy 平面对称，Σ_1 为 Σ 在 xOy 平面上侧的部分曲面，则

$$\iint\limits_{\Sigma}f(x,y,z)\mathrm{d}S=\begin{cases}0,&f(x,y,-z)=-f(x,y,z),\\2\iint\limits_{\Sigma_1}f(x,y,z)\mathrm{d}S,&f(x,y,-z)=f(x,y,z).\end{cases}$$

如果 Σ 关于 yOz 平面对称，Σ_1 为 Σ 在 yOz 平面前侧的部分曲面，则

$$\iint\limits_{\Sigma}f(x,y,z)\mathrm{d}S=\begin{cases}0,&f(-x,y,z)=-f(x,y,z),\\2\iint\limits_{\Sigma_1}f(x,y,z)\mathrm{d}S,&f(-x,y,z)=f(x,y,z).\end{cases}$$

如果 Σ 关于 zOx 平面对称，Σ_1 为 Σ 在 zOx 平面右侧的部分区域，则

$$\iint\limits_{\Sigma} f(x,y,z)\mathrm{d}S = \begin{cases} 0, & f(x,-y,z) = -f(x,y,z), \\ 2\iint\limits_{\Sigma_1} f(x,y,z)\mathrm{d}S, & f(x,-y,z) = f(x,y,z). \end{cases}$$

2. 对面积的曲面积分的轮换对称性

设 Σ 为空间有界曲面,

(1) 如果 Σ 关于平面 $y=x$ 对称, 则 $\iint\limits_{\Sigma} f(x,y,z)\mathrm{d}S = \iint\limits_{\Sigma} f(y,x,z)\mathrm{d}S$.

(2) 如果 Σ 关于平面 $x=z$ 对称, 则 $\iint\limits_{\Sigma} f(x,y,z)\mathrm{d}S = \iint\limits_{\Sigma} f(z,y,x)\mathrm{d}S$.

(3) 如果 Σ 关于平面 $z=y$ 对称, 则 $\iint\limits_{\Sigma} f(x,y,z)\mathrm{d}S = \iint\limits_{\Sigma} f(x,z,y)\mathrm{d}S$.

四、对面积的曲面积分的计算方法

设函数 $f(x,y,z)$ 在光滑曲面 Σ 上连续.

(1) 如果 Σ 的方程为 $x=x(y,z),(y,z) \in D_{yz}$, 其中 D_{yz} 为 Σ 在 yOz 坐标面上的投影区域, 则

$$\iint\limits_{\Sigma} f(x,y,z)\mathrm{d}S = \iint\limits_{D_{yz}} f(x(y,z),y,z)\sqrt{1+x_y'^2(y,z)+x_z'^2(y,z)}\,\mathrm{d}y\mathrm{d}z.$$

(2) 如果 Σ 的方程为 $y=y(x,z),(x,z) \in D_{xz}$, 其中 D_{xz} 为 Σ 在 zOx 坐标面上的投影区域, 则

$$\iint\limits_{\Sigma} f(x,y,z)\mathrm{d}S = \iint\limits_{D_{xz}} f(x,y(x,z),z)\sqrt{1+y_x'^2(x,z)+y_z'^2(x,z)}\,\mathrm{d}x\mathrm{d}z.$$

(3) 如果 Σ 的方程为 $z=z(x,y),(x,y) \in D_{xy}$, 其中 D_{xy} 为 Σ 在 xOy 坐标面上的投影区域, 则

$$\iint\limits_{\Sigma} f(x,y,z)\mathrm{d}S = \iint\limits_{D_{xy}} f(x,y,z(x,y))\sqrt{1+z_x'^2(x,y)+z_y'^2(x,y)}\,\mathrm{d}x\mathrm{d}y.$$

在计算 $\iint\limits_{\Sigma} f(x,y,z)\mathrm{d}S$ 时, 应根据 Σ 的三种表示形式, 选择其中之一进行计算, 其中(3)较为常用.

例 1 设 Σ 为球面 $x^2+y^2+z^2=R^2$, 求 $\iint\limits_{\Sigma}(x^2+z)\mathrm{d}S$.

解 由奇偶对称性, $\iint\limits_{\Sigma} z\mathrm{d}S = 0$. 由轮换对称性, $\iint\limits_{\Sigma} x^2\mathrm{d}S = \iint\limits_{\Sigma} y^2\mathrm{d}S = \iint\limits_{\Sigma} z^2\mathrm{d}S$, 所以

$$\iint\limits_{\Sigma}(x^2+z)\mathrm{d}S = \iint\limits_{\Sigma} x^2\mathrm{d}S = \frac{1}{3}\iint\limits_{\Sigma}(x^2+y^2+z^2)\mathrm{d}S = \frac{1}{3}\iint\limits_{\Sigma} R^2\mathrm{d}S = \frac{1}{3}R^2 \cdot \Sigma \text{ 的面积}$$

$$= \frac{1}{3}R^2 \cdot 4\pi R^2 = \frac{4}{3}\pi R^4.$$

例 2 设 Σ 为上半球面 $z = \sqrt{1-x^2-y^2}$, $x^2+y^2 \leqslant 1$, 计算 $\iint\limits_{\Sigma}(x^2z+z^3)\mathrm{d}S$.

解 由轮换对称性知 $\iint\limits_{\Sigma}x^2z\mathrm{d}S = \iint\limits_{\Sigma}y^2z\mathrm{d}S$, 所以 $\iint\limits_{\Sigma}x^2z\mathrm{d}S = \iint\limits_{\Sigma}\dfrac{1}{2}(x^2+y^2)z\mathrm{d}S$.

记区域 D 为 $x^2+y^2 \leqslant 1$, 由于 $\dfrac{\partial z}{\partial x} = \dfrac{-x}{\sqrt{1-x^2-y^2}}$, $\dfrac{\partial z}{\partial y} = \dfrac{-y}{\sqrt{1-x^2-y^2}}$, 故

$$
\begin{aligned}
\mathrm{d}S &= \sqrt{1+\left(\frac{\partial z}{\partial x}\right)^2+\left(\frac{\partial z}{\partial y}\right)^2}\,\mathrm{d}x\,\mathrm{d}y \\
&= \sqrt{1+\left(\frac{-x}{\sqrt{1-x^2-y^2}}\right)^2+\left(\frac{-y}{\sqrt{1-x^2-y^2}}\right)^2}\,\mathrm{d}x\,\mathrm{d}y \\
&= \frac{1}{\sqrt{1-x^2-y^2}}\,\mathrm{d}x\,\mathrm{d}y,
\end{aligned}
$$

所以

$$
\begin{aligned}
\iint\limits_{\Sigma}(x^2z+z^3)\mathrm{d}S &= \iint\limits_{\Sigma}\left[\frac{1}{2}(x^2+y^2)z+z^3\right]\mathrm{d}S \\
&= \iint\limits_{D}\left[\frac{1}{2}(x^2+y^2)\sqrt{1-x^2-y^2}+(\sqrt{1-x^2-y^2})^3\right]\frac{1}{\sqrt{1-x^2-y^2}}\,\mathrm{d}x\,\mathrm{d}y \\
&= \iint\limits_{D}\left[1-\frac{1}{2}(x^2+y^2)\right]\mathrm{d}x\,\mathrm{d}y = \pi - \frac{1}{2}\int_0^{2\pi}\mathrm{d}\theta\int_0^1 r^2 \cdot r\,\mathrm{d}r = \pi - \frac{1}{4}\pi = \frac{3}{4}\pi.
\end{aligned}
$$

知识点 2　对坐标的曲面积分

一、曲面的侧与有向曲面

1. 曲面的侧

在光滑曲面 Σ 上任取一点 M_0, Σ 在点 M_0 处的法向量（假定该法向量为非零向量）有两个方向, 取定其中的一个方向, 并记其单位法向量为 $\boldsymbol{n}$. 如果动点 M 从点 M_0 出发, 在曲面 Σ 上连续移动且不越过 Σ 的边界再次回到 M_0 时, 其 $\boldsymbol{n}$ 的方向总与出发时的方向相同, 就称曲面 Σ 是双侧曲面, 否则称 Σ 是单侧曲面.

我们假定曲面都是双侧曲面.

2. 有向曲面

设 Σ 为双侧曲面, 如果选定了动点 M 处的一个法向量方向, 通过将点 M 在 Σ 上连续地移动就可唯一确定 Σ 上其他点处法向量的方向, 称确定了法向量方向的曲面 Σ 为有向曲面, 法向量的方向也称为有向曲面 Σ 的方向.

有向曲面 Σ 的方向就是选定了的有向曲面 Σ 的侧.

设有向曲面 Σ 在指定侧的单位法向量为 $\boldsymbol{n}=\{\cos\alpha,\cos\beta,\cos\gamma\}$，其中 α,β,γ 为 $\boldsymbol{n}$ 的方向角，则

$\cos\alpha>0\leftrightarrow\Sigma$ 的前侧，$\cos\alpha<0\leftrightarrow\Sigma$ 的后侧；

$\cos\beta>0\leftrightarrow\Sigma$ 的右侧，$\cos\beta<0\leftrightarrow\Sigma$ 的左侧；

$\cos\gamma>0\leftrightarrow\Sigma$ 的上侧，$\cos\gamma<0\leftrightarrow\Sigma$ 的下侧.

对于封闭曲面 Σ，其法向量 $\boldsymbol{n}$ 指向曲面所围有界区域内部的一侧为内侧，而另一侧为外侧.

二、有向曲面在坐标面上的有向投影

在有向曲面 Σ 上取小块曲面 $\Delta\Sigma$.

(1) 假定 $\Delta\Sigma$ 上每一点处 $\cos\alpha$ 不变号，$\Delta\Sigma$ 在 yOz 坐标面上的投影区域的面积为 ΔS_{yz}，

称 $\Delta\sigma_{yz}=\begin{cases}\Delta S_{yz}, & \cos\alpha>0,\\-\Delta S_{yz}, & \cos\alpha<0,\\0, & \cos\alpha=0\end{cases}$ 为 $\Delta\Sigma$ 在 yOz 坐标面上的有向投影.

(2) 假定 $\Delta\Sigma$ 上每一点处 $\cos\beta$ 不变号，$\Delta\Sigma$ 在 zOx 坐标面上的投影区域的面积为 ΔS_{zx}，

称 $\Delta\sigma_{zx}=\begin{cases}\Delta S_{zx}, & \cos\beta>0,\\-\Delta S_{zx}, & \cos\beta<0,\\0, & \cos\beta=0\end{cases}$ 为 $\Delta\Sigma$ 在 zOx 坐标面上的有向投影.

(3) 假定 $\Delta\Sigma$ 上每一点处 $\cos\gamma$ 不变号，$\Delta\Sigma$ 在 xOy 坐标面上的投影区域的面积为 ΔS_{xy}，

称 $\Delta\sigma_{xy}=\begin{cases}\Delta S_{xy}, & \cos\gamma>0,\\-\Delta S_{xy}, & \cos\gamma<0,\\0, & \cos\gamma=0\end{cases}$ 为 $\Delta\Sigma$ 在 xOy 坐标面上的有向投影.

三、对坐标的曲面积分的定义

设 Σ 为有向光滑曲面，向量值函数 $F(x,y,z)=P(x,y,z)\boldsymbol{i}+Q(x,y,z)\boldsymbol{j}+R(x,y,z)\boldsymbol{k}$ 在 Σ 上有界. 将 Σ 分成 n 个小有向曲面 $\Delta\Sigma_1,\Delta\Sigma_2,\cdots,\Delta\Sigma_n$. $\Delta\Sigma_i$ 在 yOz 坐标面、zOx 坐标面和 xOy 坐标面上的有向投影分别为 $(\Delta\sigma_{yz})_i,(\Delta\sigma_{zx})_i,(\Delta\sigma_{xy})_i$，$\Delta\Sigma_i$ 的直径记为 d_i，$i=1,2,\cdots,n$. 在 $\Delta\Sigma_i$ 上任取一点 (ξ_i,η_i,ζ_i)，作和式 $\sum_{i=1}^{n}[P(\xi_i,\eta_i,\zeta_i)(\Delta\sigma_{yz})_i+Q(\xi_i,\eta_i,\zeta_i)(\Delta\sigma_{zx})_i+R(\xi_i,\eta_i,\zeta_i)(\Delta\sigma_{xy})_i]$. 记 $\lambda=\max_{1\leqslant i\leqslant n}\{d_i\}$，如果极限 $\lim_{\lambda\to0}\sum_{i=1}^{n}[P(\xi_i,\eta_i,\zeta_i)(\Delta\sigma_{yz})_i+Q(\xi_i,\eta_i,\zeta_i)(\Delta\sigma_{zx})_i+R(\xi_i,\eta_i,\zeta_i)(\Delta\sigma_{xy})_i]$ 存在，且极限值与 Σ 的分法及点 (ξ_i,η_i,ζ_i) 的取法均无关，就称此极限值为向量值函数 $F(x,y,z)$ 在有向曲面 Σ 指定一侧上对坐标的曲面积分或第二型曲面积分，记为 $\iint_{\Sigma}P(x,y,z)\mathrm{d}y\mathrm{d}z+Q(x,y,z)\mathrm{d}z\mathrm{d}x+R(x,y,z)\mathrm{d}x\mathrm{d}y$，即

$$\iint\limits_{\Sigma} P(x,y,z)\mathrm{d}y\mathrm{d}z + Q(x,y,z)\mathrm{d}z\mathrm{d}x + R(x,y,z)\mathrm{d}x\mathrm{d}y$$

$$=\lim_{\lambda \to 0}\sum_{i=1}^{n}\left[P(\xi_i,\eta_i,\zeta_i)(\Delta\sigma_{yz})_i + Q(\xi_i,\eta_i,\zeta_i)(\Delta\sigma_{zx})_i + R(\xi_i,\eta_i,\zeta_i)(\Delta\sigma_{xy})_i\right],$$

其中 $\iint$ 称为积分号；Σ 称为积分曲面；$P(x,y,z)\mathrm{d}y\mathrm{d}z + Q(x,y,z)\mathrm{d}z\mathrm{d}x + R(x,y,z)\mathrm{d}x\mathrm{d}y$

称为被积表达式.

通常将 $\displaystyle\iint\limits_{\Sigma} P(x,y,z)\mathrm{d}y\mathrm{d}z + Q(x,y,z)\mathrm{d}z\mathrm{d}x + R(x,y,z)\mathrm{d}x\mathrm{d}y$ 简记为 $\displaystyle\iint\limits_{\Sigma} P\mathrm{d}y\mathrm{d}z + Q\mathrm{d}z\mathrm{d}x + R\mathrm{d}x\mathrm{d}y$.

如果 Σ 为封闭有向曲面，就将 $\displaystyle\iint\limits_{\Sigma} P\mathrm{d}y\mathrm{d}z + Q\mathrm{d}z\mathrm{d}x + R\mathrm{d}x\mathrm{d}y$ 记为 $\displaystyle\oiint\limits_{\Sigma} P\mathrm{d}y\mathrm{d}z + Q\mathrm{d}z\mathrm{d}x + R\mathrm{d}x\mathrm{d}y$.

四、对坐标的曲面积分的性质

(1) 设 Σ^- 为与 Σ 取相反侧的有向曲面，则

$$\iint\limits_{\Sigma^-} P\mathrm{d}y\mathrm{d}z + Q\mathrm{d}z\mathrm{d}x + R\mathrm{d}x\mathrm{d}y = -\iint\limits_{\Sigma} P\mathrm{d}y\mathrm{d}z + Q\mathrm{d}z\mathrm{d}x + R\mathrm{d}x\mathrm{d}y.$$

(2) 如果将 Σ 分为 Σ_1 与 Σ_2 两部分，且 Σ_1 与 Σ_2 和 Σ 的方向一致，则

$$\iint\limits_{\Sigma} P\mathrm{d}y\mathrm{d}z + Q\mathrm{d}z\mathrm{d}x + R\mathrm{d}x\mathrm{d}y = \iint\limits_{\Sigma_1} P\mathrm{d}y\mathrm{d}z + Q\mathrm{d}z\mathrm{d}x + R\mathrm{d}x\mathrm{d}y$$

$$+ \iint\limits_{\Sigma_2} P\mathrm{d}y\mathrm{d}z + Q\mathrm{d}z\mathrm{d}x + R\mathrm{d}x\mathrm{d}y.$$

五、对坐标的曲面积分的计算方法

设函数 $P(x,y,z),Q(x,y,z),R(x,y,z)$ 在有向光滑曲面 Σ 上连续.

(1) 如果 Σ 的方程为 $x = x(y,z),(y,z)\in D_{yz}$，其中 D_{yz} 为 Σ 在 yOz 坐标面上的投影区域，则

$$\iint\limits_{\Sigma} P(x,y,z)\mathrm{d}y\mathrm{d}z = \pm\iint\limits_{D_{yz}} P(x(y,z),y,z)\mathrm{d}y\mathrm{d}z,$$

当 Σ 取前侧时，二重积分前面取正号，当 Σ 取后侧时，二重积分前面取负号.

(2) 如果 Σ 的方程为 $y = y(z,x),(z,x)\in D_{zx}$，其中 D_{zx} 为 Σ 在 zOx 坐标面上的投影区域，则

$$\iint\limits_{\Sigma} Q(x,y,z)\mathrm{d}z\mathrm{d}x = \pm\iint\limits_{D_{zx}} Q(x,y(z,x),z)\mathrm{d}z\mathrm{d}x,$$

当 Σ 取右侧时，二重积分前面取正号，当 Σ 取左侧时，二重积分前面取负号.

(3) 如果 Σ 的方程为 $z = z(x,y),(x,y)\in D_{xy}$，其中 D_{xy} 为 Σ 在 xOy 坐标面上的投影区域，则

$$\iint_{\Sigma} R(x,y,z)\mathrm{d}x\,\mathrm{d}y = \pm \iint_{D_{xy}} R(x,y,z(x,y))\mathrm{d}x\,\mathrm{d}y,$$

其中当 Σ 取上侧时,二重积分前面取正号;当 Σ 取下侧时,二重积分前面取负号.

(4) 如果 Σ 垂直于 yOz 坐标面,则 $\iint_{\Sigma} P(x,y,z)\mathrm{d}y\,\mathrm{d}z = 0$.

如果 Σ 垂直于 zOx 坐标面,则 $\iint_{\Sigma} Q(x,y,z)\mathrm{d}z\,\mathrm{d}x = 0$.

如果 Σ 垂直于 xOy 坐标面,则 $\iint_{\Sigma} R(x,y,z)\mathrm{d}x\,\mathrm{d}y = 0$.

(5) **三合一投影法** 如果 Σ 的方程为 $z=z(x,y),(x,y)\in D_{xy}$,其中 D_{xy} 为 Σ 在 xOy 坐标面上的投影区域,则

$$\iint_{\Sigma} P(x,y,z)\mathrm{d}y\,\mathrm{d}z + Q(x,y,z)\mathrm{d}z\,\mathrm{d}x + R(x,y,z)\mathrm{d}x\,\mathrm{d}y$$

$$=\iint_{\Sigma} [P(x,y,z)\cos\alpha + Q(x,y,z)\cos\beta + R(x,y,z)\cos\gamma]\mathrm{d}S$$

$$=\iint_{\Sigma} \left[P(x,y,z)\frac{\cos\alpha}{\cos\gamma} + Q(x,y,z)\frac{\cos\beta}{\cos\gamma} + R(x,y,z)\right]\cos\gamma\,\mathrm{d}S$$

$$=\iint_{\Sigma} \left[P(x,y,z)\frac{F'_x}{F'_z} + Q(x,y,z)\frac{F'_y}{F'_z} + R(x,y,z)\right]\mathrm{d}x\,\mathrm{d}y$$

$$=\pm\iint_{D_{xy}} [-P(x,y,z(x,y))z'_x(x,y) - Q(x,y,z(x,y))z'_y(x,y)$$
$$+ R(x,y,z(x,y))]\mathrm{d}x\,\mathrm{d}y,$$

其中当 Σ 取上侧时,二重积分前面取正号;当 Σ 取下侧时,二重积分前面取负号.

注 三合一投影法是将往三个坐标面投影的第二型曲面积分化为只往 xOy 面投影的第二型曲面积分.三合一投影公式中的 Σ 仍为有向曲面,且其侧不变,计算时要取侧.

例 3 设 D_{xy} 为 xOy 坐标面上的区域,曲面 $\Sigma: z=0,(x,y)\in D_{xy}$,问曲面积分 $\iint_{\Sigma} R(x,y)\mathrm{d}x\,\mathrm{d}y$ 与二重积分 $\iint_{D_{xy}} R(x,y)\mathrm{d}x\,\mathrm{d}y$ 有什么关系?

解 如果 Σ 取上侧,则 $\iint_{\Sigma} R(x,y)\mathrm{d}x\,\mathrm{d}y = \iint_{D_{xy}} R(x,y)\mathrm{d}x\,\mathrm{d}y$.

如果 Σ 取下侧,则 $\iint_{\Sigma} R(x,y)\mathrm{d}x\,\mathrm{d}y = -\iint_{D_{xy}} R(x,y)\mathrm{d}x\,\mathrm{d}y$.

例 4 设 Σ 为柱面 $x^2+y^2=1,0\leqslant z\leqslant 1$,并取外侧,计算 $\iint_{\Sigma} x\mathrm{d}y\,\mathrm{d}z + z\mathrm{d}x\,\mathrm{d}y$.

解 由于 Σ 垂直于 xOy 坐标面,因此 $\iint_{\Sigma} z\mathrm{d}x\,\mathrm{d}y = 0$.

将 Σ 分为 $\Sigma_1:x=\sqrt{1-y^2}$，$(y,z)\in D_{yz}$，取前侧；$\Sigma_2:x=-\sqrt{1-y^2}$，$(y,z)\in D_{yz}$，取后侧，其中 $D_{yz}:-1\leqslant y\leqslant 1,0\leqslant z\leqslant 1$，则

$$\iint_{\Sigma}x\,dy\,dz+z\,dx\,dy=\iint_{\Sigma}x\,dy\,dz=\iint_{\Sigma_1}x\,dy\,dz+\iint_{\Sigma_2}x\,dy\,dz$$

$$=\iint_{D_{yz}}\sqrt{1-y^2}\,dy\,dz-\iint_{D_{yz}}(-\sqrt{1-y^2})\,dy\,dz$$

$$=2\iint_{D_{yz}}\sqrt{1-y^2}\,dy\,dz=2\int_0^1 dz\int_{-1}^1\sqrt{1-y^2}\,dy=2\cdot\frac{\pi}{2}=\pi.$$

例 5 设 Σ 为 $z=xy$，$|x|\leqslant 1$，$|y|\leqslant 1$，取上侧，利用三合一投影法计算 $\iint_{\Sigma}y\,dy\,dz+x\,dz\,dx+z\,dx\,dy$.

解 由 $z=xy$ 得 $-xy+z=0$，即 $F(x,y,z)=-xy+z$，则 $F'_x=-y$，$F'_y=-x$，$F'_z=1$，$z'_x=y$，$z'_y=x$，故利用三合一投影法，得

$$\iint_{\Sigma}y\,dy\,dz+x\,dz\,dx+z\,dx\,dy=\iint_{\Sigma}\left(y\cdot\frac{-y}{1}+x\cdot\frac{-x}{1}+z\right)dx\,dy$$

$$=\iint_{|x|\leqslant 1,|y|\leqslant 1}(-y^2-x^2+xy)\,dx\,dy=-\iint_{|x|\leqslant 1,|y|\leqslant 1}(x^2+y^2)\,dx\,dy$$

$$=-\int_{-1}^1 dx\int_{-1}^1(x^2+y^2)\,dy=-\int_{-1}^1\left(2x^2+\frac{2}{3}\right)dx=-\left(\frac{4}{3}+\frac{4}{3}\right)=-\frac{8}{3}.$$

知识点 3　两类曲面积分的关系

设 Σ 为有向光滑曲面，由于 $dy\,dz=\cos\alpha\,dS$，$dz\,dx=\cos\beta\,dS$，$dx\,dy=\cos\gamma\,dS$，因此

$$\iint_{\Sigma}P\,dy\,dz+Q\,dz\,dx+R\,dx\,dy=\iint_{\Sigma}(P\cos\alpha+Q\cos\beta+R\cos\gamma)\,dS,$$

其中 dS 为曲面面积元素；$\{\cos\alpha,\cos\beta,\cos\gamma\}$ 为有向曲面 Σ 上任一点 (x,y,z) 处指定侧的单位法向量.

例 6 设 Σ 为旋转抛物面 $z=x^2+y^2$，$x^2+y^2\leqslant 1$，取上侧，将 $\iint_{\Sigma}P\,dy\,dz+Q\,dz\,dx+R\,dx\,dy$ 表示为对面积的曲面积分.并由此计算

$$I=\iint_{\Sigma}[f(x,y,z)+x]\,dy\,dz+[f(x,y,z)-y]\,dz\,dx+2(x+y)f(x,y,z)\,dx\,dy,$$

其中 $f(x,y,z)$ 为连续函数.

解 由 $z=x^2+y^2$ 得 $z'_x=2x$，$z'_y=2y$，则 Σ 的单位法向量为

$$\{\cos\alpha,\cos\beta,\cos\gamma\}=\left\{-\frac{2x}{\sqrt{1+4x^2+4y^2}},-\frac{2y}{\sqrt{1+4x^2+4y^2}},\frac{1}{\sqrt{1+4x^2+4y^2}}\right\},$$

所以

$$\iint\limits_{\Sigma} P\,\mathrm{d}y\mathrm{d}z + Q\,\mathrm{d}z\mathrm{d}x + R\,\mathrm{d}x\,\mathrm{d}y = \iint\limits_{\Sigma}(P\cos\alpha + Q\cos\beta + R\cos\gamma)\mathrm{d}S = \iint\limits_{\Sigma}\frac{R - 2xP - 2yQ}{\sqrt{1 + 4x^2 + 4y^2}}\mathrm{d}S.$$

$$I = \iint\limits_{\Sigma}[f(x,y,z) + x]\mathrm{d}y\mathrm{d}z + [f(x,y,z) - y]\mathrm{d}z\mathrm{d}x + 2(x+y)f(x,y,z)\mathrm{d}x\,\mathrm{d}y$$

$$= \iint\limits_{\Sigma}\frac{2(x+y)f(x,y,z) - 2x[f(x,y,z) + x] - 2y[f(x,y,z) - y]}{\sqrt{1 + 4x^2 + 4y^2}}\mathrm{d}S$$

$$= 2\iint\limits_{\Sigma}\frac{y^2 - x^2}{\sqrt{1 + 4x^2 + 4y^2}}\mathrm{d}S,$$

由轮换对称性，$\iint\limits_{\Sigma}\dfrac{x^2}{\sqrt{1 + 4x^2 + 4y^2}}\mathrm{d}S = \iint\limits_{\Sigma}\dfrac{y^2}{\sqrt{1 + 4x^2 + 4y^2}}\mathrm{d}S$，故 $I = 0$.

知识点 4 高斯公式和斯托克斯公式

一、高斯公式

设空间区域 Ω 由分片光滑的闭曲面 Σ 所围成，函数 P,Q,R 在 Ω 上有一阶连续的偏导数，则有

$$\oiint\limits_{\Sigma} P\,\mathrm{d}y\mathrm{d}z + Q\,\mathrm{d}z\mathrm{d}x + R\,\mathrm{d}x\,\mathrm{d}y = \oiint\limits_{\Sigma}(P\cos\alpha + Q\cos\beta + R\cos\gamma)\mathrm{d}S$$

$$= \pm\iiint\limits_{\Omega}\left(\frac{\partial P}{\partial x} + \frac{\partial Q}{\partial y} + \frac{\partial R}{\partial z}\right)\mathrm{d}V,$$

其中当 Σ 取外侧时，三重积分前面取正号；当 Σ 取内侧时，三重积分前面取负号.

例 7 设 Σ 为球面 $x^2 + y^2 + z^2 = 1$，并取外侧，则（   ）.

(A) $\iint\limits_{\Sigma} xy\,\mathrm{d}S = 0, \iint\limits_{\Sigma} z^2\,\mathrm{d}x\,\mathrm{d}y = 0$

(B) $\iint\limits_{\Sigma} xy\,\mathrm{d}S \neq 0, \iint\limits_{\Sigma} z^2\,\mathrm{d}x\,\mathrm{d}y = 0$

(C) $\iint\limits_{\Sigma} xy\,\mathrm{d}S = 0, \iint\limits_{\Sigma} z^2\,\mathrm{d}x\,\mathrm{d}y \neq 0$

(D) $\iint\limits_{\Sigma} xy\,\mathrm{d}S \neq 0, \iint\limits_{\Sigma} z^2\,\mathrm{d}x\,\mathrm{d}y \neq 0$

答案 (A).

解 由于 Σ 关于 yOz 坐标面对称，xy 关于 x 为奇函数，因此由奇偶对称性，$\iint\limits_{\Sigma} xy\,\mathrm{d}S = 0.$

求 $\iint\limits_{\Sigma} z^2 \mathrm{d}x\,\mathrm{d}y$ 有以下两种方法.

方法一　记 $\Sigma_1: z=\sqrt{1-x^2-y^2}, x^2+y^2 \leqslant 1$, 取上侧; $\Sigma_2: z=-\sqrt{1-x^2-y^2}, x^2+y^2 \leqslant 1$, 取下侧, 则

$$\iint\limits_{\Sigma} z^2 \mathrm{d}x\,\mathrm{d}y = \iint\limits_{\Sigma_1} z^2 \mathrm{d}x\,\mathrm{d}y + \iint\limits_{\Sigma_2} z^2 \mathrm{d}x\,\mathrm{d}y$$

$$= \iint\limits_{x^2+y^2 \leqslant 1} (1-x^2-y^2)\mathrm{d}x\,\mathrm{d}y - \iint\limits_{x^2+y^2 \leqslant 1} (1-x^2-y^2)\mathrm{d}x\,\mathrm{d}y = 0.$$

故选（A）.

方法二　由高斯公式知 $\iint\limits_{\Sigma} z^2 \mathrm{d}x\,\mathrm{d}y = \iiint\limits_{x^2+y^2+z^2 \leqslant 1} 2z\,\mathrm{d}V = 0.$

例 8　设 Σ 为圆锥体 $\Omega: \sqrt{x^2+y^2} \leqslant z \leqslant 1$ 的表面, 取外侧, 计算 $\oiint\limits_{\Sigma} xy\,\mathrm{d}y\,\mathrm{d}z + (1+x)\mathrm{d}z\,\mathrm{d}x - z^2\mathrm{d}x\,\mathrm{d}y$.

解　由高斯公式, 得

$$\oiint\limits_{\Sigma} xy\,\mathrm{d}y\,\mathrm{d}z + (1+x)\mathrm{d}z\,\mathrm{d}x - z^2\mathrm{d}x\,\mathrm{d}y = \iiint\limits_{\Omega} (y+0-2z)\mathrm{d}x\,\mathrm{d}y\,\mathrm{d}z = -2\iiint\limits_{\Omega} z\,\mathrm{d}x\,\mathrm{d}y\,\mathrm{d}z$$

$$= -2\int_0^{2\pi} \mathrm{d}\theta \int_0^1 \mathrm{d}r \int_r^1 zr\,\mathrm{d}z = -2\pi\int_0^1 r(1-r^2)\mathrm{d}r = -\frac{\pi}{2}.$$

例 9　设 Σ 为半球面 $z=1-\sqrt{1-x^2-y^2}$, 并取上侧, 计算

$$I = \iint\limits_{\Sigma} \left(xz+\frac{1}{3}x^3\right)\mathrm{d}y\,\mathrm{d}z + \left(\frac{1}{3}y^3-yz\right)\mathrm{d}z\,\mathrm{d}x - (x^2+y^2+1)z\,\mathrm{d}x\,\mathrm{d}y.$$

解　补充 $\Sigma_1: z=1, x^2+y^2 \leqslant 1$, 取下侧, 记 Ω 为 Σ 与 Σ_1 所围区域, 记 $D: x^2+y^2 \leqslant 1$, 由高斯公式得

$$I = \left(\oiint\limits_{\Sigma+\Sigma_1} - \iint\limits_{\Sigma_1}\right) \left(xz+\frac{1}{3}x^3\right)\mathrm{d}y\,\mathrm{d}z + \left(\frac{1}{3}y^3-yz\right)\mathrm{d}z\,\mathrm{d}x - (x^2+y^2+1)z\,\mathrm{d}x\,\mathrm{d}y$$

$$= -\iiint\limits_{\Omega} [z+x^2+y^2-z-(x^2+y^2+1)]\mathrm{d}V + \iint\limits_{D} (x^2+y^2+1)\mathrm{d}x\,\mathrm{d}y$$

$$= -\iiint\limits_{\Omega} \mathrm{d}V + \int_0^{2\pi} \mathrm{d}\theta \int_0^1 (r^2+1)r\,\mathrm{d}r = -\frac{1}{2} \cdot \frac{4}{3}\pi + \frac{3}{2}\pi = \frac{5}{6}\pi.$$

例 10　设 Σ 为球面 $x^2+y^2+z^2=R^2$, 取内侧, 计算

$$I = \oiint\limits_{\Sigma} \frac{(z+x^3)\mathrm{d}y\,\mathrm{d}z + 3yz^2\mathrm{d}z\,\mathrm{d}x - (y-3y^2)z\,\mathrm{d}x\,\mathrm{d}y}{\sqrt{x^2+y^2+z^2}}.$$

解　$I = \dfrac{1}{R}\oiint\limits_{\Sigma} (z+x^3)\mathrm{d}y\,\mathrm{d}z + 3yz^2\mathrm{d}z\,\mathrm{d}x - (y-3y^2)z\,\mathrm{d}x\,\mathrm{d}y.$

记 Ω 为 Σ 所围区域 $x^2+y^2+z^2 \leqslant R^2$,由高斯公式得

$$I=-\frac{1}{R}\iiint\limits_{\Omega}[3x^2+3z^2-(y-3y^2)]\mathrm{d}V=-\frac{3}{R}\iiint\limits_{\Omega}(x^2+y^2+z^2)\mathrm{d}V+\frac{1}{R}\iiint\limits_{\Omega}y\mathrm{d}V$$

$$=-\frac{3}{R}\int_0^{2\pi}\mathrm{d}\theta\int_0^{\pi}\mathrm{d}\varphi\int_0^R\rho^2\cdot\rho^2\sin\varphi\mathrm{d}\rho+0=-\frac{3}{R}\cdot2\pi\cdot2\cdot\frac{1}{5}R^5=-\frac{12}{5}\pi R^4.$$

注 应特别注意 $\iiint\limits_{\Omega}(x^2+y^2+z^2)\mathrm{d}V=\iiint\limits_{x^2+y^2+z^2\leqslant R^2}(x^2+y^2+z^2)\mathrm{d}V\neq\iiint\limits_{x^2+y^2+z^2\leqslant R^2}R^2\mathrm{d}V.$

二、斯托克斯公式

设 Γ 为空间光滑或分段光滑的有向封闭曲线,Σ 是以 Γ 为边界曲线张成的光滑有向曲面,Γ 的方向和 Σ 的侧符合右手法则,函数 $P(x,y,z),Q(x,y,z),R(x,y,z)$ 在包含 Σ 的空间区域内具有一阶连续偏导数,则

$$\oint_{\Gamma}P\mathrm{d}x+Q\mathrm{d}y+R\mathrm{d}z=\iint\limits_{\Sigma}\left(\frac{\partial R}{\partial y}-\frac{\partial Q}{\partial z}\right)\mathrm{d}y\mathrm{d}z+\left(\frac{\partial P}{\partial z}-\frac{\partial R}{\partial x}\right)\mathrm{d}z\mathrm{d}x+\left(\frac{\partial Q}{\partial x}-\frac{\partial P}{\partial y}\right)\mathrm{d}x\mathrm{d}y$$

$$=\iint\limits_{\Sigma}\begin{vmatrix}\mathrm{d}y\mathrm{d}z & \mathrm{d}z\mathrm{d}x & \mathrm{d}x\mathrm{d}y\\ \dfrac{\partial}{\partial x} & \dfrac{\partial}{\partial y} & \dfrac{\partial}{\partial z}\\ P & Q & R\end{vmatrix}=\iint\limits_{\Sigma}\begin{vmatrix}\cos\alpha & \cos\beta & \cos\gamma\\ \dfrac{\partial}{\partial x} & \dfrac{\partial}{\partial y} & \dfrac{\partial}{\partial z}\\ P & Q & R\end{vmatrix}\mathrm{d}S.$$

例 11 设 Γ 为平面 $\Sigma:x+y+z=1$ 被三个坐标面所截的部分的边界,Γ 的方向与 Σ 的上侧法向量成右手法则,利用斯托克斯公式计算 $\oint_{\Gamma}z\mathrm{d}x+x\mathrm{d}y+y\mathrm{d}z$.

解 方法一 由斯托克斯公式可得,

$$\oint_{\Gamma}z\mathrm{d}x+x\mathrm{d}y+y\mathrm{d}z=\iint\limits_{\Sigma}\begin{vmatrix}\mathrm{d}y\mathrm{d}z & \mathrm{d}z\mathrm{d}x & \mathrm{d}x\mathrm{d}y\\ \dfrac{\partial}{\partial x} & \dfrac{\partial}{\partial y} & \dfrac{\partial}{\partial z}\\ z & x & y\end{vmatrix}=\iint\limits_{\Sigma}\mathrm{d}y\mathrm{d}z+\mathrm{d}z\mathrm{d}x+\mathrm{d}x\mathrm{d}y.$$

由于 Σ 的方程为 $z=1-x-y$,因此 $z'_x=-1,z'_y=-1$,且 Σ 在 xOy 坐标面上的投影区域为 $D:0\leqslant x\leqslant1,0\leqslant y\leqslant1-x$,再利用三合一投影法,有

$$\oint_{\Gamma}z\mathrm{d}x+x\mathrm{d}y+y\mathrm{d}z=\iint\limits_{\Sigma}\mathrm{d}y\mathrm{d}z+\mathrm{d}z\mathrm{d}x+\mathrm{d}x\mathrm{d}y=\iint\limits_{D}[1-(-1)-(-1)]\mathrm{d}x\mathrm{d}y$$

$$=3\iint\limits_{D}\mathrm{d}x\mathrm{d}y=3\times\frac{1}{2}=\frac{3}{2}.$$

方法二 Σ 的方程为 $x+y+z=1$,其上侧单位法向量为 $\left\langle\dfrac{1}{\sqrt{3}},\dfrac{1}{\sqrt{3}},\dfrac{1}{\sqrt{3}}\right\rangle$,由斯托克斯公式得

$$\oint_{\Gamma} z\,\mathrm{d}x + x\,\mathrm{d}y + y\,\mathrm{d}z = \iint_{\Sigma} \begin{vmatrix} \dfrac{1}{\sqrt{3}} & \dfrac{1}{\sqrt{3}} & \dfrac{1}{\sqrt{3}} \\ \dfrac{\partial}{\partial x} & \dfrac{\partial}{\partial y} & \dfrac{\partial}{\partial z} \\ z & x & y \end{vmatrix} \mathrm{d}S = \frac{1}{\sqrt{3}} \iint_{\Sigma}(1+1+1)\,\mathrm{d}S$$

$$= \sqrt{3}\iint_{\Sigma}\mathrm{d}S = \sqrt{3} \cdot \Sigma \text{ 的面积}$$

$$= \sqrt{3} \cdot \frac{1}{2} \cdot \sqrt{2} \cdot \sqrt{2} \cdot \frac{\sqrt{3}}{2} = \frac{3}{2}.$$

对标考试要求

⑤ 了解散度与旋度的概念，并会计算.

知识点 1　散度的概念与计算

一、散度

设向量场 $\boldsymbol{A} = \{P(x,y,z), Q(x,y,z), R(x,y,z)\}$，其中 $P(x,y,z)$，$Q(x,y,z)$，$R(x,y,z)$ 在区域 Ω 上具有一阶连续偏导数，称 $\dfrac{\partial P}{\partial x} + \dfrac{\partial Q}{\partial y} + \dfrac{\partial R}{\partial z}$ 为向量场 $\boldsymbol{A}$ 的散度，记为 $\mathrm{div}\,\boldsymbol{A}$，即 $\mathrm{div}\,\boldsymbol{A} = \dfrac{\partial P}{\partial x} + \dfrac{\partial Q}{\partial y} + \dfrac{\partial R}{\partial z}$.

二、散度的实际意义

设点 $M \in \Omega$，当 $\mathrm{div}\,\boldsymbol{A}\big|_M > 0$ 时，表明点 M 是产生流体的源点，称为**正源**；当 $\mathrm{div}\,\boldsymbol{A}\big|_M < 0$ 时，表明点 M 是吸收流体的源点，称为**负源**；当 $\mathrm{div}\,\boldsymbol{A}\big|_M = 0$ 时，表明点 M 不是产生流体的源点，也不是吸收流体的源点，称为**无源**.

知识点 2　旋度的概念与计算

一、旋度

设向量场 $\boldsymbol{A} = \{P(x,y,z), Q(x,y,z), R(x,y,z)\}$，其中 $P(x,y,z)$，$Q(x,y,z)$，

$R(x,y,z)$ 在区域 Ω 上具有一阶连续偏导数，称 $\left\{\dfrac{\partial R}{\partial y}-\dfrac{\partial Q}{\partial z},\dfrac{\partial P}{\partial z}-\dfrac{\partial R}{\partial x},\dfrac{\partial Q}{\partial x}-\dfrac{\partial P}{\partial y}\right\}$ 为向量场 A 的旋度，记为 $\mathbf{rot}\,A$，即

$$\begin{aligned}\mathbf{rot}\,A&=\left\{\dfrac{\partial R}{\partial y}-\dfrac{\partial Q}{\partial z},\dfrac{\partial P}{\partial z}-\dfrac{\partial R}{\partial x},\dfrac{\partial Q}{\partial x}-\dfrac{\partial P}{\partial y}\right\}\\&=\left(\dfrac{\partial R}{\partial y}-\dfrac{\partial Q}{\partial z}\right)i+\left(\dfrac{\partial P}{\partial z}-\dfrac{\partial R}{\partial x}\right)j+\left(\dfrac{\partial Q}{\partial x}-\dfrac{\partial P}{\partial y}\right)k\\&=\begin{vmatrix}i&j&k\\\dfrac{\partial}{\partial x}&\dfrac{\partial}{\partial y}&\dfrac{\partial}{\partial z}\\P&Q&R\end{vmatrix}.\end{aligned}$$

二、旋度的实际意义

沿 $\mathbf{rot}\,A$ 方向的环流量密度最大，且最大的环流量密度为 $|\mathbf{rot}\,A|$，体现了此时漩涡强度最大.

例 1 设向量场 $A=x^2yi+(yz-x)j+xyzk$，求 $\mathrm{div}\,A$ 和 $\mathbf{rot}\,A$.

解 $\mathrm{div}\,A=\dfrac{\partial}{\partial x}(x^2y)+\dfrac{\partial}{\partial y}(yz-x)+\dfrac{\partial}{\partial z}(xyz)=2xy+z+xy=3xy+z$,

$$\mathbf{rot}\,A=\begin{vmatrix}i&j&k\\\dfrac{\partial}{\partial x}&\dfrac{\partial}{\partial y}&\dfrac{\partial}{\partial z}\\x^2y&yz-x&xyz\end{vmatrix}=(xz-y)i-yzj-(1+x^2)k.$$

例 2 设数量场 $u=\ln\sqrt{x^2+y^2+z^2}$，求 $\mathrm{div}(\mathbf{grad}\,u)$.

解 $\mathbf{grad}\,u=\dfrac{\partial u}{\partial x}i+\dfrac{\partial u}{\partial y}j+\dfrac{\partial u}{\partial z}k=\dfrac{x}{x^2+y^2+z^2}i+\dfrac{y}{x^2+y^2+z^2}j+\dfrac{z}{x^2+y^2+z^2}k$,

$$\begin{aligned}\mathrm{div}(\mathbf{grad}\,u)&=\dfrac{\partial}{\partial x}\left(\dfrac{x}{x^2+y^2+z^2}\right)+\dfrac{\partial}{\partial y}\left(\dfrac{y}{x^2+y^2+z^2}\right)+\dfrac{\partial}{\partial z}\left(\dfrac{z}{x^2+y^2+z^2}\right)\\&=\dfrac{y^2+z^2-x^2}{(x^2+y^2+z^2)^2}+\dfrac{x^2+z^2-y^2}{(x^2+y^2+z^2)^2}+\dfrac{x^2+y^2-z^2}{(x^2+y^2+z^2)^2}\\&=\dfrac{1}{x^2+y^2+z^2}.\end{aligned}$$

例 3 设向量场 $A=\{P,Q,R\}$，其中 $P=P(x,y,z),Q=Q(x,y,z),R=R(x,y,z)$ 具有二阶连续偏导数，证明 $\mathrm{div}(\mathbf{rot}\,A)=0$.

证明 $$\mathbf{rot}\,A=\left\{\dfrac{\partial R}{\partial y}-\dfrac{\partial Q}{\partial z},\dfrac{\partial P}{\partial z}-\dfrac{\partial R}{\partial x},\dfrac{\partial Q}{\partial x}-\dfrac{\partial P}{\partial y}\right\},$$

$$\operatorname{div}(\mathbf{rot}\,\mathbf{A})=\frac{\partial}{\partial x}\Big(\frac{\partial R}{\partial y}-\frac{\partial Q}{\partial z}\Big)+\frac{\partial}{\partial y}\Big(\frac{\partial P}{\partial z}-\frac{\partial R}{\partial x}\Big)+\frac{\partial}{\partial z}\Big(\frac{\partial Q}{\partial x}-\frac{\partial P}{\partial y}\Big)$$

$$=\Big(\frac{\partial^2 R}{\partial y\partial x}-\frac{\partial^2 Q}{\partial z\partial x}\Big)+\Big(\frac{\partial^2 P}{\partial z\partial y}-\frac{\partial^2 R}{\partial x\partial y}\Big)+\Big(\frac{\partial^2 Q}{\partial x\partial z}-\frac{\partial^2 P}{\partial y\partial z}\Big).$$

由于 P,Q,R 具有二阶连续偏导数，因此

$$\frac{\partial^2 P}{\partial y\partial z}=\frac{\partial^2 P}{\partial z\partial y},\frac{\partial^2 R}{\partial x\partial y}=\frac{\partial^2 R}{\partial y\partial x},\frac{\partial^2 Q}{\partial x\partial z}=\frac{\partial^2 Q}{\partial z\partial x},$$

故 $\operatorname{div}(\mathbf{rot}\,\mathbf{A})=0$.

对标考试要求

6 会用曲线积分和曲面积分求一些几何量和物理量（曲面面积、曲线弧长、质量、质心、形心、转动惯量、引力、功及流量等）.

知识点 1　曲线积分的应用

一、曲边柱面的面积

设 L 为 xOy 坐标面上的光滑曲线段，其方程为 $\varphi(x,y)=0$. 函数 $h(x,y)$ 在 L 上非负连续，则母线平行于 z 轴的曲顶柱面：$\varphi(x,y)=0,0\leqslant z\leqslant h(x,y)$ 的面积为 $S=\int_L h(x,y)\mathrm{d}s$.

二、曲线形物体的质量、质心和转动惯量

（1）设平面曲线状物体占有 xOy 坐标面上的曲线段 L，且物体的线密度为连续函数 $\rho(x,y)$，则

该物体的质量为 $M=\int_L \rho(x,y)\mathrm{d}s$；

该物体的质心坐标为 $(\overline{x},\overline{y})=\Big(\frac{1}{M}\int_L x\rho(x,y)\mathrm{d}s,\frac{1}{M}\int_L y\rho(x,y)\mathrm{d}s\Big)$；

该物体的形心坐标为 $(\overline{x},\overline{y})=\Big(\frac{1}{l}\int_L x\mathrm{d}s,\frac{1}{l}\int_L y\mathrm{d}s\Big)$，其中 l 为 L 的弧长；

该物体关于 x 轴，y 轴及坐标原点 O 的转动惯量分别为

$$I_x=\int_L y^2\rho(x,y)\mathrm{d}s,I_y=\int_L x^2\rho(x,y)\mathrm{d}s,I_O=\int_L(x^2+y^2)\rho(x,y)\mathrm{d}s.$$

（2）设空间曲线状物体占有空间曲线段 Γ，且物体的线密度为连续函数 $\rho(x,y,z)$，则该物体的质量为 $M=\int_\Gamma \rho(x,y,z)\mathrm{d}s$；

该物体的质心坐标为

$$(\overline{x},\overline{y},\overline{z}) = \left(\frac{1}{M}\int_L x\rho(x,y,z)\mathrm{d}s, \frac{1}{M}\int_L y\rho(x,y,z)\mathrm{d}s, \frac{1}{M}\int_L z\rho(x,y,z)\mathrm{d}s\right);$$

该物体的形心坐标为$(\overline{x},\overline{y},\overline{z}) = \left(\frac{1}{l}\int_L x\mathrm{d}s, \frac{1}{l}\int_L y\mathrm{d}s, \frac{1}{l}\int_L z\mathrm{d}s\right)$,其中 l 为 Γ 的弧长;

该物体关于 yOz 坐标面,zOx 坐标面,xOy 坐标面,x 轴,y 轴,z 轴及坐标原点 O 的转动惯量分别为

$$I_{yOz} = \int_\Gamma x^2\rho(x,y,z)\mathrm{d}s, I_{zOx} = \int_\Gamma y^2\rho(x,y,z)\mathrm{d}s, I_{xOy} = \int_\Gamma z^2\rho(x,y,z)\mathrm{d}s,$$

$$I_x = \int_\Gamma (y^2+z^2)\rho(x,y,z)\mathrm{d}s, I_y = \int_\Gamma (x^2+z^2)\rho(x,y,z)\mathrm{d}s,$$

$$I_z = \int_\Gamma (x^2+y^2)\rho(x,y,z)\mathrm{d}s, I_O = \int_\Gamma (x^2+y^2+z^2)\rho(x,y,z)\mathrm{d}s.$$

三、变力做功

(1) 变力 $\boldsymbol{F}(x,y) = \{P(x,y),Q(x,y)\}$ 沿平面有向曲线段 L 所做的功为

$$W = \int_L P(x,y)\mathrm{d}x + Q(x,y)\mathrm{d}y.$$

(2) 变力 $\boldsymbol{F}(x,y,z) = \{P(x,y,z),Q(x,y,z),R(x,y,z)\}$ 沿空间有向曲线 Γ 所做的功为

$$W = \int_\Gamma P(x,y,z)\mathrm{d}x + Q(x,y,z)\mathrm{d}y + R(x,y,z)\mathrm{d}z.$$

知识点 2 曲面积分的应用

一、曲面的面积

设空间有界曲面 Σ 的方程为 $z = f(x,y),(x,y) \in D_{xy}$,其中 D_{xy} 为 Σ 在 xOy 坐标面上的投影区域,且函数 $f(x,y)$ 在 D_{xy} 上具有一阶连续偏导数,则

$$\Sigma \text{ 的面积 } A = \iint_\Sigma \mathrm{d}S = \iint_{D_{xy}} \sqrt{1 + f'^2_x(x,y) + f'^2_y(x,y)}\,\mathrm{d}x\mathrm{d}y.$$

二、曲面状物体的质量、质心和惯性矩

设曲面状物体占有空间曲面 Σ,且物体的面密度为连续函数 $\rho(x,y,z)$,则

该物体的质量为 $M = \iint_\Sigma \rho(x,y,z)\mathrm{d}S$;

该物体的质心坐标为

$$(\overline{x}, \overline{y}, \overline{z}) = \left(\frac{1}{M} \iint_{\Sigma} x\rho(x,y,z)\mathrm{d}S, \frac{1}{M} \iint_{\Sigma} y\rho(x,y,z)\mathrm{d}S, \frac{1}{M} \iint_{\Sigma} z\rho(x,y,z)\mathrm{d}S \right);$$

该物体的形心坐标为 $(\overline{x}, \overline{y}, \overline{z}) = \left(\frac{1}{A} \iint_{\Sigma} x\mathrm{d}S, \frac{1}{A} \iint_{\Sigma} y\mathrm{d}S, \frac{1}{A} \iint_{\Sigma} z\mathrm{d}S \right)$，其中 A 为 Σ 的面积；

该物体关于 yOz 坐标面，zOx 坐标面，xOy 坐标面，x 轴，y 轴，z 轴及坐标原点 O 的转动惯量分别为

$$I_{yOz} = \iint_{\Sigma} x^2 \rho(x,y,z)\mathrm{d}S, I_{zOx} = \iint_{\Sigma} y^2 \rho(x,y,z)\mathrm{d}S, I_{xOy} = \iint_{\Sigma} z^2 \rho(x,y,z)\mathrm{d}S,$$

$$I_x = \iint_{\Sigma} (y^2 + z^2)\rho(x,y,z)\mathrm{d}S, I_y = \iint_{\Sigma} (x^2 + z^2)\rho(x,y,z)\mathrm{d}S,$$

$$I_z = \iint_{\Sigma} (x^2 + y^2)\rho(x,y,z)\mathrm{d}S, I_O = \iint_{\Sigma} (x^2 + y^2 + z^2)\rho(x,y,z)\mathrm{d}S.$$

三、引力

曲线状物体或曲面状物体对某质点的引力，可利用微元法，通过对弧长的曲线积分或对面积的曲面积分求得.

四、流量

设流体的流速为 $v = \{P(x,y,z), Q(x,y,z), R(x,y,z)\}$，其中 $P(x,y,z), Q(x,y,z), R(x,y,z)$ 连续，如果流体的密度为 1，则单位时间内，流体流向光滑曲面 Σ 指定侧的流量为

$$\Phi = \iint_{\Sigma} P(x,y,z)\mathrm{d}y\mathrm{d}z + Q(x,y,z)\mathrm{d}z\mathrm{d}x + R(x,y,z)\mathrm{d}x\mathrm{d}y.$$

例 1 设 xOy 坐标面上的曲线 L 的方程为 $y = x^2, 0 \leqslant x \leqslant \sqrt{2}$，求母线平行于 z 轴的曲顶柱面：$y = x^2, 0 \leqslant z \leqslant x, 0 \leqslant x \leqslant \sqrt{2}$ 的面积 S.

解 $S = \int_L x\mathrm{d}s = \int_0^{\sqrt{2}} x\sqrt{1+4x^2}\,\mathrm{d}x = \frac{1}{12}(1+4x^2)^{\frac{3}{2}} \Big|_0^{\sqrt{2}} = \frac{1}{12}(27-1) = \frac{13}{6}$.

例 2 求曲面 $\Sigma: z = xy, x^2 + y^2 \leqslant 1$ 的面积 S.

解 $S = \iint_{\Sigma} \mathrm{d}S = \iint_{x^2+y^2 \leqslant 1} \sqrt{1+y^2+x^2}\,\mathrm{d}x\mathrm{d}y = \int_0^{2\pi} \mathrm{d}\theta \int_0^1 \sqrt{1+r^2}\,r\mathrm{d}r$

$= 2\pi \cdot \frac{1}{3}(1+r^2)^{\frac{3}{2}} \Big|_0^1 = \frac{2}{3}(2\sqrt{2}-1)\pi$.

例 3 求均匀上半球面 $\Sigma: z = \sqrt{R^2 - x^2 - y^2}$ 的形心坐标 $(\overline{x}, \overline{y}, \overline{z})$.

解 由对称性知 $\overline{x} = \overline{y} = 0$.

Σ 在 xOy 坐标面上的投影区域为 $D: x^2 + y^2 \leqslant R^2$，所以

$$\overline{z} = \frac{1}{2\pi R^2} \iint\limits_{\Sigma} z \, dS$$

$$= \frac{1}{2\pi R^2} \iint\limits_{D} \sqrt{R^2 - x^2 - y^2} \cdot \sqrt{1 + \left(\frac{-x}{\sqrt{R^2 - x^2 - y^2}}\right)^2 + \left(\frac{-y}{\sqrt{R^2 - x^2 - y^2}}\right)^2} \, dx \, dy$$

$$= \frac{1}{2\pi R^2} \iint\limits_{D} \sqrt{R^2 - x^2 - y^2} \cdot \frac{R}{\sqrt{R^2 - x^2 - y^2}} \, dx \, dy$$

$$= \frac{1}{2\pi R} \iint\limits_{D} dx \, dy = \frac{1}{2\pi R} \cdot \pi R^2 = \frac{R}{2},$$

所以 Σ 的形心坐标为 $\left(0, 0, \dfrac{R}{2}\right)$.

例 4 设曲线 $L : x = R\cos\theta, y = R\sin\theta \left(-\dfrac{\pi}{4} \leqslant \theta \leqslant \dfrac{\pi}{4}\right)$ 的线密度 $\mu = 1$, 求 L 对于 x 轴的转动惯量 I.

解 $I = \displaystyle\int_{L} y^2 \mu \, ds = \int_{-\frac{\pi}{4}}^{\frac{\pi}{4}} R^2 \sin^2\theta \sqrt{(-R\sin\theta)^2 + (R\cos\theta)^2} \, d\theta = R^3 \int_{-\frac{\pi}{4}}^{\frac{\pi}{4}} \sin^2\theta \, d\theta$

$$= R^3 \left(\frac{\theta}{2} - \frac{\sin 2\theta}{4}\right) \bigg|_{-\frac{\pi}{4}}^{\frac{\pi}{4}} = R^3 \left(\frac{\pi}{4} - \frac{1}{2}\right).$$

例 5 设质点 M 在变力 $\boldsymbol{F} = \{x^2, x - y\}$ 作用下, 沿抛物线 $L : y = x^2$ 从点 $(0,0)$ 运动到点 $(1,1)$, 求 $\boldsymbol{F}$ 所做的功 W.

解 $W = \displaystyle\int_{L} x^2 \, dx + (x - y) \, dy = \int_0^1 \left[x^2 + (x - x^2) \cdot 2x\right] dx$

$$= \int_0^1 (3x^2 - 2x^3) \, dx = 1 - \frac{1}{2} = \frac{1}{2}.$$

例 6 设流体的密度为 1, 流速为 $\boldsymbol{v} = \{z^2 + x, y, -z\}$, 求单位时间内流体流过曲面 Σ: $z = x^2 + y^2, x^2 + y^2 \leqslant 1$ 下侧的流量 Φ.

解 $\Phi = \displaystyle\iint\limits_{\Sigma} (z^2 + x) \, dy \, dz + y \, dz \, dx - z \, dx \, dy.$

补充: $\Sigma_1 : z = 1, x^2 + y^2 \leqslant 1$, 取上侧, 记 Ω 为 Σ 与 Σ_1 所围的区域, D 为 $x^2 + y^2 \leqslant 1$, 由高斯公式得

$$\Phi = \left(\oiint\limits_{\Sigma + \Sigma_1} - \iint\limits_{\Sigma_1}\right)(z^2 + x) \, dy \, dz + y \, dz \, dx - z \, dx \, dy = \iiint\limits_{\Omega} dV + \iint\limits_{D} dx \, dy$$

$$= \int_0^{2\pi} d\theta \int_0^1 dr \int_{r^2}^1 r \, dz + \pi = \frac{1}{2}\pi + \pi = \frac{3}{2}\pi.$$

例 7 设有圆柱面状物体 T_1 占有曲面 $\Sigma : x^2 + y^2 = R^2, 0 \leqslant z \leqslant h$, 其面密度 $\rho = 1$. 在原点处有一个单位质量的质点 T_2, 求 T_1 对 T_2 的引力 $\boldsymbol{F}$.

解 设所求引力为 $\boldsymbol{F}=\{F_x,F_y,F_z\}$，由对称性知 $F_x=0,F_y=0$.

在 Σ 上任取一小块曲面，其面积元素为 $\mathrm{d}S$. 由于 $\rho=1$，则质量微元素为 $\mathrm{d}M=\rho\,\mathrm{d}S=\mathrm{d}S$，因此 T_1 对 T_2 在铅直方向上的引力元素为

$$\mathrm{d}F_z=\frac{k\cdot 1\cdot \mathrm{d}M}{x^2+y^2+z^2}\cdot\cos\gamma=\frac{k\cdot\mathrm{d}S}{x^2+y^2+z^2}\cdot\frac{z}{\sqrt{x^2+y^2+z^2}}=\frac{kz\,\mathrm{d}S}{(x^2+y^2+z^2)^{3/2}},$$

其中 k 为引力常数. 记 Σ_1 为 Σ 在第一卦限的部分曲面，则由对称性，

$$\begin{aligned}
F_z&=\iint\limits_{\Sigma}\mathrm{d}F_z=\iint\limits_{\Sigma}\frac{kz}{(x^2+y^2+z^2)^{3/2}}\mathrm{d}S=4\iint\limits_{\Sigma_1}\frac{kz}{(x^2+y^2+z^2)^{3/2}}\mathrm{d}S\\
&=4k\int_0^R\frac{R}{\sqrt{R^2-y^2}}\mathrm{d}y\int_0^h\frac{z}{(R^2+z^2)^{3/2}}\mathrm{d}z\\
&=4Rk\pi\left[\left(2\arcsin\frac{y}{R}\right)\Big|_0^R\cdot\left(-\frac{1}{\sqrt{R^2+z^2}}\right)\Big|_0^h\right]\\
&=2kR\pi(\frac{1}{R}-\frac{1}{\sqrt{R^2+h^2}}),
\end{aligned}$$

故所求引力为 $\boldsymbol{F}=\left\{0,0,2kR\pi\left(\dfrac{1}{R}-\dfrac{1}{\sqrt{R^2+h^2}}\right)\right\}$.

森哥考研数学 提分系列

- 《考研数学概率论与数理统计辅导讲义》
- 《考研数学线性代数辅导讲义》
- 《考研数学高等数学辅导讲义》

- 《考研数学真题分类互通解（数学一）》
- 《考研数学真题分类互通解（数学二）》
- 《考研数学真题分类互通解（数学三）》

- 《考研数学冲刺5套卷（数学一）》
- 《考研数学冲刺5套卷（数学二）》
- 《考研数学冲刺5套卷（数学三）》

"余丙森高数强化精讲"获课路径

Step 1: 扫描本册封面贴标二维码，点击右下角"激活课程"注册
Step 2: 刮开涂层获取激活码，点击"激活课程"输入
Step 3: 点击"立即学习"跳转"蛋壳课堂"微信小程序在线听课

✖ 微信搜一搜
🔍 蛋壳课堂|

关注森哥公众号

获取更多考研辅导